冶金凝固过程热模拟技术

Thermal Simulation Technology for Solidification Process in Metallurgy

仲红刚　翟启杰　著

科学出版社

北　京

内 容 简 介

　　生产条件下金属凝固过程的实验研究是凝固领域的难题，至今没有有效的解决方案。上海大学先进凝固技术中心突破了物质模拟和几何模拟两种实验方法的局限，提出了基于条件相似、以点见面的热模拟方法。该方法成功地将生产条件下金属凝固过程"浓缩"到在实验室中用少量金属研究，为生产条件下金属凝固过程实验研究提供了有效的方法。依靠方法创新，作者研制了一系列实验装备，并在基础研究和生产工艺优化方面进行了成功的实践。本书内容主要包括热模拟的技术思想及原理，基于热模拟方法设计装备或实验方案，还包括作者利用热模拟技术开展的科学研究和应用研究典型案例。

　　本书可供冶金及铸造等领域与金属凝固相关的工程技术人员及科研人员阅读参考，也可作为大专院校冶金、铸造及相关专业师生的参考资料。

图书在版编目(CIP)数据

冶金凝固过程热模拟技术 / 仲红刚, 翟启杰著. -- 北京：科学出版社，
2025.5. -- ISBN 978-7-03-080582-9

Ⅰ. TG111.4

中国国家版本馆 CIP 数据核字第 20245AU927 号

责任编辑：吴凡洁　冯晓利 / 责任校对：王萌萌
责任印制：师艳茹 / 封面设计：赫　健

科学出版社 出版

北京东黄城根北街 16 号
邮政编码：100717
http://www.sciencep.com

中国科学院印刷厂印刷
科学出版社发行　各地新华书店经销

*

2025 年 5 月第 　一　 版　　开本：787×1092　1/16
2025 年 5 月第一次印刷　　印张：16 1/4
字数：373 000

定价：200.00 元
(如有印装质量问题，我社负责调换)

前言

金属制品在制备过程中一般都要经历凝固过程。在冶金生产中,随着对产品成分、组织及性能均匀性要求的提高,凝固已经成为提升冶金产品质量的关键。然而,凝固是一个非平衡耗散过程,即使在理想条件下也难以进行数学解析。而高温、连续化和大规模的冶金生产特点使冶金生产条件下的实验凝固过程变得非常困难。研究手段的欠缺,制约了人们对生产条件下凝固过程的认识,进而影响了冶金凝固工艺的优化和调控技术的开发。

上海大学先进凝固技术中心(Center for Advanced Solidification Technology, CAST)基于近三十年冶金凝固过程和组织调控技术研究的长期积累,提出了冶金凝固过程热模拟实验技术,并针对冶金生产中凝固的共性科学问题和不同冶金生产工艺的技术问题研制了数台套冶金凝固热模拟实验装备,为冶金凝固过程实验研究作出了原创性贡献。冶金凝固热模拟实验技术是采用所要研究的冶金产品作为实验材料,针对对应的冶金生产工艺选取能够反映整个生产条件下金属凝固过程的最小单元作为特征单元,根据条件相似原理离线再现特征单元在冶金生产中的凝固条件,从而将冶金生产中数吨甚至数百吨金属的凝固过程"浓缩"到实验室,用数百克至数千克金属进行研究。这一技术不仅可以帮助我们认识冶金生产条件下金属凝固过程的基本科学问题,揭示其基本规律,还可以离线优化冶金生产工艺参数。特别是,这一技术可以获得凝固不同时刻固液界面形貌、溶质和夹杂物分布,以及热物性参数等实际生产条件下无法得到的重要信息。该技术不仅可用于钢铁和有色冶金凝固过程的研究,也可用于铸造生产中铸件不同部位凝固过程的研究。2020 年,由中国金属学会组织,五位院士和多位来自高校和企业的专家对该技术进行了评价,肯定了该技术的原创性,认为已达到国际领先水平。同年,该技术荣获中国冶金科学技术奖一等奖;2022 年,该技术又荣获日内瓦国际发明展金奖。依托该技术提供的创新手段,CAST 团队关于冶金凝固组织调控的基础研究荣获 2023 年上海市自然科学奖一等奖。

本书的研究成果是 CAST 团队集体智慧的结晶。团队成员翟启杰、仲红刚、陈湘茹、宋长江、张云虎、李莉娟、高玉来、徐智帅、李仁兴、郑红星和研究生杜卫东、梁建平、敖鹭、孙卿卿、曹欣、谭易、叶经政、赵静、倪杰、全文、张浚哲、俞基浩、张成、梁冬、危志强、孙杰、盛成、刘天宇、王鼎璞、李曦皓、王彪、郭嘉、李志聪、肖炯、秦汉伟、项君良、杨洋、张鉴磊、林增煌、陈美成、邹富康、赵宇、李天宇、苏晨曦等参与了相关研究工作。

翟启杰教授制订了本书的撰写目录和大纲,并对全书进行了修订。仲红刚博士负责了本书的撰写和统稿工作。研究生袁华志、林增煌、李天宇、王浩、顾广圻、盛成和孙杰等参与了本书部分内容的撰写和文献整理。全书由廖希亮教授和宋长江教授审稿,并提出了中肯的修改意见。

在本书出版之际,笔者要特别强调,尽管冶金凝固热模拟实验方法较之现有的物质模拟和几何模拟等其他模拟实验方法有了长足的进步,但是作为一种模拟实验方法仍有其局限性。特征单元在冶金和铸造生产过程中处于与外界既有能量交换也有物质交换的开放体系中,而在冶金凝固热模拟实验中,特征单元处于与外界只有能量交换而没有物质交换的封闭体系。因此,研究者在采用这种方法进行研究时,需要根据具体情况合理设计实验。

另外需要指出的是,虽然本书介绍了 CAST 团队研制的数台套冶金凝固热模拟装备,但该实验技术的重点是基于条件相似原理的"以点见面"的热模拟思想,而非具体装备。读者可以根据自己的研究工作需要和研究条件科学选择特征单元,并为特征单元搭建相似的凝固条件,完成相应的研究工作。

本书的研究工作得到了国内外冶金和铸造界诸多学者和专家的指导、帮助和鼓励,同时得到了国家自然科学基金委员会、科技部、上海市政府以及上海大学的资助,在此一并表示衷心的感谢。

限于作者水平,书中难免存在不足之处,敬请读者批评指正。

上海大学先进凝固技术中心主任

2024 年 10 月

目 录

第 1 章

金属凝固过程及基础理论

金属是应用最广泛的结构材料，是工业、农业、国防及国家综合实力的基础。金属制品在制备过程中几乎都要经历凝固过程。认识金属凝固过程，特别是生产条件下金属的形核、晶体生长、组织转变和缺陷形成规律，对合理制定生产工艺及开发新技术具有十分重要的意义。

凝固是金属由液态向固态转变的相变过程。金属凝固过程主要包括两个阶段：首先是形核，即液相中的原子形成团簇达到所需的临界形核半径形成晶核；其次是生长，即晶核形成后逐渐向熔体中扩展和长大。

1.1 液态与固态金属的结构

1.1.1 液态金属结构

液态金属常被称为熔体。液态是物质存在的基本形态之一，介于气态与固态之间。宏观上，液体具有流动性和各向同性，一般不可压缩、不能承受外力而保持一定形状。液体一般都可以承受很大的静压力而不发生明显的体积变化，但无法承受剪切力，从而导致其具有流动性。液体的流动性可以用黏度来进行描述，大部分液体的黏度都小于 10^{-1}Pa·s[1]。一些流动性强的金属熔体可以很好地充型，这促使人类利用该特性开发出一系列实用的凝固技术，如铸造出具有一定形状的零部件和工艺品等。

液态金属的微观结构对金属的凝固过程和组织有显著的影响，因此关于液态金属结构的研究受到科学界的高度重视。近代物理学的发展使人们可以利用 X 射线衍射和中子衍射等技术直接观测金属熔体的液态结构。结果显示，熔体由大量的原子团簇、空穴和化合物组成。原子集团或团簇表现出短程有序、长程无序的结构特征，原子集团或团簇内部原子呈有序排列，而原子集团或团簇之间往往存在一定数量的自由原子和空穴，呈无序排列。这种结构导致熔体中具有大量的"自由体积"，该自由体积随机分布在更紧密结合的原子团簇中，且分布状态随时变化，导致液态金属中存在"结构起伏""浓度起伏""能量起伏"现象。研究表明，这种结构特征使自扩散和相互扩散速率比长程有序的相高出几个数量级，并赋予熔体良好的流动性。原子团簇被认为是形核阶段晶核形成的基础，对晶体生长也具有重要影响。

1.1.2 固态金属结构

除了特殊条件下制备的非晶态金属，固态金属一般都以晶体形式存在。晶体被定义为由原子、离子或分子的重复三维结构形成的同质固体，其组成部分之间的距离是固定的。因此，固态金属是由金属原子的周期性规则排列组成，受到长程有序的严格约束，并满足晶格点群对称性所决定的空间不变性。也就是说，长程有序确保了特殊对称性的存在，并提供了粒子位置的长程相关性，即使在宏观尺度上也是如此。因此，从微观角度看，金属的结晶或凝固就是由无序和短程有序的液态结构向长程有序的晶体结构的转变过程。

固态金属与液态存在显著差异，其长程有序的晶体结构允许金属在液相线以下几乎所有温度区间都可以承受较大的剪切力，因此可以保持一定形状并具有较大的抗变形能力。这种状态也可以用数值巨大的黏度（一般选择 10^{14}Pa·s 以上的数值）来粗略地表示，从而方便在模型或数值模拟中统一描述液态和固态金属。

根据热力学平衡原理，凝固过程中会实现特定晶相的选择，该晶相将在液相线以下和一定压力下使系统的自由能最小。

1.2 晶核的形成

当金属熔体的温度低于其平衡液相线时，相对于同一温度下的固体而言，其吉布斯自由能较高，因此金属熔体有向固体转变的趋势，这便是熔体凝固的热力学解释。固液两相自由能的差值成为形核的驱动力。另外，当金属熔体中出现晶核时，界面能增加，这会成为晶体形核的阻力。因此形核过程可以看作界面能和体积自由能的竞争过程，为了克服界面能给形核带来的阻力，需要一定的过冷度。

晶体的形核方式理论上可分为均质形核和异质形核两类。所谓均质形核是指在液相中各个区域出现新相晶核的概率都是相同的；所谓异质形核是指依靠外来质点或型壁界面提供的衬底进行的形核过程，在液相中某些区域出现新相的机会多于液相中的其他区域。因为异质形核需要克服的能量壁垒远远小于均质形核，而金属熔体中不可避免地存在大量的杂质，这些杂质可能成为金属熔体异质形核的衬底，所以如果不采取特殊的手段处理，实际金属的形核都是异质形核。

20 世纪 20 年代开始，研究者提出了众多形核相在不同形核效能和不同几何形状衬底上的形核模型。形核物理过程和机理的研究最早可以追溯到外延生长模型和经典形核理论，通常用球冠生长模型和润湿角来进行描述。晶体形核的自由能变化难以测定，但是形核衬底的晶体结构和几何形貌对异质形核影响非常大，因此常用形核衬底与金属熔体润湿角的大小来表征异质相作为形核衬底的能力。一般认为，其润湿角越小，晶核形成所需要的形核功越小，异质形核也越容易发生。随着研究的深入，研究者有了更多的认识，如 Greer 等[2]在经典形核理论的基础上提出自由生长模型（free growth

model)、润湿形核模型和吸附形核模型。

1.2.1 经典均质形核模型

所谓均质形核，顾名思义，液相中各个位置的形核概率是相同的。从热力学角度来看，当熔体温度低于液相线，固相的体积自由能将低于液相，从而倾向于发生液固转变，即结晶。此时，短程有序的原子集团会逐步增大，形成晶坯。晶坯的出现构成了新的固液界面，从而产生新的界面自由能，使得系统自由能增加。假设液相中出现半径为 r 的球形晶坯，系统总自由能变化 ΔG 可表示为

$$\Delta G = -\frac{4}{3}\pi r^3 \Delta G_V + 4\pi r^2 \sigma \tag{1-1}$$

式中，ΔG_V 为单位体积液固两相自由能差(形核驱动力)，J/m³；σ 为单位面积的固液界面能(界面张力)，J/m²。

由式(1-1)可知，必然存在一个临界尺寸 r_K，当晶坯半径大于 r_K 时，系统自由能可以随晶坯尺寸增大而降低。此时，晶坯可以继续长大形成晶核甚至晶粒。

1.2.2 经典异质形核模型

实际情况下总是发生异质形核，为此 Volmer 和 Weber[3]提出了经典的平面衬底异质形核模型，如图 1-1 所示。其中 r^* 为临界晶核半径；d 为衬底的直径；θ 为润湿角，θ 决定并体现着异质核心的形核能力。经典平面形核理论认为，当衬底尺寸满足直径 $d \geqslant 2r^* \sin\theta$ 及面积 $A \geqslant \pi(r^* \sin\theta)^2$ 时才能形核，实际中的形核衬底直径 d 必须远大于 $2r^*$ 才能成为有效的形核核心。近代异质形核理论的奠基人 Turnbull[4]发展了这种模型，他认为只要 d 与 $2r^*$ 尺寸在一个数量级并满足 $d \geqslant 2r^*$ 时就能诱导结晶的发生。

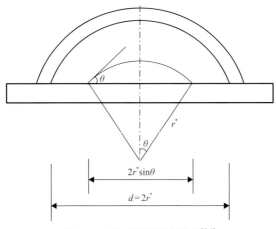

图 1-1　平面润湿形核模型[5,6]

对于金属熔体，其原子排列是长程无序的。而当温度接近液相线时，熔体中会出现亚稳态、短程有序的原子团簇结构。但此时原子热运动较仍较为剧烈，这些不稳定

的原子团簇在熔体中不断出现和消失，该现象被称为结构起伏或相起伏。而当熔体温度持续降低至液相线以下，这些原子集团就有可能形成晶胚甚至达到临界尺寸形成晶核。晶胚或晶核内部的原子是呈晶态的规则排列，而其表面是原子排列不规则的熔体，二者构成新的界面。因此，对于形核过程，一方面，熔体是从原本无序或短程有序排列的原子聚集状态转变为长程有序排列的晶体结构，整个体系的自由能得以降低，构成形核过程的驱动力；另一方面，由于晶核和熔体构成新的界面，增加了体系的表面能，这构成了形核的阻力。另外值得一提的是，形成固相的体积应变能通过液相得以释放，故可以不作考虑，而这在固态相变中则无法忽略。如图 1-2，基于上述形核过程的驱动力和阻力，衬底或型壁上出现一个晶核(晶胚长大形成晶核)时的能量变化可表示为

$$\Delta G = \Delta G_1 + \Delta G_2 \tag{1-2}$$

式中，ΔG_1 为晶核中原子有序化排列产生的体系自由能的变化，即形核驱动力；ΔG_2 为晶核与熔体构成的新界面所引起的表面能的变化，即形核阻力。

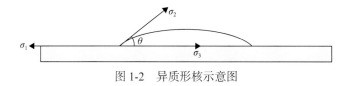

图 1-2　异质形核示意图

对于形核阻力 ΔG_2，可用式(1-3)表示：

$$\Delta G_2 = A_3 \sigma_3 + A_2 \sigma_2 - A_1 \sigma_1 \tag{1-3}$$

式中，A_1 为熔体与衬底的界面面积；σ_1 为熔体和衬底的比表面能；A_2 为晶核与熔体的界面面积；σ_2 为晶核与熔体的比表面能；A_3 为晶核与衬底的界面面积，与 A_1 的面积相等，即 $A_1 = A_3$；σ_3 为晶核与衬底的比表面能。

根据 σ_1、σ_2、σ_3 的平衡关系，则有

$$\sigma_1 = \sigma_3 + \sigma_2 \cos\theta \tag{1-4}$$

式中，θ 为润湿角。由于：

$$A_2 = 2\pi r^2 (1 - \cos\theta) \tag{1-5}$$

$$A_3 = \pi r^2 \sin^2\theta \tag{1-6}$$

将式(1-4)～式(1-6)代入式(1-3)，整理可得

$$\Delta G_2 = \left[2\pi r^2 (1 - \cos\theta) - \pi r^2 \sin^2\theta \cos\theta \right] \sigma_2 \tag{1-7}$$

而对于形核驱动力 ΔG_1，则有式(1-8)：

$$\Delta G_1 = \pi r^3 \left(\frac{2 - 3\cos\theta + \cos^3\theta}{3} \right) \Delta G_V \tag{1-8}$$

式中，ΔG_V 为液相转变为固相过程中单位体积自由能的变化。所以形成一个晶核，整个体系的能量变化为

$$\Delta G = \left(\frac{4}{3}\pi r^3 \Delta G_V + 4\pi r^2 \sigma_2 \right) \left(\frac{2 - 3\cos\theta + \cos^3\theta}{4} \right) \tag{1-9}$$

$$G = \left(\frac{4}{3}\pi r^3 \Delta G_V + 4\pi r^2 \sigma_2 \right) f(\theta) \tag{1-10}$$

式中，$f(\theta)$ 为润湿角因子，在 $(0°,180°)$ 范围内，θ 越大，则 $f(\theta)$ 越大，即非均匀形核功 ΔG 越大，越不利于形核，反之则对形核越有利。

在这个模型中，为了使衬底能够容纳整个球冠，进而发生形核，衬底的最小表面积 A 和尺寸 d 分别满足 $A \geqslant \pi(r^* \sin\theta)^2$ 和 $d \geqslant 2r^* \sin\theta$，其中 r^* 为临界形核半径。因为 $2r^* \sin\theta < 2r^*$，从理论上讲，尺寸 d 在满足 $2r^* \sin\theta < d < 2r^*$ 时的平面衬底依然可以作为有效的形核衬底。Turnbull[4]认为，当 $d < 2r^*$ 时，衬底上任何半径大于 $r^* \sin\theta$ 的晶胚能够形成晶核；当 $d < 2r^* \sin\theta$ 时，晶胚难以继续长大，这是因为在垂直于表面方向上的任何进一步的生长都将降低晶体曲率半径，从而提高形核壁垒[7]。

根据该模型，过冷熔体中的形核率可表示为

$$J = N \left(\frac{kT}{h} \right) \exp\left(-\frac{\Delta G_A}{kT} \right) \exp\left[-\frac{\Delta G_K f(\theta)}{kT} \right] \tag{1-11}$$

式中，J 为异质形核率；N 为形核质点数；k 为玻尔兹曼常量；h 为普朗克常量；T 为形核温度；ΔG_A 为金属原子通过固液界面的扩散激活能；ΔG_K 为形成临界晶胚所需的自由能势垒；$f(\theta)$ 为接触角因子。

Greer 等[2]在平面形核理论基础上提出自由生长模型。其中，把 $d = 2r^*$ 作为临界条件代入，可得

$$d = \frac{4\gamma_{SL} T_m}{L_V \Delta T} \tag{1-12}$$

式中，γ_{SL} 为界面能；T_m 为液相线；L_V 为晶体单位体积的热焓；ΔT 为过冷度。

式 (1-12) 不仅定义了在平面衬底上形成晶核所需的最小过冷，同时也给出了与自由生长模型完全相同的晶胚尺寸标准。在自由生长模型中，除了晶核为球冠状这一假设之外，还考虑了二维尺度的晶核在平面衬底上的生长情况，拓展了式 (1-12) 的适用范围。

20 世纪 50 年代末，Fletcher[5]提出凸界面形核模型，讨论了润湿角、衬底颗粒的半

径与临界晶胚半径的关系，并指出了衬底的形貌尺寸对形核的影响，并通过形状因子讨论了衬底的形状效应。通过该模型可以推出，与较小的球形衬底相比，较大的球形衬底在热力学上更有利于形核。这一凸衬底形核模型最近由 Qian 和 Ma[6,8]进一步完善[图 1-3(a)]。形核也有可能发生在凹衬底上[图 1-3(b)]，或者在平坦或凸起衬底中的凹坑以及裂纹的表面[4,9-11]。

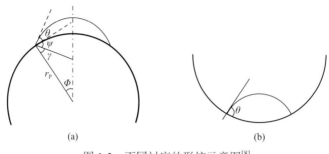

(a)   (b)

图 1-3   不同衬底的形核示意图[8]

(a)凸衬底；(b)凹衬底

金属凝固成分过冷理论的主要创始人 Chalmers[9]详细对比了三种形态衬底形核的难易程度，指出平面衬底形核比凸面衬底形核容易，比凹面衬底形核困难，并认为对于给定的 θ 和 r^*，异质核心的尺寸越大越有利于形核，同时在形核凹形衬底上更容易发生。

1.2.3　经典异质形核理论的发展

1. 吸附形核模型及自由生长模型

强形核剂的润湿角 θ 非常小，通常 $\theta < 20°$，而球冠的高度 h 只有 1～2 个原子层，无法采用球冠模型解释形核机理[12,13]。因此，以上基于经典球冠形核模型建立的理论不适用于讨论强异质形核剂的情况。

在原子尺度考虑形核问题时，吸附可能起着更重要的作用。对于具有强相互作用的两相界面，金属可以绕过润湿过程直接在异质核心上吸附形核[14,15]。20世纪60年代，Yang 等[11]在研究钠薄膜在不同衬底上沉积情况时发现，钠的晶胞单元只由几个原子构成，并吸附在衬底上，晶核在原子尺度上可以看作是平整的，此时润湿角的概念已经不适用。Sundquist[16]指出，低过冷状态下形成晶核时，单层原子吸附在表面，进而长大成为晶核。Chalmers[9]也认为，强异质形核衬底上只需要 1～2 层原子吸附在衬底就可发生形核，如果吸附层尺寸增加，形核相就能进一步生长。Cantor[17]通过研究二元共晶和偏晶体系的异质形核过程，建立了异质形核吸附模型，如图 1-4 所示。

近年来，借助高分辨透射电子显微镜实验也多次证实了吸附形核过程[8,15,17]。此外，也有学者使用密度泛函理论[18]、自洽相场理论[14]和计算机模拟[19]等方式研究了非金属体系中，在可润湿颗粒上的吸附形核问题。结果表明，优先吸附形核物质的衬底有利于形核，并且吸附能力越强，形核壁垒越小[14]。目前，吸附机制已经成为在可润湿的衬底上形核的公认解释。

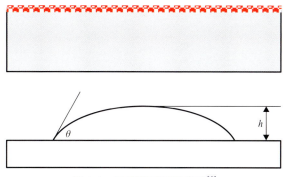

图 1-4 异质形核吸附模型[6]

Greer 等[2]在吸附形核模型基础上提出自由生长模型，并给出了过冷判据。自由生长发生的前提是过冷熔体中存在足够大的异质颗粒以及足够小的过冷度，模型如图 1-5 所示。该模型通过冷却条件及细化剂的尺寸，可以预测晶粒尺寸的大小，通过研究 Al-TiB、AZ31-SiC 以及 Al-TiC 强异质形核体系，验证了模型与实验结果的一致性[20-22]。

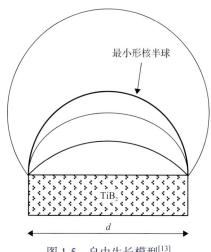

图 1-5 自由生长模型[13]

2. 吸附-界面扩散模型

基于强形核剂细化机理，Qian 和 Ma[6,8]提出吸附-界面扩散模型，如图 1-6 所示，并给出了临界过冷度判据。该模型中形核包括四个阶段：①在熔体中需要存在满足 $r \geq r^*$ 的球形强异质形核衬底；②当熔体冷却至液相线以下时，结晶相原子快速吸附在形核衬底表面；③随着温度降低达到临界过冷度，吸附过程加快，大量原子吸附在衬底表面形成一层原子尺度的吸附层；④吸附层开始往外生长，直到形成晶核，此时标志着形核过程完成。同时，Cao[23]进行了镁合金晶粒细化实验，发现实验结果和吸附-界面扩散模型具有很好的一致性，为通过控制形核和长大过程细化凝固组织提供了理论依据。

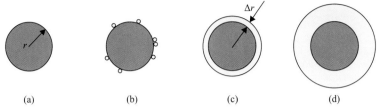

图 1-6　吸附-界面扩散模型[24]

(a)满足 $r \geqslant r^*$ 的强异质形核衬底；(b)结晶相原子吸附在形核衬底表面；(c)形成原子尺度吸附层；(d)吸附层生长形成晶核

马卫红等[25]利用过冷度研究了动力学和热力学因素对金属熔体形核过程的影响，并推导出过冷度的一般方程，从理论上给出过冷熔体中有效的异质颗粒种类以及异质颗粒数量与过冷度的关系。郑浩勇等[26]根据 Wenzel 润湿模型(图 1-7)，分析了衬底粗糙度对形核的影响。他们认为当衬底和形核相间的润湿角大于 90°时，衬底界面粗糙度越高越不利于形核；当润湿角等于 90°时，衬底界面粗糙度对形核无影响；当润湿角小于 90°时，衬底界面粗糙度越高越有利于形核。Qian 和 Ma[6]的理论工作进一步表明，通过对形核衬底表面粗糙度进行纳米尺度的重构或改造，可以控制在该衬底表面的形核过程，并得到所期待的表面形核产物。

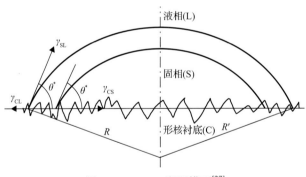

图 1-7　Wenzel 润湿模型[27]

3. 润湿形核模型

为了更好地解释强异质形核体系的晶粒细化机理，Maxwell 和 Hellawell[28]研究了 Al-Ti、Al-Zr 等强异质形核体系的晶粒细化机制，将球冠模型与润湿行为结合在一起提出润湿-包覆形核模型(M-H 模型)，如图 1-8 所示。他们利用该模型解释了 Al₃Ti 或 Al₃Zr 颗粒特定晶面上的晶粒形成，认为铝液在 Al₃Ti 或 Al₃Zr 颗粒的平面上迅速润湿形成球冠状晶核，其半径被假定为近似等于形核衬底尺寸。由于衬底被有效润湿，故所需的过冷度较小。随后的晶体长大过程，则使用球形生长模型把被包覆的球形晶核的生长描述为熔体过冷的函数。M-H 模型的独特之处在于实际形核过程是通过铝液润湿而形成包覆的球形晶核。该模型进一步深化了人们对晶粒细化机制的认识。

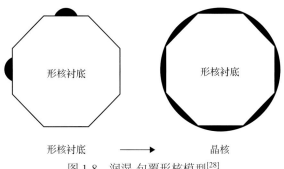

图1-8 润湿-包覆形核模型[28]

吸附和润湿已经被广泛认为是在强异质形核(可润湿)衬底上形核的机理。但考虑原子尺度的形核时，显然吸附是比润湿更有说服力的物理机制。这是因为由于长程相互作用的影响，不会有单层液相原子尺度的扩散[29]。相反，单层原子是可以被吸附而形核的。

上述研究构成了近现代异质形核理论的框架，为凝固组织调控技术的开发提供了有力的支撑。随着材料表征技术，尤其是高分辨透镜和原位同步辐射等技术的快速发展，使研究人员有可能在微观尺度上表征异质形核过程，并通过界面原子结构排列来验证现有异质形核模型或重新认识异质形核机理[30-32]。

1.2.4 形核能力评估

对于异质形核，形核界面处的界面能是影响其行为的关键因素，但是界面能存在难以直观描述的问题。现有的异质形核模型解释形核过程，主要分为两种：一是借助于其他参数表征界面能，例如计算异质相与形核固相的点阵错配度等；二是直接计算界面能。然而，这些形核能力的理论研究结果普遍缺乏相应的实验数据支撑。

1. 晶体学结构

Turnbull 和 Vonnegut[33]首先提出异质质点与形核相间的固固界面能取决于界面两侧固相的点阵错配度 δ($\delta=|a_s-a_c|/a_c$，其中 a_s 和 a_c 分别为异质核心和形核相的点阵常数)，以此来预测两者之间的界面能，当两者之间错配度小于 5%时，界面能与错配度之间存在线性关系。错配度越小，界面能越低，异质形核越容易发生。这也是最早基于实验结果与理论提出的对形核效能的评估。

Bramfitt[34]选取了碳化物和氮化物作为衬底，研究其形核效用。在所评估的 20 种碳化物和氮化物中，仅有六种被证明能有效促进铁液的形核。氮化锆将纯铁过冷度的平均值降低到 12.6℃，而碳化铪是典型的未能促进 δ 铁形核的十四种化合物中的一种，并在实验中得到验证。与十四种无效化合物相比，这六种化合物在整个实验过程中保持固态，因此提供了形核质点。六种化合物中最有效的是氮化钛和碳化钛，这与晶粒细化实验结果相符。这六种化合物的晶体结构分为立方晶系和六方晶系，以碳化钨为例，其与形核相的晶格错配度难以在一个维度上进行诠释，可见 Turnbull 和 Vonnegut[33]

提出的计算方式有一定的局限性。因此，Bramfitt[34]提出二维错配度概念，在形核相的某一低指数晶面与异质相的某一低指数晶面重合，并取其选定晶面上三个低指数晶向的平均值作为两者间的错配度。将两种不同的晶系用同一方式评价，使得晶格错配理论更为完善。

近年来，Zhang 等[35-37]在判断铝合金及镁合金异质基底形核能力中采用的边-边匹配模型(edge-to-edge model)也是基于二维错配度概念。由于晶体位向关系容易精确计算对比，基于经典形核理论的点阵错配、二维错配和边-边匹配模型或基于原子吸附的临界厚度模型，均依据点阵错配度判断异质核心诱导形核相形核的能力，并解释异质形核细化机理[36]。因此，点阵错配度成为新型细化剂设计的重要参数之一。

但是，仅采用异质核心与形核相之间的点阵错配度表征界面能，评判异质核心的形核能力同样具有局限性。实际上，低错配度并不是异质核心能高效诱导形核相形核的充要条件，如 TiB_2 与 AlB_2 具有相同的晶体结构和极为相近的点阵常数，二者的(0001)表面与 α-Al(111)面均存在位相关系。相比 TiB_2，AlB_2 与 α-Al 之间的点阵错配度更小，但现有研究表明，α-Al 不能在 AlB_2 表面形核[31]，而 TiB_2 却具有诱导 Al 异质形核的能力。另外，钢液凝固时，熔体中存在多种固态质点 MgO、MnO、ZrN、ZrC 等，与形核相 δ-Fe 具有小错配度的 MgO、MnO 所需的最小形核过冷度极大，而具有大错配度的 ZrN、ZrC 所需的最小形核多冷度反而较小[38]。由此可见，异质颗粒与结晶相之间的界面能不仅取决于点阵错配度，且由多种因素综合决定，尤其是异质核心表面的化学和物理性质。

2. 过冷度

界面能是物质的本征特性。而根据经典形核理论，自由能的大小与过冷度(物质平衡熔点和实际凝固点的温度差)密切相关。当形核发生后，过冷度还会影响形核后的长大过程。也就是说，过冷度的影响同时体现在形核和晶体长大过程，进而决定金属凝固组织及其性能。因此，过冷度是金属凝固过程的重要参数。

有学者[38,39]研究了液态铁和液态钢在不同晶面取向单晶 Al_2O_3、MgO 和多晶 Al_2O_3、MgO、Ti_2O_3、V_2O_3 上的形核过冷度，发现当熔体中不含 Ti 时，形核过冷度随错配度的增加而增加；但是当熔体中含 Ti 时，形核过冷度不再受错配度的影响，其原因可能是 δ-Fe 与 Ti_2O_3 之间的界面能远小于 δ-Fe 与 Al_2O_3 之间的界面能。Nakajima 等[40]的研究也证实，液态 Fe 的形核过冷度随着 δ-Fe 与熔体中 TiN、Al_2O_3 和 Ti_2O_3 夹杂相之间的晶格错配度的增加而增大。

Greer[41]发现 Al_2O_3 对铝的形核效能效较差，其最大形核过冷度达 175℃。Appapillai[42]研究了熔体 Si 在多种衬底上的形核过冷度，Si 在 SiO_2 衬底上的形核过冷度高达 120℃，而在 SiN 上最大形核过冷度只有 17℃，在 SiO_2 上涂覆一层 SiN 层，可使过冷度降至 19～26℃。Valdez 等[27]分别观测了液态 Fe 在 Al_2O_3、液态镍在 Al_2O_3 和 ZrO_2 异质衬底上的形核过冷度，发现在氧分压为 10^{-14}Pa 时液态铁的最大过冷度为 290℃，液态镍在 Al_2O_3 和 ZrO_2 上的最大过冷度分别为 320℃和 316℃。氧势会显著影响液体金属的异质形核过冷度，且形核过冷度与其润湿角大小相关，最高过冷度对应最大润湿角。Valdez 等[27]还发现，不同 ZrO_2 晶面与相应的镍金属晶面平面错配度差异显著（2.3%~44.6%），但不同 ZrO_2 晶面激发液态镍形核的过冷度相差不大。

除晶格错配度外，还有很多其他因素影响异质形核过冷度。有研究发现[40,43]，在 Al-Ni 和 Al-Si 合金中分别添加少量 Al-5Ti-B 中间合金后，其形核过冷度从原来的 30℃分别降低为 0.9℃和 8.3℃。这说明异质相的存在明显促进了合金的形核，使形核过冷度降低，且异质相对不同熔体的形核过冷度影响程度不同。Nakajima 等[40,44]发现，纯 Fe 和 Fe-Ni 合金的过冷度一方面随着熔体和夹杂相之间的错配度增加而增大，另一方面还会随着夹杂物密度的减少而增加。有学者研究了异质相衬底对锡（Sn）熔体形核的影响[16]，发现锡熔体的形核过冷度取决于衬底种类，其大小按氧化物、金属、碳化物的顺序依次减小。然而，Sundquist[16]却发现铅（Pb）熔体在不同单晶金属上形核时，其过冷度并未受衬底种类影响，可见原有的单晶金属衬底相失去了触发形核的能力，具有相同特征的新形核衬底取代了原来的衬底，从而使不同单晶金属上铅形核的过冷度保持不变。Rostgaard[45]发现 $NiSn_4$、$PdSn_4$ 和 $PtSn_4$ 都是 β-Sn 的有效形核剂，其异质形核过冷度仅有 4℃。

上述研究表明，异质相种类对熔体形核的影响显著，其影响程度可以通过冷度 ΔT 来定量表征和比较，但其内在机理有明显差别。因此，研究界面匹配情况或者界面错配度与形核过冷度之间的关系，能够为寻求异质相衬底形核有效性的判据提供新的探索方向。

3. 界面结构

形核相在异质核心上的异质形核属于液固相变，所涉及的空间尺度约为几个至几十个原子大小，时间尺度在纳秒级，熔体与固相质点接触的液固界面微区结构决定着异质形核过程。利用传统实验方法难以直接研究异质形核界面，更难以观察到形核过程。随着高能 X 射线、原位高分辨透射电镜和计算机模拟的飞速发展，现在研究者可以直接观察原子级别的形核界面，也可以通过分子动力学等预测形核界面行为。

2005 年，Oh 等[46]用高温透射电镜和 X 射线衍射观测了铝液在蓝宝石 Al_2O_3（0001）面上的界面衬度和原子密度波动情况，发现铝在 Al_2O_3 单晶上凝固时紧邻单晶界面处出现了有序的液相铝。2011 年，Lee 和 Kim[47]用原位高分辨电镜同时观测了 Al/α-Al_2O_3（0001）和（1$\bar{1}$02）两个界面处的铝液原子的有序性，发现 Al/α-Al_2O_3（0001）界面处的密度波动表明原子间距接近于 α-Al_2O_3（0006）面间距，而 Al/α-Al_2O_3（$\bar{1}$10$\bar{2}$）的原子间距更加接近 Al_2O（200）面间距。2015 年，Gandman 等[48]应用像差校正透射电镜证实了铝液和不同蓝宝石表面接触时均表现出有序化现象，且固液界面处铝液的有序化程度因界面晶面取向的不同而变化，其有序化程度依次为（0006）≥（11$\bar{2}$0）≥（1012）≥（1014）。上述实验研究表明，邻近异质相的液态原子有序排列会受到异质形核衬底的直接影响。

1.3 晶体生长及界面稳定性

晶核形成后，需要一定动力学过冷度才能继续长大，微观上晶体生长表现为液态原子或原子集团向固态晶体表面堆砌排列。除了金属自身的热物性参数，晶体的生长主要受到固液界面结构和传热条件的影响。对于含有溶质的合金而言，还受溶质浓度及其扩散速率的影响。

1.3.1 固液界面结构及晶体的生长

原子尺度上，固液界面结构可以分为两大类，即粗糙界面和光滑界面，又称为非小平面界面和小平面界面。顾名思义，粗糙界面是指固液界面在原子尺度上看是粗糙的，原子在多个原子层随机排列；光滑界面则是指固液界面上的原子排列是光滑的。需要注意的是，粗糙界面和光滑界面是在原子尺度上定义的，从宏观尺寸上看，粗糙界面往往较为平坦光滑，而光滑界面则往往表现为锯齿状。该现象已由 Jackson 从统计热力学的角度进行了阐释。

晶体生长方式特指原子向固液界面堆砌的方式，在温度条件一定时，晶体生长方式取决于固液界面的结构，可以分为连续生长和侧面生长。连续生长对应粗糙界面，液相中原子向界面不同位置堆砌的概率几乎相同，因此可以连续不断地向固液界面堆砌，形成连续生长方式。这种生长方式中晶体的生长方向与固液界面相垂直，因此又被称为垂直生长。侧向生长与光滑的固液界面相对应。由于原子尺度上固液界面是光滑的，因此原子向界面堆砌的概率明显降低，但是一旦出现原子堆砌产生新的台阶，其他原子在其侧面堆砌生长的概率就会显著提高，晶体生长会沿原子形成的台阶侧向扩展，因此被称为侧向生长。侧向生长可能来源于界面上二维晶核形成的台阶，也可能来源于螺型位错形成的台阶。

1.3.2 界面稳定性

固液界面形态是凝固理论研究的重要组成部分，它与最终凝固组织和内部缺陷有着密切关系。对纯金属来说，固液界面稳定性只取决于界面前沿液相温度条件。正温度梯度下界面是稳定的，因为固相在界面的任何凸起很容易被熔化而回复平界面。在负温度梯度下，一旦固液界面出现凸起，则会接触过冷度更大的熔体，从而加快凸起的生长，进而形成枝晶，此时固液界面极易失稳。当然，纯金属的枝晶在凝固之后无法被观察到，因为无法利用溶质分布不均现象进行金相腐蚀或探测区分。

对于合金，固液界面稳定性还涉及溶质的再分配和扩散等条件，因此更为复杂。Chalmers、Tiller 等于 1953 年研究了固溶体合金凝固现象之后，提出了凝固界面稳定性判据，即成分过冷理论。随后研究进一步深入，Mullins 和 Sekerka[49,50]提出了平面生长线性稳定性理论，又称为 MS 理论。对固液界面形态在不同工艺条件下的表现形式与转变过程的研究，直接推动了凝固理论研究的发展和深入。

1. 溶质再分配

溶质平衡分配系数(k_0)是二元合金凝固过程中的一个基本参数,它联系了凝固过程中的固液两相,因此大量出现在涉及凝固的数学模型中。k_0 有时也被称为分凝系数、化学偏析系数等。合金平衡凝固时,固液界面前沿的液相和固相成分分别按照相图的液相线和固相线变化。以 $k_0 < 1$ 的合金为例,如图 1-9 所示,对成分为 C_0 的二元合金来说,当温度稍低于液相线温度 T_L 时就开始凝固,其初始析出的固相成分小于 C_0,此时固相中多余的溶质原子被"排挤"到周围液相中,因此固液界面处局域液相浓度升高。这种现象即被称为溶质再分配或分凝。表示溶质再分配特征的参数即为 k_0,其表达式为

$$k_0 = \frac{C_S}{C_L} \tag{1-13}$$

式中,C_S 为平衡凝固条件下固相的溶质含量;C_L 为平衡凝固条件下液相的溶质含量。

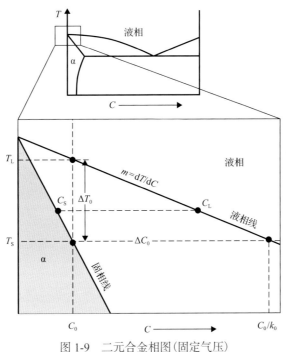

图 1-9 二元合金相图(固定气压)

左侧 α 为固熔体;下部:该相图左上角的放大图,定义了成分为 C_0 的合金的平衡分布系数 k_0,还标注了其他几个重要的相图导出参数,包括液相线温度 T_L、固相线温度 T_S、液相线斜率 m、合金结晶温度范围 ΔT_0 和凝固终了时的液固相浓度差 ΔC_0[51]

需要注意的是,这种平衡均是指固液界面处很小区域的局域平衡。

$k_0 > 1$ 的合金凝固过程中固相中溶质原子含量要大于液相,因此界面处局域液相浓度会降低。

溶质再分配现象是合金非平衡凝固过程产生微观偏析的根本原因,也使固液界面稳定性增加了新的影响因素,因此合金凝固过程的固液界面稳定性还要重点考虑溶质

再分配的影响。

2. 成分过冷理论

单相合金凝固时，由于溶质原子在液固两相中的溶解度不同，以 $k_0 < 1$ 的合金为例，凝固过程中溶质原子不断在液相一侧富集，导致该区域液相线也随之降低，并使过冷深入液相内部，Winegard 和 Chalmers[52]由此提出著名的成分过冷理论(图 1-10)。根据该理论，如果固液界面前沿不存在成分过冷，界面生长形态呈平直界面，即

$$\frac{G}{V} \geqslant -\frac{m_L C_0 (1-k)}{k D_L} \tag{1-14}$$

式中，G 为温度梯度；V 为界面推进速度；k 为平衡溶质分配系数；C_0 为合金原始成分；m_L 为相图上液相线斜率；D_L 为液相中溶质的扩散系数。

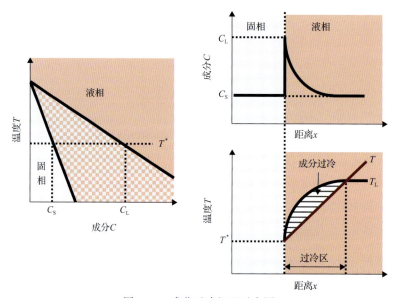

图 1-10　成分过冷机理示意图

单相合金凝固时，由于液固界面前沿液相中存在成分过冷，并随着成分过冷度从小变大，其界面生长形态将从平直界面向柱状和树枝状发展。成分过冷理论成功解释了胞晶和枝晶组织的形成，但是它也有自身的局限性，即没有考虑晶体生长过程界面动态变化时可能出现干扰的情况。它把平衡热力学应用到非平衡动力学过程之中，但没有考虑界面张力的稳定性作用。随着凝固技术的发展，人们发现成分过冷理论不适用于快速凝固领域[53]。

3. MS 线性稳定性理论

Mullins 和 Sekerka[49]把研究流体动力学稳定性的方法引用来研究晶体生长过程中的界面稳定性，考虑温度场和浓度场的干扰行为、干扰振幅和时间的依赖关系以及它们对界面稳定性的影响，提出了界面稳定性动力学理论，又被称为 MS 线性稳定性理论。

界面上出现任何周期性的干扰都可以用傅里叶级数展开，获得振幅和时间的关系。界面的稳定性取决于正弦波的振幅随时间的变化。如果振幅随着时间的增加而增大，则界面不稳定；反之振幅随着时间而减小，则界面稳定。通过数学推导可以得到界面稳定性的判据：

$$S(\omega) = -T_{\mathrm{M}}\Gamma\omega^2 - \frac{1}{2}(g' + g) + mG_{\mathrm{C}}\frac{\omega^* - \dfrac{v}{D}}{\omega^* - \dfrac{v}{D}(1 - k_0)} \tag{1-15}$$

式中，ω 为振动频率；T_{M} 为纯溶剂的液相线；Γ 为吉布斯-汤姆孙(Gibbs-Thomson)系数；$g' = \left(\dfrac{\lambda_{\mathrm{S}}}{\lambda}\right)G'$，其中 λ_{S} 为固相中的波长，λ 为干扰波波长，G' 为固相中温度梯度；$g = \left(\dfrac{\lambda_{\mathrm{L}}}{\lambda}\right)G$，其中 λ_{L} 为液相中的波长，G 为液相中温度梯度；m 为液相线斜率；G_{C} 凝固界面前沿温度梯度；ω^* 为液相中沿固液界面溶质的波动频率，其表达式为 $\omega^* = \dfrac{v}{2D} + \left[\left(\dfrac{v}{2D}\right)^2 + \omega^2 + \dfrac{P}{D_{\mathrm{L}}}\right]^{\frac{1}{2}}$。该式中 v 为生长速度；D 为溶质在液相中的扩散系数。

函数 $S(\omega)$ 的正负确定了波动振幅是增长还是衰减，从而决定固液界面的稳定性。Altieri 和 Davis[54]研究了多组分合金定向凝固固液界面的线性稳定性，并指出随着组分的加入，界面稳定性降低，增大液相线斜率和浓度比，不稳定区域的大小增大，界面失稳，这与 MS 理论基本相符。

MS 稳定性理论预测了绝对稳定性平面结构的存在，这个预测已经在激光和电子束表面快速熔凝实验中得到了证实。然而，MS 理论也有其局限性，实际凝固过程是非线性的，而 MS 理论则是基于线性动力学假设，这大大限制了它在实际中应用。Kowal 等[55]研究了两个绝对稳定极限附近的快速凝固条件下，二元熔体固液界面形态变形的非线性演化。固液界面的最终形状出现更明显的不对称性，与平衡的偏离更大，形态学数字也更大。Makoveeva 等[56]进行了具有熔体对流影响的固液界面线性形态稳定性分析，建立了平面固液界面形态不稳定性的线性理论，描述了对流作用下二元熔体的定向凝固过程。该理论的重点是在结晶前沿同时考虑发生导电和对流热及质量通量。所发展的理论涵盖了相界面附近的传导和对流热量及质量传递机制，并确定了对流稳态凝固条件下成分过冷的判据。

1.4 柱状晶向等轴晶的转变

细化凝固组织是提高金属材料性能的重要手段，获得均匀细小的等轴晶组织一直是冶金和铸造工作者追求的目标。对于当下冶金生产，随着洁净化问题的基本解决，均质化成为冶金产品质量提升的瓶颈。提高铸坯等轴晶区占比是提高均质化的根本途径。要实现合金凝固过程中柱状晶向等轴晶转变（columnar to equiaxed transition, CET），需要两个基本要素：一是要有足够数量的等轴晶，可以是等轴晶晶核，也可以是游离的等轴晶晶粒；二是要柱状晶停止生长，同样既可以是柱状晶失去生长动力，也可以是其生长被阻止。因此，研究合金的 CET 需要从两方面入手，既要弄清楚等轴晶晶核的来源，又要了解转变的条件。

1.4.1 晶核来源假说

虽然目前人们对柱状晶向等轴晶转变机理的认识还不统一，有多种关于柱状晶向等轴晶转变的假说[57,58]，但是都没有否认固液界面前沿晶核的作用，而仅仅是对固液界面前沿晶核的形成或来源有不同的认识。根据晶核形成的位置，可以将现有观点归纳为以下三类。

1. 晶核来源于柱状晶生成之后

Howe[59]在 1916 年提出等轴晶核可能出现于铸件中心液相的假说，认为成分富集造成凝固点温度降低，因此，固液界面前沿的凝固点低于铸锭心部的金属液。但是金属液温度梯度很小，结果造成固液界面前沿一定区域金属液先到达凝固点。1954 年，Winegard 和 Chalmers[52]以成分过冷理论（图 1-11）为基础，提出了柱状晶前沿液相成分过核的理论，认为在凝固过程中柱状晶前沿重新形核，长大为等轴晶，进而阻碍柱状晶的发展，从而发生柱状晶-等轴晶转变。

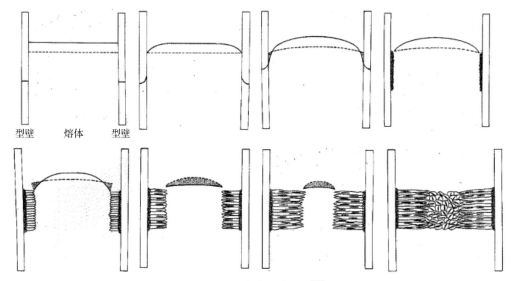

型壁　熔体　型壁

图 1-11　成分过冷理论[52]

Nguyen-Thi 等[60]通过中子衍射原位观察发现，Al-3.5%Ni 合金定向凝固试样的固液界面前沿液相内出现等轴晶形核现象（图 1-12），证实了成分过冷形核理论。选取 Al-Ni

合金的原因是两种合金元素对中子衍射吸收能力差别较大，利于成像，而且该二元合金的平衡分配系数很小，易于在固液界面前造成较大的成分富集，即较大的成分过冷。

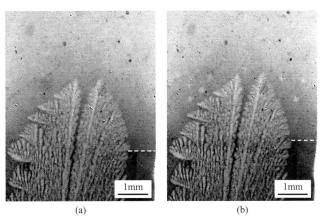

图 1-12　冷形核原位观察：Al-3.5%Ni 合金[60]

(a)柱状晶生长；(b)成分过冷，柱状晶前沿形核

　　1966 年，Jackson 等[61]发现有机物凝固过程中的二次枝晶臂从一次臂主干脱落现象，并提出等轴晶核心的枝晶熔断机理。图 1-13 显示了透明系纯物质和有机物合金的在变拉速生长条件下的凝固组织，可以看出纯物质的二次枝晶臂根部与枝干的直径几乎相同；而合金的二次枝晶臂根部明显变细，甚至与一次枝晶主干分离。Jackson 等[61]认为，这些熔断的枝晶游离到液相内部，形成铸锭心部的等轴晶。

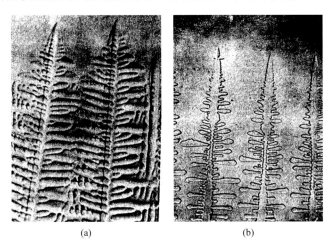

图 1-13　透明系纯物质和有机物合金凝固组织[61]

(a)环己醇无缩颈的枝晶；(b)含萨罗的四溴化碳变速生长时的枝晶熔断现象

　　枝晶熔断机理被 Mathiesen 等[62-64]证实，如图 1-14 所示，选取 Al-20%Cu 合金材料，利用中子衍射观察了 200μm 厚度试样在定向凝固条件下的凝固组织演变及枝晶熔断现象。由于先析出相 α 铝密度小于液相，熔断后枝晶上浮。经成分分析发现：熔断的枝晶根部溶质富集严重。

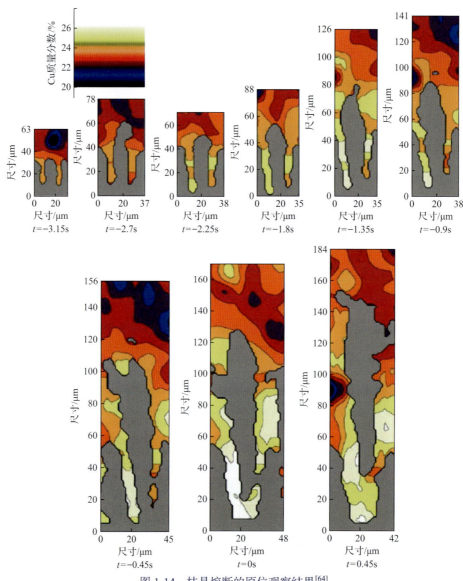

图 1-14 枝晶熔断的原位观察结果[64]

t 为发现枝晶熔断现象的时刻

电磁搅拌技术应用于铸造及连铸生产中，对提高等轴晶率起积极作用。常有人认为电磁场引起的强烈对流可以打碎枝晶[65-67]，从而增加等轴晶率。但是，Pilling 和 Hellawell[68]经过计算认为，枝晶间的对流对晶体通过打碎枝晶实现增殖没有直接贡献，枝晶碎片的产生另有原因。这也从另一方面说明枝晶熔断机理更为可信。

2. 晶核来源于柱状晶生成之前

Chalmers 接受 Genders[69]的思想于 1963 年提出"Big Bang"①假设[70]，认为晶核自

---

① "Big Bang"，即大爆炸理论。该理论认为浇注的金属液与冷的型壁接触时会爆炸式大量形核。

初始凝固区的过冷液体内大量形核，随液体流动进入中心区域，并不断增殖长大，从而形成中心等轴晶。大野笃美(Ohno)[71]在原位观察合金凝固的实验基础上，提出等轴晶是从冷型壁上形核，然后漂移到金属液中，从而发生柱状晶向等轴晶转变(CET)，即晶核的型壁游离假说(图 1-15)，进而提出游离籽晶铸造法[图 1-16(a)]。起初很多人认为后者的观点与前者是一样的，这引发了大野笃美的激烈辩论。大野笃美[71]由此提出了 O.C.C 连铸技术[72]以反证自己观点的正确性。O.C.C 连铸技术如图 1-16(b)所示，是用加热铸型的方法防止型壁形核并形成游离晶，并在铸型下方向铸锭喷水冷却，形成铸锭轴向一维传导热流，进而形成凸向液相的凝固界面，实现定向单晶连续生长。

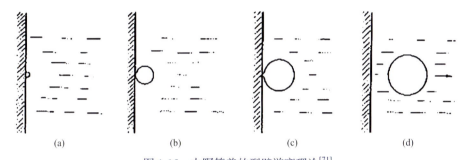

(a)　　　　　　(b)　　　　　　(c)　　　　　　(d)

图 1-15　大野笃美的型壁游离理论[71]

(a)初始形核；(b)晶核底部缩颈；(c)晶粒长大；(d)晶粒从型壁游离

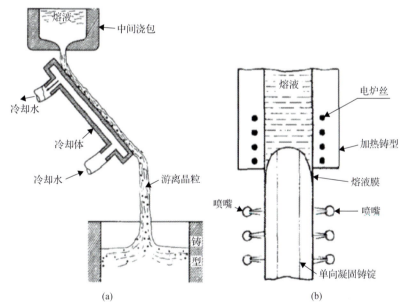

(a)　　　　　　　　　　　　(b)

图 1-16　游离籽晶铸造法和 O.C.C 连铸技术[72]

(a)游离籽晶铸造法；(b)O.C.C 连铸技术

3. 晶核来源于自由液面

1967 年，Southin[73]观察到铸锭等轴晶组织中存在彗星状晶粒，这些晶粒的彗尾朝向自由液面，因此他推断这些晶粒应该是在自由液面形成并飘落，提出了液面结晶雨假设[3]，认为铸件心部等轴晶来源于液面[图 1-17(a)]。

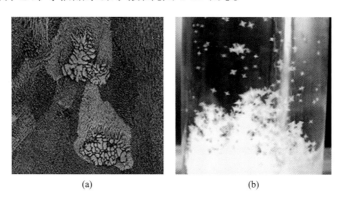

(a)   (b)

图 1-17   "结晶雨"现象

(a)Southin[73]发现的彗尾状晶粒，认为是晶粒飘落造成，因此提出"结晶雨"假说；(b)氯化铵凝固时产生的"结晶雨"现象，实验时液体顶部有气流冷却

Laser 和 Nürnberg[21]对氯化铵水溶液二维凝固的模拟实验研究表明，液相内自由晶的主要来源是：①型壁上形核并按照大野笃美的机理[3]；②固液两相区内的枝晶被熔断并被液流带入液相区；③自由表面凝固形成"结晶雨"[图 1-17(b)]。总之，关于铸件心部等轴晶来源的观点未达成一致见解，但现在一般认为与凝固条件相关。凝固条件不同，等轴晶主要来源会有所不同。研究生产条件下等轴晶的主要来源对提高铸坯等轴晶率有重要理论和实践价值。

1.4.2 凝固条件对 CET 的影响

凝固条件对合金 CET 的影响也是冶金和铸造工作者关心的重要问题。这不仅关系到 CET 理论的发展，更直接决定了大型铸件和连铸坯的力学性能及溶质分布的均匀性。Hunt 的稳态 CET 判据基于形核率对过冷度的依赖关系，推导出生长速度与温度梯度关系，认为 CET 转变对应了一定的固液界面前沿液相的温度梯度。Ares 等[74-77]系统研究了不同合金体系 CET 转变的条件，发现不同合金 CET 发生时的固液界面温度梯度变化较大，但是都分别有一个较稳定的温度区间。Cole 和 Bolling[78]研究了机械搅拌和电磁搅拌对 CET 的影响，认为单向、低速的旋转搅拌稳定了柱状晶前沿的温度梯度，不利于 CET 发生，但是正反旋转的搅拌方式可以极大地提高等轴晶率。Morando 等[79]研究了铸件尺寸对 CET 的影响，发现小铸锭对浇注温度比较敏感，但是较大的铸锭则不会因为浇注温度的变化而产生较大的变化。Ziv 和 Weinberg[80]实验探索了形核剂对 Al-Cu 合金 CET 的影响，发现未添加形核剂的试样 CET 转变的固液界面温度梯度为 0.6K/cm；形核剂添加量较高时可获得高温度梯度的 CET 转变且组织细化，而低于 100ppm 则未发现显著影响，因此认为核心数必须达到特定值才能明显提高 CET 转变的固液界面温度梯度、细化凝固组织。Dupouy 等[81]利用空间实验室研究了微重力环境下 Al-Cu 合金的 CET，并与重力条件下的结果进行了对比，发现微重力环境下的 CET 转变比较平缓，而重力环境下凝固的试样则呈现柱状晶向等轴晶的突变，作者认为这是晶粒沉降的结果。Poole 和 Weinberg[82]利用感应熔炼然后断电冷却的方式研究了不锈钢液平衡凝固条件下的 CET，发现当碳含量低于 0.02%时，试样几乎全部为等柱状晶，而高碳含量的 CET 则与生长速度相关。Siqueira 等[83]通过测温实验认为 CET 与合金体系和柱状枝晶尖端降温速率相关。

Tarshis 等[84]系统研究了等轴晶晶粒尺寸与凝固参数的关系，发现晶粒尺寸随参数 P 的增大而减小。其中 P 的表达式为

$$P = -mC_0(1-k)/k \qquad (1\text{-}16)$$

在给定的合金体系中，若假定液相线和固相线均为直线，则 P 值就代表了凝固区间，因此可以利用 P 值选取合适的晶粒细化元素。但是有研究证明某些合金体系(如 Al-Si 合金)添加元素后会造成晶粒的粗化[85,86]。

1.4.3　CET 预测模型

1984 年，Hunt[87]提出二元合金稳态单向凝固条件下 CET 转变判据(图 1-18)，为定量研究和预测 CET 开创了理论路线。该假说采用式(1-17)的形核公式计算形核率，利用 BH 枝晶生长动力学模型[88,89]计算晶核的生长[式(1-18)、式(1-19)]，因形核率、过冷度和晶核生长均是温度梯度函数，因此以临界温度梯度为 CET 判据。

$$I = (N_0 - N)I_0 \exp\left[-\frac{\mu}{(\Delta T)^2}\right] \qquad (1\text{-}17)$$

$$\Delta T = \frac{GD}{V} + A'(C_0V)^{1/2} \qquad (1\text{-}18)$$

式中，I 为形核率；N_0 为熔体中形核衬底总数量；N 为已经形核的形核衬底数量；I_0 为常数；μ 为与形核衬底相关的常数；ΔT 为过冷度；G 为液相温度梯度；D 为液相扩散系数；V 为生长速率；A' 为常数；C_0 为原始溶质含量。

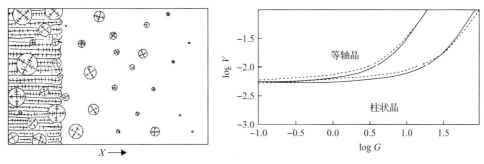

图 1-18　Hunt 稳态 CET 模型[87]

V 为生长速度，单位为 m/s；G 为温度梯度，单位为 K/m

假设柱状晶前沿的等轴晶体积比率 $\varphi > 0.49$ 即发生 CET，进而推导出临界温度梯度

公式，这也就是所谓的机械阻挡判据：

$$G < 0.617 N_0^{1/3} \left[1 - \frac{(\Delta T_N)^3}{(\Delta T_c)^3} \right] \Delta T_c \tag{1-19}$$

式中，ΔT_N 为形核过冷度；ΔT_c 为生长过冷度。

当温度梯度低于式(1-19)右侧的数值，将会发生 CET。但是等轴晶体积比例的选择是随意的，因此该假说仍缺乏坚实的理论依据。该假说因基于稳态定向凝固提出，因此得到一些定向凝固实验结果的肯定，Ziv 和 Weinberg[80]支持临界温度梯度理论，实测 Al-3%Cu 合金的 CET 转变温度梯度为 6K/cm。Aers 等[74-77,90-93]的一系列实验结果也基本支持临界温度梯度假说，但有些合金的 CET 温度梯度范围相当宽泛。Biscuola 和 Martorano[94]用改进的 Hunt 模型验证 Al-Si 合金 CET，并与随机模型结果对比，发现等轴晶体积比率 φ 取值为 0.2 更准确，进一步说明 φ 取值的任意性。

Fredriksson 和 Olsson[95]考虑了传热、形核率、冷却速率对 CET 的影响，于 1986 年提出新的 CET 理论，并认为液相温度到达最低点处为 CET 发生的判据。同年，Kurz 等[96]建立了 KGT 枝晶生长模型，该模型比 BH 模型更加精确地描述了枝晶生长动力学，Gäumann 等[97]在 KGT 模型基础上改进了 Hunt[87]的 CET 理论，称为 GTK 理论。该理论可以预测更宽泛温度梯度或者枝晶生长速度下的 CET 行为，而 Hunt 模型是不能预测高速生长条件下的 CET 的。图 1-19 比较了 GTK 模型与 Hunt 模型对 CET 预测结果的不同。Wang 和 Beckermann[98]则将机械阻挡判据发展为溶质阻挡判据，即考虑了凝固过程的溶质富集过程，使理论预测 CET 更加准确(图 1-20)。不同于 GTK 模型和 Hunt 模型认为的温度梯度假说，Gandin[99]认为 CET 发生时柱状晶生长速度最快，并以此作为 CET 判据。

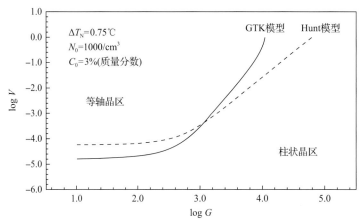

图 1-19　GTK 模型与 Hunt 模型对 CET 预测结果的比较[97]

V 为生长速度，单位为 m/s；G 为温度梯度，单位为 K/m

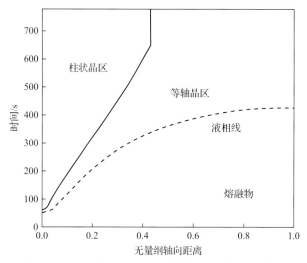

图 1-20 Wang 和 Beckermann[98]的 CET 数值预测结果

Siqueira[83]研究发现，CET 只与冷却速率相关；作者研究 Sn-Pb 和 Al-Cu 合金的凝固过程，发现 CET 并不是在特定温度梯度和特定枝晶尖端生长速率下发生的，这与 Hunt[87]和 Gandin[99]的判据是矛盾的，但是 CET 当地的枝晶尖端冷却速率却基本一致，认为应以此为 CET 判据。

如图 1-21 所示，综上所述，可以发现基于单向凝固的确定性 CET 预测模型由三部分组成：①形核模型，都采用了经典形核理论；②枝晶生长动力学，包括 BH 模型和 KGT 模型；③CET 转变判据，现有临界温度梯度判据(等轴晶体积比率 φ 超过临界值)、液相温度最低点判据、枝晶生长速率最快判据和尖端冷却速率判据四种。转变判据可以分为机械阻挡和溶质阻挡两种，后者考虑了选分结晶对液相浓度的影响，因此更精确，也更适用于数值模拟。20 世纪 80 年代末期，计算机技术突飞猛进，数值模拟方法逐渐发展起来，CET 方面的数值模拟有很多文章发表[100-102]。

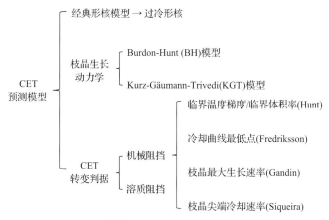

图 1-21 确定性 CET 预测模型的理论基础

基础研究的深化为理解和预测 CET 提供了有力工具，但其不足之处仍比较明显：

一是这些理论基本都是在定向凝固基础上提出的，但实际铸件/铸坯的凝固过程往往比较复杂；二是枝晶生长动力学仅适用于二元合金，对多元合金的预测仍比较困难；三是晶核来源对 CET 影响的考虑仍不充分。

1.5　热裂纹的形成

热裂纹是金属凝固过程中形成的破坏性缺陷，广泛存在于涉及液固转变的金属制备领域，是关系行业安全、低碳生产和极限制造的瓶颈问题之一。主要表现为四个方面：①高性能金属材料可铸性，如镁合金，尤其是镁铝系合金热裂倾向严重，导致难以进行大尺寸铸坯半连续铸造[103]，绝大多数高合金钢的连铸也面临相似难题。②重大工程及项目安全性，如热裂导致连铸拉漏事故[104-106]、核电站大型铸锻件因内部热裂造成泄漏风险。③增材制造与焊接可行性。Martin 等[107]指出，热裂问题是导致少数几种材料外 5500 余种工业合金难以进行增材制造的主要障碍。各种新型焊接技术也面临同样的挑战。④临界或极限条件下的可制造性。一般情况下，铸锭尺寸越大，锻轧后最终产品综合性能越佳，而热裂问题是大尺寸铸锭生产的主要瓶颈之一。事实上，几乎所有金属在凝固为具有极限几何形状的半成品及成品过程中，都受到热裂问题的困扰。

在过去的数十年里，学界提出多种热裂的形成机理及条件判据，试图揭示热裂的本质并进行准确的预测。目前普遍认为热裂产生于枝晶间，且靠近固相线的凝固后期。如图 1-22 所示[108]，根据晶粒之间的连接状态，可以将液固转变过程分为四个阶段，其中涉及三个临界温度点，分别是相干点(coherence point)、粘连点(coalescence point)和刚性点(rigidity point)[109]。相干点为凝固过程中固相开始出现互相搭接的温度点，此时固相占比仍较低(25%～40%)，两相区具有明显的流变特性，很容易进行补缩；粘连点

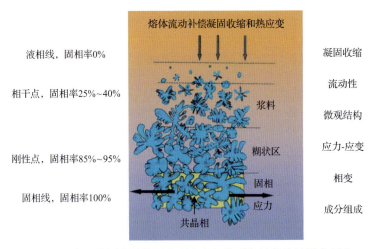

图 1-22　凝固范围内的特征点(左)和与热裂相关的关键因素(右)

根据文献[108]重绘

也可译为聚结点，指固相已经大面积粘连，形成了较为稳定的固体骨架，此时枝晶已不能自由移动；刚性点是固相骨架形成连续网络并开始具有刚性的温度，此时固相率一般在 85%以上，固相之间的液膜不再连续，液相补缩非常困难甚至已无法进行。热裂一般发生在刚性点附近（一般认为是固相率80%～98%之间的糊状区），与剩余液态金属难以补缩及应力-应变作用有直接关系[110,111]。

1.5.1 热裂形成机制

热裂行为复杂且影响因素众多，人们对其的形成机理探索研究经历了漫长的时间。目前，关于热裂的形成机理主要有下述四大理论[112-116]。

1. 液膜理论

Nieswaag 和 Schut[117]提出液膜理论解释热裂现象，认为凝固后期靠近固相线时晶间存在低强度液膜，热裂纹是在拉应力作用下液膜破裂并扩展形成的。因此，该理论认为晶粒间存在液膜是热裂纹产生的本质原因，而凝固过程中液膜受到的拉应力是热裂纹形成的必要条件，热裂纹形成的临界应力是液膜被拉裂的最小应力。

图 1-23 是液膜理论示意图，可以看出凝固末期在枝晶周围聚集着大量低熔点相，即晶间液膜阶段；在枝晶分离阶段，由于凝固收缩应力或者外加载荷的作用，枝晶开始相对滑移，枝晶间的液膜也被拉伸，处于将要分离状态，同时该阶段的液膜在表面张力作用下会呈现毛细虹吸效应；当凝固收缩应力或者外加载荷过大，枝晶被拉开，就进入了裂纹萌生阶段，若此时残余液相不能及时补缩，就会形成热裂纹。

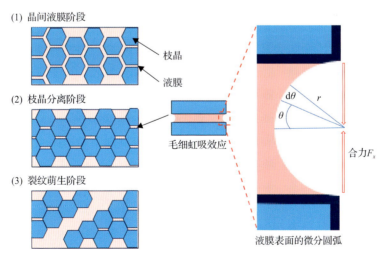

图 1-23　液膜理论示意图
根据文献[118]重绘

2. 晶间搭桥理论

Borland[119]在研究 Al-Sn 合金高温性能过程中发现，热裂产生的实际临界应力远大于液膜的理论强度，因此提出金属凝固后期存在晶间搭桥的设想。搭桥的存在使凝固末期晶体的强度增加，抗裂稳定性增加。丁浩等[120]通过对 Al-1.0%Cu 金属定向凝固时的热裂纹研究，证明了金属凝固后期晶间搭桥结构的存在。晶间搭桥在金属凝固收缩受阻而产生的应力作用下发生变形，若该应力超过了晶间搭桥的结合强度，枝晶间的搭桥结构就会被破坏而出现晶间裂纹，然后逐步扩展。该理论认为，热裂纹形成的临界应力实际上就是晶间搭桥的断裂强度。

3. 强度理论

有学者提出了应力-应变(强度)理论，该理论认为凝固过程中产生的收缩应力和变形若超过此温度下合金的强度极限或塑性极限时，热裂纹就会产生[121,122]。在凝固后期，铸件中已经形成大量固相并发生凝固收缩，当收缩受阻而导致铸件产生的应力和变形超过了金属在该温度下的极限应力、应变时，金属中就会产生孔隙，进而扩展为热裂纹。在固相线附近的某一温度区间内，金属的强度低且延展性差，这个温度区间为热脆性区。应力-应变理论认为，热脆性区的存在是铸件中产生热裂纹的主要原因，而应力和变形是必要条件[114]。

4. 凝固收缩补偿理论

凝固收缩补偿理论将金属的凝固过程按其收缩补偿方式分为四个阶段[114,120]，分别是准液相区、可补缩区、不可补缩区、晶间搭桥区。在准液相区，已形成的树枝晶还未构成连续的枝晶骨架，树枝晶和液相都能够自由流动，金属的强度很低、塑性较高。随着温度降低，固相体积分数增加，树枝晶间形成了连续的骨架，金属的强度升高，塑性降低，将这个阶段命名为准固相区。在准固相区阶段，根据收缩能否被金属液补偿可分为可补缩区和不可补缩区。热裂纹形成于不可补缩区，在不可补缩区，凝固收缩受阻而导致的晶间分离不能被金属液补充而产生微热裂纹，并在应力的作用下扩展。随着温度继续降低，当达到某一温度时，树枝晶之间有桥接形成，金属的塑性和强度都上升，这个阶段被称为晶间搭桥区。该理论从凝固过程方面阐释了热裂纹形成的阶段及特点，但其阶段划分方式并未被广泛采用。

1.5.2 热裂判据

通过相关模型建立热裂判据是利用有限元模拟软件预测铸件热裂纹状况的基础。20 世纪 50 年代以来，基于各种理论和假设模型的热裂纹预测判据被提出，为合金热裂倾向性判断及热裂预测提供了模型和依据。

1. 基于热力学角度的热裂判据

Clyne 和 Davies[123]提出用金属在不同阶段停留时间的相对大小来表示热裂的倾向性。其表达式为

$$\text{HSC} = \frac{t_{0.99} - t_{0.9}}{t_{0.9} - t_{0.4}} \tag{1-20}$$

式中，HSC（hot tearing sensitivity coefficient）为热裂倾向性系数。$t_{0.4}$、$t_{0.9}$、$t_{0.99}$ 分别为从金属凝固开始到固相体积分数为 0.4、0.9、0.99 时所用的时间。

HSC 值越大，热裂倾向性越大；反之，热裂倾向性越小。

Hatami 等[124]在 Clyne 和 Davies[123]的基础上，用临界固相体积分数将金属凝固过程划分为可补缩和不可补缩两个阶段，同样提出了用临界固相体积分数和 0.99 之间的温度间隔与金属在该区间的停留时间之比来表示金属的热裂倾向性。但是上述判据忽略了枝晶结构和糊状区力学性能对热裂的影响，也没有考虑应变及应变速率的影响。

2. 基于凝固收缩角度的热裂判据

Kou[125]以金属凝固后期中相邻柱状树枝晶之间的未凝固区域为研究对象，分析并提出新的热裂判据。他认为在凝固过程中，柱状树枝晶受到垂直于其生长方向的应变，且受到应变而造成未凝固区域体积的增量不能被液相补缩及固相长大平衡时，该处就会形成热裂纹。其热裂敏感性系数 HSC 表达式为

$$\text{HSC} = \left| \frac{\mathrm{d}T}{\mathrm{d}\sqrt{f_S}} \right|, \quad f_S \rightarrow 1 \tag{1-21}$$

式中，T 为金属的温度，℃；f_S 为固相体积分数。

热裂敏感系数 HSC 越高，产生热裂纹的概率越大。但是，该判据同样没有考虑到糊状区金属的组织结构和力学性能，以及可能在上述阶段存在的夹杂物或氧化物对热裂纹形成的影响。同时，判据没有确定的数值标准，因此临界值的判断具有一定主观性。

3. 基于固态力学角度的热裂判据

Suyitno 等[126]同样认为，热裂纹是由于凝固收缩和变形大于金属液相补缩作用的结果，但并非金属凝固过程中形成的孔洞都会成为热裂纹。只有当铸件中孔隙尺寸大于根据 Griffith 理论计算出来的孔洞临界尺寸，该孔隙才会进一步扩展并发展成热裂纹，否则，该孔隙只能以缩孔或缩松的形式存在。然而，这在实际预测时常出现不符合实际的情况。Bai 等[127]基于实际铸件热裂纹的断口显微观察，发现断口是宏观脆性断裂和局部韧性断裂，因此认为热裂纹的形成与扩展不仅要克服晶粒间液相增加的表面能，还要克服晶界联结处的增加的固相表面能。因此他们引入晶界固相能和有液相存在的晶界百分数两个参数对 Suyitno 等[126]提出的判据中临界孔洞尺寸进行了修正，使预测的结果更符合实际情况。但上述方法中孔洞尺寸的计算仍依赖经验，需进一步探索背后的机理。

4. 基于固态和流态力学的热裂判据

Rappaz 等[128]采用两相模型和 Niyama 建模描述气孔形成的方法，考虑了柱状枝晶

的变形和收缩引起的液体补缩问题，认为如果处于糊状区的柱状枝晶间隙中具有流动性的液体不足以补偿糊状区的收缩和累积的变形，则枝晶间液相将产生压力降 Δp。当压力降 Δp 大于临界压力降 Δp_{max}，热裂纹的核心就会形成，这些核心最终会扩展成为热裂纹。其建立的判据推导出的临界压力降 Δp_{max} 表达式为

$$\Delta p_{max} = \frac{180}{\lambda_2^2} \frac{(1+\beta)\mu}{G} \int_{T_S}^{T_L} \frac{E(T) f_S(T)^2}{[1 - f_S(T)]^3} \, \mathrm{d}T + \frac{180}{\lambda_2^2} \frac{v_T \beta \mu}{G} \int_{T_S}^{T_L} \frac{E f_S(T)^2}{[1 - f_S(T)]^2} \, \mathrm{d}T \qquad (1\text{-}22)$$

式中，$E(T) = \frac{1}{G} \int f_S(T) \dot{\varepsilon}_P(T) \mathrm{d}t$，以及树枝晶根部处热裂形核的临界应变速率表达式为

$$F(\dot{\varepsilon}_{P,max}) = \frac{\lambda_2^2}{180} \frac{G}{(1+\beta)\mu} \Delta p_{max} - \frac{v_T \beta}{G(1+\beta)} \int_{T_S}^{T_L} \frac{E f_S(T)^2}{[1 - f_S(T)]^2} \, \mathrm{d}T \qquad (1\text{-}23)$$

其中，β 为收缩因子；μ 为金属液的黏度；λ_2 为二次枝晶间距；G 为温度梯度；T_S 为固相线温度；T_L 为液相线温度；$f_S(T)$ 为温度 T 下对应的固相体积分数；v_T 为凝固速率；$\dot{\varepsilon}_P$ 为应变速率；$\dot{\varepsilon}_{P,max}$ 为树枝晶处不产生热裂的最大应变速率，它和临界压力降 Δp_{max} 正相关。$\dot{\varepsilon}_{P,max}$ 值越大，抵抗热裂的能力越强。

Rappaz 等[128]为了使铸件各处热裂倾向性的区分度放大，定义热裂判据表达式

$$\text{HSC} = \frac{1}{\dot{\varepsilon}_{P,max}} \qquad (1\text{-}24)$$

该判据比较接近热裂形成的物理机制，是目前被普遍认可的热裂判据之一。它可以用于各种类型铸造或者焊接的热裂风险预测。但该判据并不完善，它忽略了应变局域化以及晶界局部补缩对热裂形成的影响，同时也不能确定样件最终形成的是缩孔还是热裂纹。

实际上，热裂纹是材料自身和外部条件的综合作用所致，因铸造和焊接生产的要求多样，形式复杂，至今尚未形成统一的判据[118,127,129,130]。上述判据可以在一定程度上预判热裂行为的发生，但预测结果与实际还有一定的偏差。

1.5.3　热裂研究存在的问题

基于上述研究进展的综述可以发现，虽然关于热裂的基础研究已有逾百年历史，但热裂形成的机理和条件还不清楚。热裂问题依旧是制约冶金和铸造行业技术进步和新材料开发的难题，一直受到学术界和企业界的高度关注[57,131]。近年来，仍有诸多研究机构持续数年开展热裂研究[108,110,132]。

如图 1-24 所示，目前研究存在的问题主要为：

(1)热裂机理研究对凝固进程考虑不足，机理描述不清晰，导致认知和应用有很大差距。

(2)高温及糊状区力学性能测试方法可靠性差、误差大，存在测试数据空白问题。

图 1-24 热裂研究存在的主要问题

（3）数值模拟缺乏有效热裂模型与可靠判据，造成热裂预测与判断不准确。

综上，热裂研究仍需建立考虑凝固过程中组织形成、枝晶粗化、晶间搭桥、液膜形态及应力、应变等因素的数学物理模型，开展金属熔体在凝固末期含微量非平衡液相时的力学性能测试，进而通过多尺度建模与模拟进行热裂预测并形成有效判据。

1.6 经典凝固理论的局限性

自 20 世纪初，凝固领域科学家通过落滴试验、透明物质模拟、定向凝固、液滴悬浮和同步辐射原位观察等方法对金属凝固过程开展了大量研究，先后提出并检验了形核理论模型、成分过冷、溶质再分配、界面稳定性、枝晶生长动力学、枝晶熟化、枝晶熔断、柱状晶向等轴晶转变、热裂纹的萌生与扩展等多个重要理论问题，有力推动了凝固科学的发展，为认识凝固现象和解决凝固缺陷提供了重要的理论基础。

然而，实际生产中金属的凝固还受到多种因素的复杂影响，除了合金成分、相变类型、结晶温度区间、分凝系数等内部因素，金属熔体的热历史、洁净度、异质相种类、尺寸、数量等，以及凝固传热、机械及外场干预等外因的影响也非常大。这导致生产条件下的金属凝固过程异常复杂，经典凝固理论很难直接阐释清楚实际生产条件下的凝固问题。因此，生产中的凝固问题还需要能够反映实际凝固条件的研究手段来解决。

第 2 章
凝固过程常用研究方法

为检验理论研究成果、揭示凝固过程及规律以及解决生产实际问题，国内外学者围绕金属凝固过程开发了多种研究手段。这些方法概括起来可以分为实验研究和数值模拟两大类。其中，实验研究方法又可分为直接实验法和模拟实验法，主要包括热分析法、X 射线衍射法、同步辐射原位观察法、定向凝固法、工业试验法、透明物质模拟、几何模拟等。数值模拟方法可分为宏观数值模拟和微观数值模拟，主要包括有限元法、有限差分法、相场法、分子动力学法等(图 2-1)。这些方法均有各自的优缺点，适用于不同凝固问题的研究。

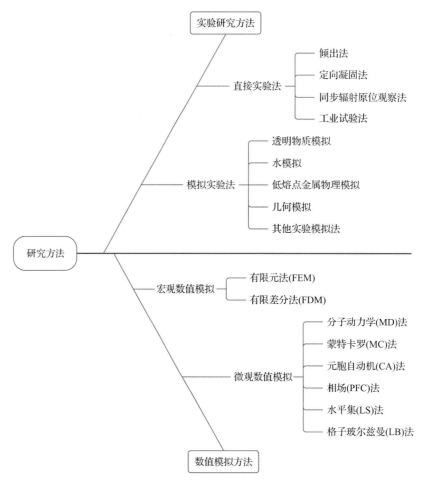

图 2-1 凝固问题常用的研究方法

2.1　异质形核研究方法

在异质形核中，异质核心与金属之间的界面起主导作用，这里既包含了异质核心与金属之间界面润湿性，又包含了界面间的物理吸附和化学相容问题。早期限于测试手段，异质形核问题主要以差热分析和理论研究为主。近些年，高分辨透射电镜、原位同步辐射技术和分子动力学模拟等方法的出现及发展，使得科研工作者能够在微观层面更好地表征凝固组织，模拟异质形核过程，对异质形核问题的研究更为深入。

2.1.1　差热分析

差热分析技术(包括 differential thermal analysis，简称 DTA；differential scanning calorimeter，简称 DSC)用于实验测量已有较长历史，是通过测量样品和参照物升降温或者恒温时产生的热流差检测吸热和放热效应[43,133-135]，进而研究样品相变与温度间关系的一类技术。仪器主要由加热炉和两个带热电偶的托盘组成。一个托盘用于放置待测试的样品，另一个托盘用于放置参照物。样品或参考盘的温度由各自热电偶测量得到。

根据其工作原理，热流量的测量极为重要，其通常以辐射的方式经过传感器的热阻，而热阻则以环状分布于托盘下方(坩埚位于托盘正上方)。热阻之间的温差是通过热电偶测得。根据欧姆定律，热流量等于温差与热阻的比值。此外，对于试样温度的测量则是基于三个重要温度：炉体温度 T_C、参照温度 T_R、样品温度 T_S。样品温度可由以下公式获得：$\phi = \phi_S - \phi_R$。

$$\phi = \frac{T_S - T_C}{R_{th}} - \frac{T_R - T_C}{R_{th}} \tag{2-1}$$

$$T_S = T_R + \phi R_{th} \tag{2-2}$$

式中，ϕ 为样品热流，即 DSC 信号；R_{th} 为热阻。由于纯金属的温度和热熔之间的关系已被作为参照的标准值，所以 DTA 或 DSC 对纯金属的测量结果可以作为标准曲线用于后续的校正。

仪器校准后，通过 DTA-DSC 测量可以获得合金熔化和凝固过程的各种物性数据。最常见的检测包括测定液相线和固相线温度，测量转变熔、反应熔以及测定比热容等。在 DTA-DSC 曲线上，以峰面积为例，热流量对时间的积分等于样品的熔变 ΔT。例如在相图计算领域，二元及多元合金体系[136]的熔化和凝固相关的热力学温度、反应温度及反应性质，即共晶反应或者包晶反应的确定，都与合金成分相关。DTA 和 DSC 也可以非扫描模式使用，其中温度保持恒定，并且能够检测到等温转变。这种方法通常用于凝固研究，包括形核动力学和扩散键合的研究。

根据实验所得的液相线及凝固点可以求得形核过冷度，对研究形核问题具有重要意义。Zhao 等[135]基于快速热分析技术研究了纯 Sn 液滴在各种气氛下过冷度的演变，发现过冷度随着氧气分压的增加而降低，并观察到形成 SnO$_2$ 呈岛状随机分布在液滴表面，推测这可能促进了熔体表面的异质形核。Zhang 等[137]利用高温 DSC 将 Cu$_{70}$Co$_{30}$ 合金熔体过冷结晶形成亚稳态混溶性间隙结构。基于经典成核理论中的统计分析，得到形核速率动力学因子 γ 和活化能量 ΔG^*。为了探究异相形核问题，Nakajima 等[40]对含有 TiN 和 Al$_2$O$_3$ 的 Fe-Ni-Cr 合金(Ni+Cr 含量为 30%，Ni 含量为 7.5%～29.3%)进行了 DSC 测试，从过冷的角度说明形核问题。综上所述，差热分析技术在异质形核问题的研究中扮演着重要的角色。

2.1.2　原位透射电镜及同步辐射

高分辨透射电子显微镜(high resolution transmission electron microscopy，HRTEM)具有较小的球差物镜系数以及更高的分辨率，可以观察到局部区域的原子排布情况，因此，HRTEM 可用于形核相和衬底的晶体结构表征，包括各类晶体缺陷、晶界及表面处的点阵分布。

Oh 等[46]利用高温透射电镜及 X 射线衍射观测在原子尺度上直接观察了 Al 在 Al$_2$O$_3$ 晶面上界面衬度和原子密度波动情况，发现 Al 在 Al$_2$O$_3$(0001)晶面上凝固时紧邻界面处出现有序的液相 Al。王传义团队利用原位高分辨透射电镜，在原子尺度上实时观察到了固液可逆相变在成核之前、成核、生长的整个微观动力学过程[138-140]。其研究发现固液可逆相变是完全相反的两个过程，但它们在转换本质上却存在着内在统一性，即在成核之前都经历一种有序性介于晶体和液体之间，类似于扭曲晶体结构的中间态，相变过程则是非局域性的和多尺度的，是体系内部不同部分协同作用的结果，给出了液固相变新的见解。

有学者利用具有亚纳米空间分辨率的原位透射电子显微镜(TEM)研究 Al-Si 合金以及液态 In 和 Al 衬底、Fe 衬底固液界面处的结构、化学性质和动力学行为[141]。研究结果表明：①Al-Si 合金中 Si(111)所在固液界面处的液体中部分形成了有序层；②Al 固液界面上的晶体和成分变化同时发生；③界面 Al 是弥散的，在极低的过冷度下，它的生长速度可以达到几纳米每秒；④在 Al 或 Fe 衬底中，直径小于 10nm 的 In 颗粒熔化温度可以升高或降低，这取决于三相交接处固液界面的接触角。

图 2-2 为 Haghayeghi 和 Qian[142]利用高分辨透射电镜原位观察 Al-10%Mg 合金在 MgAl$_2$O$_4$ 衬底上的形核过程，发现在过热 73℃时，MgAl$_2$O$_4$ 界面处的 Al 原子能够形成不稳定的有序化排列，在不同的位置交替形成并消失；当温度降至液相线时形成相对稳定的有序 Al 原子层，随后发生结晶，首先部分形成密排堆积的 Al 原子有序层，然后通过进一步结晶形成更加紧密的结构。

有学者使用同步加速器 X 射线散射技术研究固液界面处的相互作用问题[143]，并且该技术可以实现随着相变的进行同时采集原位数据。他们以液态 Al 作为实验材料，分别用固态 Al$_2$O$_3$ 和 TiB$_2$ 衬底分别代表典型实验用衬底和工业相关的晶粒细化剂。实验结果揭示了热膨胀和残余应变现象，确定了铝在特定衬底晶面上的形核过冷度，指

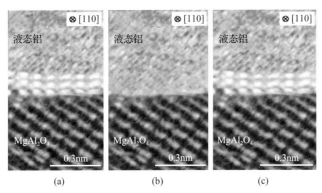

图 2-2 680℃液相 Al-10%Mg 合金/MgAl$_2$O$_4$ 界面处原位高分辨透射电镜观察

(a)680℃后 8ms；(b)680℃后 12ms，有序层消失；(c)680℃后 20ms，原子重排[142]

出了形核时出现的铝和衬底之间的取向关系，并进一步分析提供了关于铝和衬底之间界面处的原子结构信息。

Zhao 等[144]利用原位同步辐射实时成像技术研究了 Cu/Sn-58Bi/Cu 焊点在回流时温度梯度下的热迁移和凝固行为，发现焊料中高浓度 Bi 阻碍了 Cu 原子的热迁移和焊点处的界面反应。焊点处界面金属间化合物(IMCs)的生长和 Cu 衬底的溶解都不明显。在凝固过程中，富 Bi 相在块状焊料上形核，并快速生长成三棱柱或四棱柱形状，随后富 Sn 相形核并快速生长出树枝晶。最后，明显观察到焊料中的双相分离。这一系列现象为讨论温度梯度下富 Bi 和富 Sn 晶粒的生长机制提供了直观依据。

Kang 等[145]使用原位同步辐射成像技术研究 Al-20%Bi 难溶合金中第二相液滴的粗化过程，可以直接观察到碰撞引起的粗化和 Ostwald 粗化现象。通过观察发现，半径差异较小的液滴之间会发生碰撞诱导的粗化现象，而半径差异较大的液滴之间会发生 Ostwald 粗化现象，且其粗化速率远高于碰撞诱导的粗化。

2.1.3 分子动力学

通过分子动力学方法，研究者可以在原子尺度上对材料的各种物理、化学性质以及相关的现象进行模拟[146-148]。针对形核发生时温度高、时间短、熔体不透明等实验研究面临的困难，分子动力学模拟可提供多种结构分析与表征方法对其进行研究。

1. 宏观统计分析方法

表征宏观统计的参量包括对分布函数、径向分布函数和静态结构因子，三者之间可以在数值上进行转换。而静态结构因子本身可以通过 X 射线衍射或者中子衍射实验得到。这三个宏观统计参量可用于展现形核过程中原子的分布，从而更直观地了解形核过程，并搭建了实验分析和计算机模拟之间的桥梁。

对分布函数(pair distribution function，PDF)表征的是以一个粒子为中心，从这个中心出发，半径为 r 的范围内出现其他粒子的可能性，即单位体积内的粒子数目[149]。如图 2-3 所示，取一个原子作为中心，以 Δr 为单位向外画同心球壳，然后统计每一层球壳里的原子数密度(粒子数/球壳体积)与平均数密度的比值(即总粒子数/体积)。

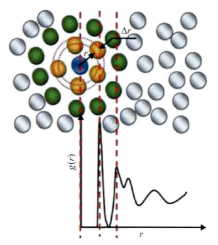

图 2-3　对分布函数与原子结构示意图[149]

　　径向分布函数(radial distribution function，RDF)，其定义方式与对分布函数近似，同样以一个粒子为中心，距离该中心 r 处宽度为 Δr 的球壳厚度内的微粒数。尽管对分布函数和径向分布函数较为近似，但二者仍然存在明显差异。对分布函数描绘的是一个概率问题，其函数随着 r 的增加最终将归一化，如图 2-4(a)所示。而径向分布函数表征的是球面上粒子的统计值，随着半径的增加，它的数值逐渐增加，如图 2-4(b)所示。

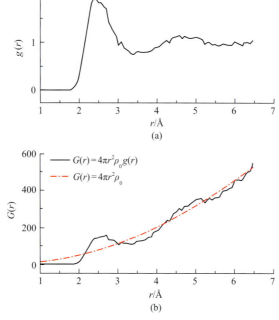

图 2-4　对分布函数(a)与径向分布函数(b)的关系[149]

静态结构因子(static structure factor，SSF)在分子动力学中是一个特殊的参量，通常用于连接实验分析和模拟分析，并且能够表征材料对射线的散射能力，反映物质结构的平均信息。另外，静态结构因子与对分布函数互为傅里叶变换。静态结构因子的关系式如式(2-3)所示：

$$s(k) = 1 + 4\pi\rho \int_0^\infty \frac{\sin(kr)}{kr}[g(r)-1]r^2 \mathrm{d}r \tag{2-3}$$

式中，$s(k)$ 为静态结构因子；r 为原子半径；$g(r)$ 为对分布函数；ρ 为原子数密度。

2. 共近邻分析法

共近邻分析在分子模拟技术中是描述一个原子周边其他原子排列情况的方法，相对于宏观统计参量，其侧重局部，主要包括键对分析、键角分析、泰森多边形指数分析和配位数等。

键对分析是研究凝固过程中团簇的一种有效方法[150]。该方法用 4 个指数 (a, b, c, d) 对原子进行标定，其中 a 表示两个原子能否成键，b 表示一对被研究的原子对中共同所有的近邻原子个数，c 表示 b 个共有的各近邻原子中构成化学键的原子对数，d 表示 c 中成键近邻原子的排布情况。

键角分布指的是在一个体系中所有原子与其他最近邻原子成键所构成的键角的分布，获取的是原子在三维空间上的排布信息，因而可以弥补对分布函数 $g(r)$ 仅仅依据原子距离获取信息的不足[151]。

泰森多边形指数分析是一种几何算法。它是由两个邻点连接直线的垂直平分线组成的连续多边形组成，二维泰森多边形示意图如图 2-5 所示。借助泰森多边形，能够说明对于平面上的 N 个点，依据最邻近原则划分与其最近邻区域的相互关系。按照 Voronoi 算法，在三维空间上将离散的原子进行划分，进而求得它们的空间结构，并利用其表征材料的微观结构，也是一种表征材料结构的常用方法。

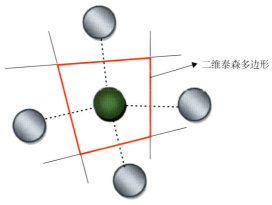

二维泰森多边形

图 2-5　二维泰森多边形示意图[151]

在材料微结构表征中，配位数被用于描述距离中心原子最近的"球壳"内的原子平均数，反映的是中心原子与其他原子的结合能力和配位关系，可以描述晶体中原子排列的紧密程度，配位数越大，原子排列越紧密。另外，对于晶体结构，通过配位数能够判断出晶体的结构。

值得注意的是，通过宏观统计分析方法难以对局部原子的特征进行描述，而共近邻分析法又难以体现宏观问题，且不具备统计性。因此，需要两者取长补短，共同描述形核过程，表征晶体微观结构。

2.2 凝固过程实验研究方法

2.2.1 直接实验法

在直接实验法中，最经典的是倾出法[152]。这种方法是在金属凝固过程的不同时刻将金属液倾倒出来，通过观察凝固壳厚度及凝固前沿形貌来分析其凝固过程。而近年发展最快、应用最多的是液淬法[88,89]和定向凝固法[153]。二者适合于研究枝晶的生长过程。近十几年，实测金属凝固过程温度场的热分析法[154]，以及应用于低液相线金属凝固过程的原位观察法[60,155,156]也都被用于金属凝固过程的研究。

工业试验法直接在生产车间的生产设备上进行试错浇注，然后解剖铸坯、铸锭或铸件，通常事先通过数值模拟等手段进行初步计算并实施。上海大学先进凝固技术中心在数值模拟基础上进行了冒口脉冲磁致振荡（HPMO）大型铸锭凝固均质化工业实验[157]，HPMO 处理使得铸锭内的等轴晶粒尺寸减少了 56%～83%，夹杂物数量减少了 41%，碳宏观偏析减少了 50%～75%，并消除了中心裂纹。该工业试验有力地证明了 HPMO 技术是解决大型铸锭均质化缺陷的有效手段。刘涛等[158]对某厂中间包等离子加热进行工业试验研究，稳定了钢液温度，提高了铸坯质量稳定性。刘海宁等[159]采用脉冲磁致振荡（PMO）对连铸 20CrMnTi 齿轮钢矩形坯进行均质化处理，铸坯中心等轴晶率增加了约 1 倍，中心碳偏析指数从 1.22 降为 1.04，显著提高了铸坯内部质量。从上述实例可以看出，工业试验主要用于工艺优化或新技术试验，针对性强、结果具有说服力，国内外许多单位都曾在连铸机上开展试验，以解决连铸坯生产过程中裂纹、偏析、缩松缩孔等问题[160-162]，从而获得稳定的钢坯质量或试制新钢种。

在铸锭研究领域，早在 1926 年，英国就开展了大量工业试验并解剖钢锭以了解其内部情况，丰富了人们对钢锭凝固组织的认识。陶正耀和周枚青[163]将用于汽轮机转子的 55t 钢锭进行解剖，从钢锭的缩孔/缩松、元素偏析和可能产生的夹杂物等方面对铸锭行了分析。2011 年，中国第二重型机械集团公司与太原科技大学合作，解剖分析了 234t 大型钢锭，主要对粗晶粒在铸钢中的分布情况进行了研究，并在此基础上对实际的工业生产提供指导[164,165]。2014 年，Li 等[166]解剖了 0.5～650t 钢锭，提出了凝固过程中夹杂物上浮作为驱动力的通道偏析新理论。解剖法能直观地了解大型钢锭和铸件的组织或元素偏析情况，但解剖铸锭费用较高，且需要大量的人力和物力，也使材料的研究周期大大增加。

2.2.2 离线实验(模拟实验)法

为了节约实验成本,缩短实验周期,人们更多的是采用离线实验方法。由于离线实验一般是模拟生产条件或者物质特性,因此一般称为模拟实验方法。模拟实验是利用物性相似、几何相似、流动相似等原理开展凝固过程的研究,主要包括物质模拟、水模拟、低熔点金属物理模拟等方法。

1. 物质模拟

物质模拟是基于研究对象的物性相似达到以此见彼的目的。该方法主要有三类:一是利用具有结晶过程的透明材料模拟不透明金属的凝固过程,该方法主要用于揭示凝固原理;二是利用水等透明物质模拟金属液的流动行为;三是利用液相线较低的金属模拟液相线较高的金属,该方法主要用来认识金属熔体的流动状态等。物质模拟的缺点是模拟材料与实际金属的物性参数差异很大,无法真实体现金属凝固中的溶质分配、枝晶演化等具体过程,因此在实际生产中只能给出定性的认识。

1)透明物质模拟

由于采用透明系材料可以直接观察凝固组织演变过程,因此物质模拟早期主要关注晶体形核和生长等理论问题,一般采用透明试样盒配合光学显微镜进行原位观察。较为经典的实验包括:Burden 和 Hunt[88,89]观察胞状晶生长行为,Esaka 和 Kurz[167]验证 Trivedi 枝晶生长模型,Rubinstein 和 Glicksman 等[168-171]系统研究枝晶生长动力学,美国 NASA 实验发现微重力条件下枝晶尖端生长速度及枝晶间距等都与重力条件下有很大不同[172,173],西北工业大学发现枝晶臂间距的历史相关性[174]等。Huang 和 Wang[175]对物质模拟在凝固理论研究中的应用进行了详细的评述和展望。

实际生产中的凝固问题,如柱状晶向等轴晶转变(CET)、热裂、气孔等,也经常采用物质模拟进行研究。早在 1966 年,Jackson 等[61]就观察到环己醇合金的枝晶熔断现象,为 CET 过程中心部等轴晶来源提供了直接证据。介万奇和周尧和[176]观察了氯化铵凝固时液相区内晶体的形成过程,认为晶体主要的来源是型壁上晶体的游离、液面结晶雨和枝晶熔断,它们分别形成于凝固的不同阶段,且形成条件不同,低过热度浇注更有利于游离晶的形成。Zhong 等[177]原位观察了晶核隔离网条件下氯化铵的结晶雨现象,发现结晶雨能够显著促进 CET,其原因是柱状晶的生长被自由晶机械阻碍。杜立成等[178]和张慧等[179]研究了结晶器振动形核的机理及主要影响因素,为振动形核技术的开发提供了参考。Farup 等[180]利用精巧简单的实验观察了丁二腈柱状晶生长条件下的热裂过程,提出热裂纹形核的三种不同原因以及热裂断口处尖峰(spike)的形成机制。Han[181]利用透明物质研究了气泡在枝晶间形成及运动行为,发现气泡迁移的驱动力与温度梯度中气泡的曲率差异相关,当气泡受到的驱动力大于限制气泡运动的阻力时会发生跳跃、喷发等径向气泡运动,为认识气孔及裂纹的形成提供了参考。

物质模拟由于透明可视,可以直接观察凝固过程,因此对认识凝固机理、组织演化和缺陷形成原理具有明显优势，有力扩展了人们对凝固过程的认知深度。但是，由于导热系数、熔化熵和晶型结构等差异性，这些透明材料并不能反映真实金属的凝固过程，因此无法直接指导实际金属生产中遇到的具体问题。

2) 水模拟

由于水与钢液在运动黏度上的相似性，水模拟被广泛应用于研究钢液流动和夹杂物上浮等现象。由于金属凝固过程与组织往往与金属熔体的流动密切相关，因此这种方法也常常用于金属凝固过程研究，以认识金属凝固前和凝固过程中的流动行为。董超[182]采用甲基蓝模拟钢液中碳元素，研究了585t钢锭变成分浇注工艺，为多包浇注工艺提供了参考。张胜军等[183]设计了乳状液滴模拟夹杂物和水模拟钢液的水模型实验，研究了控流装置、浇注速度、夹杂物粒径对中间包内夹杂物去除行为的影响规律，发现在挡墙-挡坝组合控流条件下夹杂物去除效果最佳。Torres-Alonso[184]建立了双孔浸没式水口薄带坯连铸结晶器的水模型，使用染料示踪剂、粒子图像测速仪等表征钢液的流动，发现一种周期性的、低频的、短暂的引起弯月面振荡的高能流动畸变。Liu等[185]采用单塞搅拌和双塞搅拌水模型系统观测了小尺度气泡的运动过程，获得临界气体流速。Gan等[186]建立了数值模型和物理模型进行大涡模拟，获得了喷嘴和结晶器内湍流特征的演变结果。文光华等[187]设计了一种双辊薄带连铸机动态水模拟实验装置，研究了不同水口结构、拉速(转速)、熔池高度以及插入深度等参数对熔池内液面波动的影响。隋艳伟等[188]利用水模拟研究了离心力场下，钛合金熔体充型流动过程中熔体流动的变化规律。黄军等[189]利用连铸水模拟实验对特厚板连铸用中间包内流动特征进行研究。Pelss等[190]利用水模型研究了双辊带钢连铸机熔池内的流动，使用粒子图像测速法分析研究了轧辊的表面运动，发现体积流量大于一定值后会产生相对不均匀的弯月面，进而导致不均匀的凝固。

综上，水模拟在研究中间包流场、夹杂物去除、铸坯和铸锭凝固过程中的流场等方面起到了积极作用，并发现了一些新的现象，为流场数值模型的发展和实际生产工艺优化提供了重要参考。同时，也应该注意到水与实际金属液的明显差异，尤其是在密度、电磁性质、凝固潜热以及与外界的热交换等方面的差异，会导致模拟流场与实际金属液流场的显著差别。

3) 低熔点金属物理模拟

对于电磁场干预下的钢液流动，由于没有电磁感应效应，无法用水进行模拟。研究人员通常采用熔点较低的液态金属进行物理模拟，常用材料包括汞、锡合金和镓铟合金(Ga-In)等。Eckert等[191]利用Ga-In-Sn熔体验证数值模拟模型[192]的可靠性及不同磁场引起的流场，结果表明交替脉冲场更有利于保持液体表面的平稳状态，如图2-6所示。Boden等[193]通过X射线透视研究了在浮力驱动和电磁驱动对流的影响下Ga-25%In合金的自下而上凝固，结果表明流动对凝固的主要影响是由流动引起的溶质浓度重新分布决定的，这会导致枝晶生长方向的变化以及二次分支对加速或减速生长的偏好。Shevchenko等[194,195]通过X射线观察了Ga-25%In合金在自然对流与垂直于枝晶生长方向的电磁驱动流动叠加的情况下流场和凝固组织，结果表明电磁驱动的流动占主导地位。一旦建立强制流动，溶质边界层就会发生显著变化，强制熔体流动的主要影响是改变枝晶结构和流动引起的溶质浓度重新分布。徐燕祎等[196]提出了一种在连铸坯变功率感应加热实现连铸恒温出坯方法，并建立了数值模型，利用 Ga-In-Sn 熔体代替连铸圆坯，利用物理模拟验证了磁场模拟结果的可靠性。Zhang 等[197]利用 Ga-In-Sn 研究了旋转磁场模型驱动的液体金属柱内的本体流动，测量结果揭示了一种反常的流动行为，即主旋流和二次回流都自发地出现明显的振荡。Li 等[198]采用 1:5 比例的水银模型，研究了浸入式水口堵塞率对流场的影响，发现随着堵塞率的增加，模具内流型的对称性被破坏。李洁等[199]以水银为实验介质，模拟板坯连铸结晶器电磁搅拌电流和水口出口角度对结晶器内金属液流动的影响，发现水口出口角度为 15°时电磁搅拌效果较佳。Tsukaguchi 等[200]利用伍德金属研究了浸没式入口喷嘴中的涡流形成，验证了用于圆坯连铸的单孔浸入式水口中的旋流的基本效果，该旋流在离心力的作用下沿模壁形成向上流动。有学者使用 Sn-Bi 合金物理模型证明了施加的直流磁场会导致连铸结晶器中的流动结构发生强烈变化[201]，型壁的导电性对流动的时间行为有显著影响。Willers[202]使用 Ga-In-Sn 合金研究了旋转磁场下结晶器内的钢液流动行为，并通过超声多普勒测速仪测量流速，这项工作有助于更好地理解电磁搅拌作用下结晶器的流场，从而为数值方法的验证提供广泛而有价值的数据库。

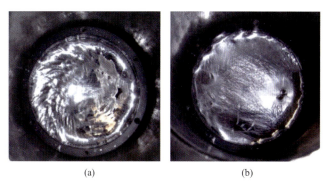

(a)   (b)

图 2-6　两种旋转磁场(RMF)方式施加过程中熔体自由表面的照片

(a)连续施加 RMF，b_0=8.3mT；(b)非连续施加 RMF，b_0=4.4mT，f_p=0.15Hz

综上，物质模拟大多基于相似原理，利用物性相似、几何相似和条件相似等建立模拟铸锭或模拟连铸机进行研究。虽然物质模拟可以将生产问题引入实验室内进行模拟研究，但难以同时满足多个条件的相似性，该方法存在一定的局限性。另外，物质模拟采用的材料与实际金属的物性参数和凝固条件差异很大，无法真实体现金属凝固过程的热传导、流动、溶质分配、枝晶演化等过程，因此物质模拟往往只能给出原理及规律性认识，而无法直接指导实际生产。

2. 其他实验模拟方法

几何模拟是基于研究对象的几何相似性达到以小见大的目的。该方法在很多领域有成功的应用案例,在连铸中与物质模拟相结合,研究流动问题也发挥了重要作用。值得一提的是,为研究连铸坯的凝固过程,国内外多家单位研制了基于几何相似原理的吨级试验连铸机。试验连铸机虽然降低了研究成本,但是实践证明,凝固过程有显著的尺寸效应,小断面铸坯不能真实反映大断面铸坯的凝固过程和组织。此外,工业连铸机和试验连铸机无法得到的铸坯凝固过程的信息,而且实验成本也比较高。

浇铸模拟法是将金属液浇注到具有一定初始条件和冷却条件的铸型中模拟连铸坯或铸锭冷却及凝固过程的方法。Reiter 等[203]采用浇注底部水冷的定向凝固样品模拟连铸结晶器冷却条件,并与实际铸坯的奥氏体晶粒尺寸进行对比。结果表明,二者具有较好的一致性,为奥氏体晶粒长大模型的发展提供了重要依据。但是,该方法无法主动控制冷却速率,因此只能近似模拟结晶器内的冷却条件,不能模拟全连铸过程铸坯微观组织演变过程。

浸铸法则是将一定初始条件的铸型浸入到金属液中,一般用于模拟金属在结晶器或铸型中的初始凝固行为。Wang 等[204,205]利用红外辐射发射器,将辐射热通量应用于铜模具,以模拟连铸过程中的传热现象,研究了固体保护渣对辐射传热的影响,不同碱度保护渣的结晶行为及其对辐射传热的影响[206]。随后,提出结晶器保护渣(Mold Flux)传热模拟器技术[207],研究保护渣凝固和传热行为以及模具振动对传热行为的影响[208]。Wen 等[209]通过将铜制水冷探测器浸入 1400℃的液态渣中,在铜壁上形成固态渣沉积,检测了无氟保护渣的性能。Badri 等[210]设计并建造了"模拟结晶器"来研究铸坯凝固初始阶段的传热现象,以在类似于工业条件下获得不同钢种的凝固壳,可用于研究坯壳表面质量问题,如振痕的形成[211]。侯晓光等[212,213]利用浸铸式实验研究了热障涂层对弯月面处传热的影响规律,并分析了热障涂层抑制振痕形成的机理,证实了热障涂层方法的有效性。

浇铸法和浸铸法适用于研究铸坯或铸锭的初始凝固过程、保护渣沉积及铸坯表面质量等问题。但由于没有采用主动控温,这两种方法均不能实现对铸坯或铸锭凝固全过程的模拟。

2.3 数值模拟方法

数值模拟是以物理模型、数值模型以及边界条件为基础,利用计算机来获得研究对象的近似解,又称计算机数值模拟。由于实验研究手段的不足,数值模拟方法目前是连铸、铸锭及铸件凝固过程研究的主要手段,广泛应用于研究凝固过程中的流动、传热、传质,甚至凝固组织预测。

2.3.1 连铸过程数值模拟

连铸是一种复杂的工艺过程,涉及许多相互作用的现象,包括传热、凝固、多相湍流、堵塞、电磁效应、复杂的界面行为、夹杂物上浮和吸附、热机械变形、应力、裂纹、偏析及微观组织形成等。此外，这些现象是瞬态的、三维的，并且在很宽的长度和时间尺度上演化。复杂的过程加上巨量的市场需求，吸引了大量学者及组织开展连铸过程的数值模拟工作。

连铸过程数值模拟主要关注中间包、结晶器和二次冷却区的流场、温度场、浓度场及组织场。数值模拟的优点在于其低廉的成本以及直观、数字化的计算结果。利用计算机来模拟连铸中的传热传质过程以及应力、应变的变化，可以对整个连铸过程进行全面分析，进而结合实际工况改善连铸工艺。目前数值模拟不仅可以研究连铸过程中的传输现象、应力、应变，还可以进行凝固组织及缺陷的预测。

1. 凝固传热与应力-应变模拟

连铸坯的传热十分复杂，在结晶器内，需要综合考虑铸坯内部的导热以及铸坯与结晶器之间的接触情况、气隙、保护渣等因素。在二冷段，它又受到冷却水量、足辊、喷嘴类型等多种因素的影响。而连铸坯的传热问题又会直接影响连铸坯的应力分布状况。如果传热不均匀，会导致铸坯局部应力集中，进而产生裂纹[214]。在传热模型的基础上建立连铸坯应力-应变模型，可以预测铸坯的质量(裂纹)状况，确定工艺参数是否合理。

Samarasekera 和 Brimacombe[215]率先建立针对结晶器的二维传热模型，分析了冷却水流速及温度、铜板厚度、拉速等各类型工艺参数对方坯结晶器铜板传热行为的影响，进而建立了三维模型，并讨论了不同的支撑方式、冷却水流速等参数对铜板力学行为的影响[216,217]，得到了一些实用性较强的结论。

国内对连铸传热过程与应力-应变的数值模拟起步较晚，但近年来也有了很大进步。王悦新等[218]通过建立二维有限元模型，研究了连铸结晶器振动过程对连铸坯表层应力分布的影响。研究结果表明，连铸坯表层的最大应力随着结晶器锥度的增加而减小，随着连铸坯宽度的增加而增加。连铸坯与结晶器之间的摩擦系数以及连铸坯的拉速对其表面应力大小影响很小。左晓静等[219]对枝晶间熔体流速简化以及将元胞自动机模型和枝晶受力模型进行简化结合，模拟了连铸低碳钢方坯一次枝晶溶质扩散和枝晶生长等行为，并实现一次枝晶凝固行为和力学状态同步分析。王博等[220]针对板坯连铸过程中间裂纹严重的问题，通过建立有限元模型，对不同压下位置和不同压下量的铸坯凝固前沿的受力情况进行计算并与临界应力值进行对比，结果表明连铸过程中轻压下避开矫直区时，能够大幅度降低中间裂纹的发生概率。

2. 钢液流动模拟

连铸过程中钢液的流动对铸坯最终质量影响很大，是提高连铸坯凝固质量的关键性因素。在工业上，一般通过电磁制动和电磁搅拌来改变连铸坯凝固过程中的流场分布状态。

在电磁制动方面，Cukierski 和 Thomas[221]通过建立流场模型，研究了水口浸入深度和电磁制动对结晶器内钢液流动的影响，并通过射钉试验验证了模型的准确性。通过数值模拟得到的结果可以用来指导调整结晶器钢液的流动方式，从而降低铸坯缺陷率。Chaudhary 等[222]为研究电磁制动对湍流的影响，采用大涡模拟(LES)的方法分析了三种不同电磁制动结构对液态 Ga-In-Sn 合金的影响，并通过超声波测量技术对 LES 模型的准确性进行了验证，分析了不同类型磁场对液相流动和液面波动的影响。

而在电磁搅拌方面，Trindade 等[223]率先以麦克斯韦方程组为基础，利用有限元方法建立了三维结晶器电磁搅拌电磁场模型，并与实验结果进行比较。同时，该研究还计算了洛伦兹力与电磁搅拌器位置、电流、频率之间的关系，为电磁搅拌与钢液流动的耦合计算指明了方向。Natarajan 和 El-Kaddah[224]基于固定网格和电磁场的混合微分-积分公式建立了三维电磁搅拌(EMS)电磁场-流场耦合有限元模型。在该研究中，采用伽辽金法对电磁场和流场控制方程进行了离散化，将微分方程组简化为线性方程组求解。该研究结果表明，二次流促进了 EMS 以外区域的熔体混合，而熔体的混合程度又取决于施加旋转磁场的频率。于海岐和朱苗勇[225,226]结合有限元法和有限体积法建立了连铸圆坯磁场、温度场、流场三维模型，分析了电磁搅拌对连铸过程中流场和温度场的影响形式以及夹杂物的分布状态，认为连铸过程中钢液的旋转速度和下回流区域范围会随电磁搅拌电流强度和频率的增加而增加；电磁搅拌会驱使夹杂物向结晶器上部移动，从而增加其上浮去除概率。

3. 凝固组织模拟

连铸坯凝固组织通常包括三个部分：表面细晶区、柱状晶区、等轴晶区。从本质上讲，对凝固组织的模拟是对热扩散方程、溶质扩散方程的求解，以及固液界面的移动和演变。一直到 20 世纪 90 年代，针对凝固组织模拟的数值描述才得以实现。目前针对该方面的模拟方法主要有相场法、水平集法和元胞自动机法，同时还经历了从定性到定量，从一元至多元合金的历程[227]。

相场法以 Ginzburg-Landau 理论为基础，通过引入相场变量来追踪固液界面，将相场方程与流场、温度场、溶质场以及其他外场进行耦合，能够较为真实地模拟金属的凝固过程。模拟过程中不用刻意追踪固液界面位置，还能较大程度地避免点阵各向异性的影响。然而，相场法计算量较大，模拟尺度小，而且是一门交叉学科的衍生物，需要研究人员具备数学、程序设计和材料学等多学科的基础及交叉能力。

水平集法是一种用于界面追踪和形状建模的数值技术，通过在扩散界面内光滑分布的水平集变量表征界面位置。水平集方法的优点是可以在笛卡儿网格上执行曲线、曲面的数值计算而不必对这些对象进行参数化，同时还可以方便地追踪拓扑形状的改变。但该方法受到扩散界面厚度的限制，需在极其细小的网格上开展计算。

元胞自动机法(CA)在金属凝固组织上的模拟由 Rappaz 和 Gandin[228]最先提出并实现。他们将计算区域的元胞区分为液相、固相和界面，再通过一定的捕捉规则，达到追踪金属凝固过程中固液界面的目的。CA 法与其他组织模拟方法相比，计算量小，且有一定的物理意义。MICRESS[229,230]和 ProCast[231,232]两款商业软件在组织模拟方面分别以相场法和 CA 法为基础。其中 MICRESS 可以模拟夹杂物析出、枝晶生长和微观区域内晶粒组织演变，而 ProCast 则广泛应用在大尺寸晶粒组织演变模拟上。

4. 宏观偏析模拟

对于连铸坯宏观偏析的数值描述，关键在于枝晶间微观偏析和糊状区多相传输，需要耦合热力学、动力学、枝晶生长动力学、多相计算流体力学和坯壳热/力学[233]。但是枝晶特征尺寸与铸坯尺寸相差极大，使得宏观-微观耦合的计算量巨大。针对铸锭，通过对宏观偏析过程作出不同程度的假设，研究者先后提出了连续介质模型[234]和体积平均模型[235]，并利用此类模型成功揭示了铸锭凝固过程中形成的 A 型正偏析、V 型正偏析、锥形负偏析等宏观偏析的形成机理。而对于连铸坯宏观偏析模拟，一般认为固液相溶质再分配和自然对流是形成宏观偏析的主要原因。近些年来，越来越多的学者将连续介质模型和体积平均模型应用于钢的连铸上，分析不同工艺参数对连铸坯宏观偏析的影响[236-238]。然而，针对连铸坯的宏观偏析模拟研究起步较晚，尚未系统深入[239]。

通过应用数值模拟对即将生产的新钢种进行连铸过程中流场、温度场、溶质场的分析计算，可以为该钢种的连铸生产提供理论指导，优化连铸工艺参数，为企业节约研究开发新产品的成本。连铸凝固过程数值模拟发展至今，已成为一种有效的研究手段，为连铸技术的发展作出了很大贡献。但该方法也有其缺陷：设定了很多的假设条件，致使模拟结果和实际存在偏差；计算结果的可靠性依赖准确的热物性参数及边界条件；而在组织模拟和缺陷预测方面，数值模拟也面临巨大挑战。

2.3.2 铸锭凝固数值模拟

Wang 等[240]运用 ProCast 软件对 100t 铸锭凝固过程中的温度场进行了数值计算，运用不同的判据对铸锭中的缩孔缩松情况进行预测，并与相同工艺条件下生产的实验解剖铸锭进行比较分析，获得较好的模拟效果。Kermanpur 等[241]运用 ProCast 软件对 6t 铸锭的充型和凝固过程进行了数值模拟，将铸型与铸锭之间的传热系数 h 定义为与实际情况更贴近的钢液压力 P 与气隙宽度 A 的函数，结果表明浇注工艺和铸型形状会影响铸锭的凝固顺序。

有学者致力于大型铸锭凝固过程，尤其是宏观偏析的数值模拟研究[242,243]，开发了大型铸锭多包合浇多区域全过程流场及组元混合数学模型等，并对铸型的改造和生产工艺的优化提出了多项建议[244-246]。Tu 等[247]采用非正交网格对 53t 铸锭凝固过程的流场、温度场以及溶质分布进行了预测，相较正交网格模拟，其液相速度场更加平滑。Gouttebroze 等[248]建立了二元合金凝固过程三维模型，采用自适应非均匀网格技术对铸锭凝固过程中的流场、温度场和溶质场进行了数值模拟。模拟结果表明，自适应非均匀网格技术对宏观偏析的预测更加准确。Ludwig 等[249]利用多场耦合模型，计算了四种典型宏观偏析的形成过程，发现宏观偏析与凝固过程关系密切，模型是否考虑全面对结算结果有显著影响，尤其是通道偏析的形成。

值得注意的是，铸锭凝固过程等轴晶沉降对溶质分布影响显著，是数值模拟的难题之一。Combeau 等[250]以实际生产中 3.3t 铸锭为原型建立了数学模型，考虑了树枝状和球状等轴晶移动对凝固组织及偏析的影响，为计算铸锭宏观偏析提供了更准确的模型。图 2-7 为实验解剖结果与不同模拟条件下的数值模拟结果对比。但是考虑晶粒移动对偏析的影响需要更加精细的网格，但计算效率会显著降低。

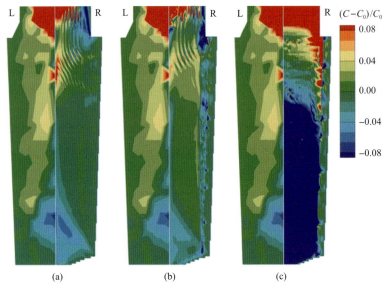

图 2-7　不同模拟条件下数值模拟结果(R)与实验结果(L)对比

(a)不考虑晶粒运动；(b)考虑树枝晶的运动；(c)考虑球状晶的运动[250]。C 为溶质质量；C_0 为初始溶质质量

　　与连铸坯凝固过程数值模拟相似，目前铸锭凝固过程中的流场和温度场数值模拟技术相对成熟，随着模型发展和计算能力的提高，溶质场的计算也取得了很大进展，但凝固组织及缺陷的模拟仍存在很大困难。

2.4　传统方法在冶金凝固过程研究中的局限性

　　在异质形核领域，随着研究手段的发展，形核界面微观尺度得以表征，加之分子动力学的运用，使人们对异质形核过程有了更加清晰的认识，但仍有多个关键问题没有得到解决。首先，大多数形核模型目前仅利用数值模拟进行了论证，缺乏可靠的实验证据。其次，研究界面处原子排列对过冷及形核的影响必须采用实验手段表征界面处液态原子结构，而目前的原位表征手段在揭示固液界面处原子尺度的相互作用上还未能取得有效进展，在液相线较高的金属异质形核观测方面亦面临巨大挑战。另外，在检验形核理论和搜寻高效异质形核衬底方面也需要开发新的研究手段。

　　在凝固组织生长领域，国内外学者先后提出并发展了实验研究方法和数值模拟方法两大类研究手段，为认识凝固现象、构建凝固理论和分析凝固组织形成规律等提供了有力的支撑。但现有的手段在研究生产条件下的凝固过程中仍存在难以克服的困难，例如，工业实验很难排除复杂因素干扰，难以控制变量及采集数据，物质模拟则无法反映实际金属组织形成规律等。实际上，冶金生产中的金属凝固还受到多种因素的复杂影响，除了合金成分、相变类型、结晶温度区间、溶质分配系数等内部因素，金属熔体洁净度，异质相种类、尺寸、数量等，凝固时的传热，液固界面附近的流动，界面推进速率及溶质扩散等外部因素的影响也非常大。这导致生产条件下金属凝固过程异常复杂，仅仅依靠理论推导和数值模拟等几乎无法实现深入研究，而大规模连续化生产特点又给实验研究带来了极大的困难，导致实验模拟研究几乎成为唯一出路，因此亟须发展能够反映实际生产条件的实验模拟方法以满足冶金凝固研究的迫切需求。

第 3 章

冶金凝固过程热模拟方法

为解决生产中金属凝固过程缺乏有效研究手段的困境，上海大学先进凝固技术中心针对冶金和铸造生产中金属凝固过程共性基础科学问题和连铸、模铸及铸件铸造等不同生产工艺问题研究的需要，提出了基于特征单元热相似的冶金凝固过程热模拟方法，并自 2000 年起相继开发了面向生产应用的连铸板坯、双辊连铸薄带、大型铸锭凝固过程，以及面向凝固共性问题的异质形核与热裂热模拟技术及装置。该方法弥补了现有研究手段在冶金和铸造凝固过程实验研究、工艺优化，以及组织和缺陷预测上的不足，实现了目标金属在特定工艺条件下凝固过程的离线再现，丰富了金属凝固过程实验研究手段。本章主要介绍冶金凝固热模拟方法的原理，然后以连铸板坯枝晶生长热模拟技术及装备为例，详细介绍了热模拟方法在冶金凝固过程的相似性的检验。

3.1 冶金凝固过程热模拟原理

冶金生产条件下，金属凝固组织和性能不仅与金属材料本身的性质有关，同时还与凝固过程直接相关。因此，研究金属凝固过程、组织及缺陷形成规律，一方面要考虑金属材料本身的性质(即内因)，另一方面要考虑金属的凝固条件(即外因)。

内因是变化的本质，外因是变化的条件(图 3-1)。对于金属凝固过程而言，内因就是所研究的金属材料，不仅包含金属的成分、异质形核质点等，还包含金属中的微量元素、杂质以及夹杂物等。由于实际金属组分的复杂性，要准确反映所研究对象的凝固过程与组织性能的关系，必须以所研究的金属作为研究对象，而不是采用相似材料作为替代品。外因就是金属凝固时所处的外部条件，包括传热和流动等，由于金属凝固过程是一个耗散过程，这些外部条件随凝固进程而不断发生变化。现代科学技术进步为我们离线再造这些条件提供了可能。只要在实验模拟过程中离线再现这些不断变

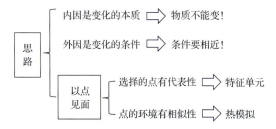

图 3-1　基于特征单元热相似的冶金凝固过程热模拟技术基本思路

化的外部条件，使其与实际生产中凝固条件相近或一致，就可以实现冶金凝固过程的离线热模拟。

为了把十几吨甚至几十吨冶金产品凝固过程"浓缩"到实验室，我们首先需要选取一个特征单元。这里，我们将能够反映所研究对象凝固过程与组织的最小单元定义为特征单元。对于一个特定的研究对象和研究目的，特征单元可以是一个，也可以是若干个。对于连铸板坯，由于铸坯不同位置凝固过程基本相近，一般可以选择一个特征单元来研究其凝固过程及组织。而对于大型铸锭和大型铸件，由于其不同部位凝固过程不同，则需要根据数值模拟结果和实际生产经验，选择若干可能形成缺陷或重要的部位作为特征单元来进行研究，此时把在这些部位上选取的特征单元叫作关键特征单元。

热相似定义为实验样品与模拟对象温度分布及传热过程相近。目的是尽可能实现热模拟试样在热模拟试验机中的传热过程与特征单元在铸坯或铸锭中的传热过程尽可能一致，主要包括外部冷却条件、固液界面温度梯度及凝固前沿推进速率的一致性。热相似是保证热模拟结果相似的基础，原因如下：①传热是影响凝固组织形成的关键因素之一，在流动较弱的条件下，传热是组织形貌的主要控制因素；②传热和凝固组织的形成都具有尺寸效应，不同尺寸的铸锭或铸坯的传热热阻、温度分布、凝固组织生长演化都有显著差异，而且传热直接影响凝固组织的形成过程。因此，实验模拟生产条件下的凝固过程，应以材料和尺寸一致为前提，实现传热相似，从而通过模拟传热过程来模拟固液界面温度梯度、枝晶生长速度等影响凝固组织的主要因素。在此基础上，可以进一步考虑对流等因素对凝固过程的影响。

基于特征单元热相似的冶金凝固过程热模拟方法就是基于热相似原理，离线再现特征单元在铸坯、铸锭或铸件凝固过程中的传热条件，从而实现用少量(对于铸坯和大型铸件为数百克，对于大型铸锭则为数十千克)金属研究实际生产条件下数吨至数百吨铸坯、铸锭或铸件的凝固过程，从而达到以点见面的研究目的。该方法与物质模拟和几何模拟的区别如图 3-2 所示。

图 3-2　热模拟与物质模拟和几何模拟的区别

3.2　凝固特征单元的选择

热模拟方法涉及以下几个关键科学和技术问题：

(1)所选择的特征单元具有代表性。

(2)特征单元的尺寸不小于能够反映研究对象凝固过程的最小临界尺度。

(3)确定特征单元在所研究对象(如铸坯、铸锭、铸件)中的传热及枝晶生长条件。

上述三个问题是热模拟方法是否能够成功应用到实际冶金凝固过程实验研究中的关键。以下通过板坯连铸特征单元的选取进行举例说明。

1. 连铸板坯传热凝固特征分析

从传热角度,连铸板坯的凝固过程既是一个热量释放和传递的过程,又是强制冷凝过程。在这个过程中钢液由液态转变为固态,需要传出的热量包括钢液的过热、凝固潜热、凝固后显热三部分。这些热量先后经连铸机一冷区(结晶器)、二冷区(喷水或雾)和空冷区(辐射)导出。而连铸坯的凝固过程是铸坯边运行、边放热、边凝固的连续过程,铸坯中心是很长的液相穴。

连铸钢坯凝固传热主要在厚度(径向)及宽度方向进行,拉坯方向的凝固传热比例很小,可以忽略不计。这种传热的方向性造成了铸坯中绝大部分区域由侧面向中心"顺序凝固"而成。而板坯的宽度远大于厚度,所以厚度方向的传热又占据主导地位,因此,可将板坯大部分部位的传热视为一维传热,其凝固过程可视为局部稳定的单向凝固,凝固行为适合用单向凝固技术进行较为近似的研究。与现有的单向凝固实验技术不同的是,连铸坯凝固过程中固液界面推进速率是非线性变化的,固液界面前沿温度和温度梯度也是不断变化的。

为使问题简化,在研究板坯凝固过程中的传热问题时,一般作如下假设:

(1)忽略拉坯方向的传热。

(2)忽略板坯宽度方向上的传热。

(3)忽略液相穴内的对流传热。

(4)坯壳的热传导占主导地位。

假设从结晶器弯月面处开始,沿铸坯中心取一高度为 dz、厚度为 dx、宽度为 dy 的微元体,随铸坯一起向拉坯方向运动(图 3-3)。根据微元体的热平衡,经过简单的数学推理,可得板坯连铸凝固过程的基本传热方程为[251]

$$\rho c \frac{\partial T}{\partial t} = \frac{\partial T}{\partial x}\left(\lambda \frac{\partial T}{\partial x}\right) \tag{3-1}$$

式中,ρ 为钢的密度;c 为比热容;λ 为导热系数;T 为温度;t 为时间。

根据上述板坯传热特点,忽略拉坯方向和板坯宽度方向上的传热,则板坯连铸凝固过程可以认为是沿铸坯厚度方向上的一维传热。在这个过程中由于坯壳厚度不断增加,热阻逐渐增大,导致凝固前沿向前推进速率逐步减小,即坯壳的生长速率不断减小。一旦连铸坯心部出现等轴晶,由于晶粒移动及液芯从近似一维传热转变为近似二维传热,则不再遵循该规律。

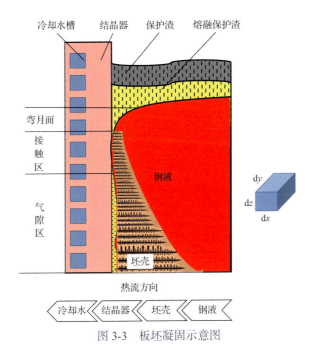

图 3-3　板坯凝固示意图

2. 板坯凝固的特征单元

连铸板坯特征单元应可以代表板坯凝固特点，并在传热条件一致和枝晶生长条件一致基础上选取，其尺寸还应满足传热、扩散、组织演变、形态学淬火等要求。

如图 3-4 所示，根据板坯传热凝固特点，特征单元应沿厚度方向选取，可代表绝大部分区域板坯凝固组织的形成过程，且特征单元长度方向应不小于铸坯厚度的二分之一。因此，可选择连铸板坯的整个厚度或厚度的二分之一作为特征单元长度。选择整个厚度时需要实现两端强冷，中心为铸坯液芯温度，从而实现枝晶向中心凝固；选择二分之一厚度时则需要一段强冷，另一端保持连铸坯液芯温度。

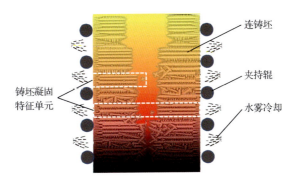

图 3-4　连铸板坯凝固特征单元的选择

为满足枝晶生长的尺寸需求，特征单元尺寸应不小于所模拟铸坯的枝晶尺寸。大量文献表明，板坯凝固的柱状枝晶一次臂间距一般不超过 1.5mm，心部等轴晶尺寸一般不超过 5mm。图 3-5 是典型的连铸板坯心部等轴晶的形貌及尺寸，其长度为 2.4mm。

图 3-5　某连铸板坯心部的等轴晶形貌及尺寸

　　为观察特征单元凝固过程中的固液界面形貌信息，需要对热模拟试样进行形态学淬火，因此其厚度应不超过形态学淬火的允许范围，一般不大于 8mm。

　　综合上述分析，特征单元的尺寸约束条件如下：

　　(1) 传热尺度：(1/2 或 1) 铸坯厚度。

　　(2) 扩散尺度：微米级。

　　(3) 组织演变尺度：≥5mm。

　　(4) 形态学淬火尺度：≤8mm。

　　(5) 坩埚导热滞后性：需数值模拟及实验验证。

　　由于热模拟试样的厚度对传热和淬火影响较大，根据形态学淬火需要，样品厚度应不大于 8mm。但是厚度尺寸还会影响试样对温度场调控的响应时效性，试样厚度越薄，对炉内温度场响应越快，但是试样厚度太薄，在浇注时易出现浇不足和熔体流动性不足的问题。通过数值模拟传热及浇注过程并进行试验，发现选取 5mm 作为特征单元试样的厚度较合理，可以兼顾特征单元尺寸约束条件、浇注和温度场控制时效性。

　　进一步对试样热流耦合计算，考察流场对温度场的影响。发现凝固过程中钢液自然对流大部分处于 0~0.02m/s 范围内。由于流动的存在，对液相温度场会产生一定影响，使其处于波动状态，但温度场的整体趋势并无显著变化，所以连铸枝晶生长阶段自然对流对温度场的影响可忽略。液淬实验表明，试样厚度 5mm 可以满足连铸坯凝固过程热模拟的需要。

　　从兼顾浇注、熔体流动性和温度场控制时效性角度考虑，热模拟试样合理厚度为 5mm，既可以满足浇注初期激冷层爆发式形核阶段的模拟和形态学淬火的需要，也可兼顾热模拟试样熔体的适当流动性，而且能够保证炉体加热单元对热模拟试样温度场的实时调控。

3.3　连铸板坯枝晶生长热模拟技术

　　要真实地模拟生产条件下连铸凝固过程，必须能够系统地解决以下三个关键问题：①浇注初期型壁附近的爆发式形核；②温度梯度与枝晶生长速率非线性变化条件下的枝晶生长；③熔体内异质核心的形核能力与形核条件。围绕影响连铸板坯凝固过程的关键因素和研究需要，作者发明了连铸坯枝晶生长热模拟技术，并研制了具有原位浇铸、温度梯度和枝晶生长速率可控及原位液淬等功能的连铸坯枝晶生长热模拟试验机。

　　热模拟方法应用于板坯连铸凝固过程研究，需要解决或证明两个相似性问题：①连铸坯枝晶生长热模拟试验机中枝晶生长条件与实际连铸坯的相似性；②连铸坯枝晶生长热模拟试验机中试样凝固过程及组织与实际连铸坯的相似性。本节从板坯连铸枝晶生长热模拟技术的设计原理、关键技术、装备及相似性验证几个方面简要描述热模拟方法在板坯连铸凝固过程研究中的应用，阐明了如何实现过程相似和结果相似两个关键问题。

3.3.1 技术原理

　　基于连铸板坯的传热特点，上海大学先进凝固技术中心提出板坯连铸枝晶生长热模拟方法，并研制了国内外首台连铸坯枝晶生长热模拟试验装置(图3-6和图3-7)。该方法选取连铸板坯厚度方向的一个特征单元作为模拟对象(图3-6中的热模拟单元)，将相同尺寸的试棒置于函数控制的单向凝固炉中，同时将连铸坯固液界面前沿温度和

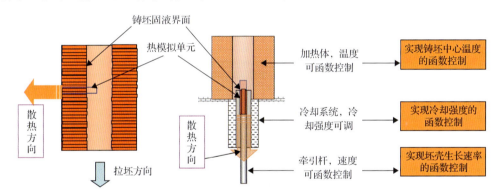

图 3-6　垂直式连铸坯枝晶生长热模拟方法[252]

图 3-7　垂直式连铸坯枝晶生长热模拟试验装置实物图(左侧部分)

固液界面推进速度变化函数输入到控制系统中，再现该模拟单元的传热凝固过程，从而实现用 100～500g 金属研究数十吨连铸坯的凝固过程和组织形成规律。

该装置的特点如下：①高真空环境(5×10^{-4}Pa)，可以研究易氧化元素对金属凝固的影响；②通过改变试样直径，可以模拟不同对流条件；③通过试样旋转，可以模拟搅拌条件；④通过液淬，可以研究不同时刻铸坯固液界面形貌和成分分布。

但是，该装置为了简化结构将水平生长的连铸坯凝固组织在垂直生长条件下进行模拟研究，忽略了重力场对金属液流动和凝固组织的影响。实践证明，模拟实验结果与实际连铸坯凝固过程有一定的偏差。另外，由于没有浇注功能，该装置无法模拟结晶器内的激冷过程。为解决以上两个问题，作者提出了水平式连铸坯枝晶生长热模拟方法(图 3-8)。

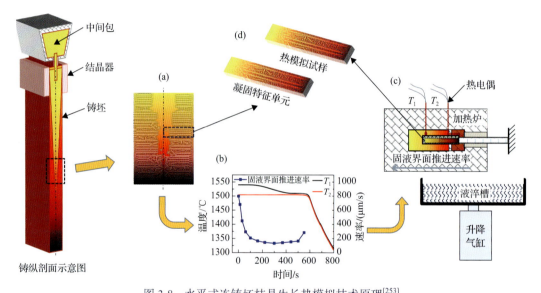

图 3-8　水平式连铸坯枝晶生长热模拟技术原理[253]

(a)连铸坯凝固过程示意图；(b)铸坯固液界面推进速率及温度分布；(c)热模拟试验机原理；
(d)热模拟试样与凝固特征单元的比较。T_1 为主区温度；T_2 为副区温度

水平式连铸坯枝晶生长热模拟方法与垂直式的基本设计思想相似。如图 3-8 所示，从板坯厚度方向抽取其中的一个特征单元，将该特征单元的模拟试样封装在坩埚内，并置于两段加热温度和温度梯度函数控制的水平定向凝固炉内再现其传热过程，实现连铸坯枝晶生长的热模拟。该设备设计了原位熔铸功能，可模拟结晶器内的激冷传热过程；通过双加热体温度的单独控制和炉体移动实现熔体温度、固液界面温度梯度和枝晶生长速率的控制，可再现铸坯特征单元的传热过程。同样，在热模拟试样凝固的任意时刻将其液淬并中止凝固过程，从而观察特定时刻固液界面形貌、溶质分布状态、夹杂物析出过程等。

这里要特别强调的是，连铸坯枝晶生长热模拟方法的实施需要铸坯凝固温度场数值模拟结果作为前提条件，同时连铸坯枝晶生长热模拟结果也可反馈和优化数值模拟的参数设置，在铸坯凝固过程和组织预测的模拟研究中二者相辅相成、缺一不可。

3.3.2 主要功能

要实现连铸坯凝固过程热模拟，必须从技术上解决以下几个关键问题：

(1)方便可靠地模拟浇注初期型壁附近的爆发式形核。

(2)实现函数可控的温度梯度与晶体生长速率。

(3)适时冻结并观察固液界面形貌、溶质偏析及夹杂物演变规律。

围绕上述问题，研制了水平式连铸坯枝晶生长热模拟装置，该装置融合了原位翻转浇铸、温度场与枝晶生长调控、原位液淬等核心技术，实现连铸坯凝固组织生长的离线模拟。

1. 原位浇铸再现型壁附近的爆发式形核

原位翻转浇铸的目的是模拟结晶器内激冷传热过程，以实现型壁附近爆发式形核的模拟。该技术通过可原位翻转异形坩埚，实现钢料的原位加热熔化与浇铸，大大简化了热模拟机构的复杂性。

图 3-9 示意了原位翻转浇铸方法。试样的熔化和凝固在横截面为阶梯形的异型坩埚内，坩埚通过绝热材料固定在水冷型壁上。熔化时坩埚宽部在下，钢料原位熔化，但是冷端被绝热材料与水冷型壁完全隔开，减小金属熔体的温度梯度，保证金属料完全熔化。浇注时，坩埚翻转 180°，熔体快速流入窄部，并与水冷型壁接触，实现型壁附近爆发式形核。

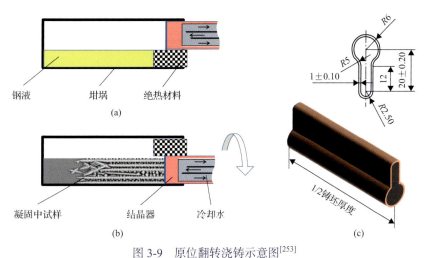

图 3-9 原位翻转浇铸示意图[253]

(a)熔化；(b)原位翻转浇铸；(c)坩埚三维图(单位：mm)

2. 温度场与枝晶生长调控再现枝晶生长与组织转变过程

为再现凝固特征单元在连铸坯里的传热过程，需要控制加热体温度梯度和加热体与试样相对位置来实现固液界面温度梯度和枝晶生长速率的函数控制。这需要解决：①获取连铸坯温度场数据作为控制条件；②特征单元固液界面温度梯度的调控技术；

③了解特征单元尺寸对温度调控的响应时效性；④枝晶生长速率的函数控制技术。

(1) 连铸坯温度场演变数据的获取。

为使热模拟试样凝固过程与连铸坯凝固过程保持一致，热模拟试验机的控制需要以生产中铸坯的温度场及热传导数据作为边界条件。这些数据可以通过数值模拟获得，然后在后续实验中进行拟合修正。

(2) 特征单元固液界面温度梯度的调控。

铸坯凝固时固液界面温度梯度是实时变化的，因此需要设计温度梯度可函数调控的加热体。为此设计了独立控温的分段式加热体，实现炉内温度梯度的实时调控。通过双加热体的独立函数控温，可保证钢液的温度场演变与连铸坯液芯温度场演变一致。

(3) 枝晶生长速率的函数控制。

通过两段式加热体温度独立函数调控，将试样固液界面控制在两段加热体之间的合理位置，然后以数值模拟连铸坯凝固界面演变速率数据作为枝晶生长速率为控制条件，通过伺服系统函数控制加热体移动速率，从而实现枝晶生长速率的函数调控。

3. 原位液淬

研究凝固不同时刻固液界面形貌、固液界面前沿溶质分布，以及游离枝晶和夹杂物与固液界面前沿及溶质分布的关系对冶金工作者十分重要。为满足冶金工作者的这一需求，该设备增加了液淬功能，从而随时终止特征单元的凝固过程，获得目前其他研究手段无法得到的上述信息。将试样浸入淬火介质的传统淬火技术，由于试样快速移动会扰动固液界面，造成液淬时固液界面形貌、溶质分布等信息失真。原位液淬技术采取试样不动、加热体和液淬槽移动方案，因此可最大限度保持液淬试样的稳定，获得的信息更为真实。

3.4　连铸板坯枝晶生长热模拟的相似性检验

通过数值模拟与实验模拟相结合，在基础研究指导下进行数值模拟与实验测定的相互拟合修正，解决两个相似性问题：①连铸坯枝晶生长热模拟试验机中枝晶生长条件与实际连铸机的相似性；②连铸坯枝晶生长热模拟试验机中试样凝固过程及组织与实际连铸坯的相似性。作者从传热条件、枝晶生长速率、宏观组织、微观组织和溶质分布五个方面检验了连铸板坯枝晶生长热模拟与实际连铸坯的相似性[253]。

1. 传热条件相似性

连铸坯枝晶生长热模拟装置拥有原位浇注功能，可以模拟连铸坯结晶器内的凝固行为，而其传热能力的相似性将成为模拟过程的关键。

传热分析：钢液浇注之后与铜模接触，其过热度及随后凝固的潜热都由试样传导给铜模，然后被冷却水带走，其过程与图 3-9 示意的一致。根据一维传热的假设，所有

热量 Q 都通过铜模导出，而铜模内热传导可以近似为一维导热问题。因此只需测出铜模内两点的温度随时间的变化，即可以根据傅里叶导热微分方程计算出热流量随时间的变化规律，即

$$Q = -\lambda \cdot A \cdot \frac{\Delta T}{\Delta x} \tag{3-2}$$

式中，Q 为热流量；λ 为铜模导热系数，200℃时其值为 389W/(m·K)[8]；A 为导热面积；ΔT 为温差；Δx 为测温点距离。计算中以试样与铜模的接触面积作为导热面积，忽略因面积突变造成的热流方向的变化；纯铜的导热系数在室温至 400℃时的变化范围是 398～379W/(m·K)，变化幅度很小，根据测温结果，选取 200℃时的导热系数计算铜模热流量，因导热系数造成的误差小于 2.7%。两测温点的温差为 $\Delta T = T_2 - T_1$；测温点距离 $\Delta x = 1.2$cm(图 3-10)。因热模拟试样在坩埚内随炉冷却凝固，铜模导出的热量不可避免地受到加热体及坩埚的影响，因此将测量的热流量减去相同实验条件下空坩埚状态的热流量[图 3-10(a)]，得到热模拟试样对铜模的传热量。

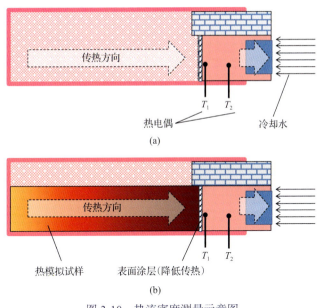

图 3-10 热流密度测量示意图
(a)空坩埚；(b)盛有样品的坩埚

图 3-11 为实测不同冷却水流量下热流密度随时间的变化。在实验条件下，冷却水流量可以调节试样冷却强度。在试样浇注后 1min 内(相当于连铸坯在结晶器内)，热流密度从近 9000kW/m² 迅速降低至 4000～2500kW/m² 这一范围内。

图 3-12 显示了热模拟试样与实际板坯结晶器热流密度的对比。热流密度值的范围在大型板坯中结晶器冷却段的测量值范围内[254-256]。从数值模拟结果可以看出，在 400mL/min 水量下冷却的热模拟试样的冷却强度低于板坯在结晶器宽边和窄边的冷却强度。

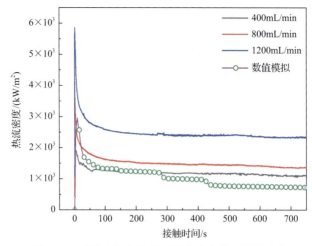

图 3-11　不同冷却水流量下热流密度随时间的变化

过热度 40℃，加热体降温速率 10℃/min

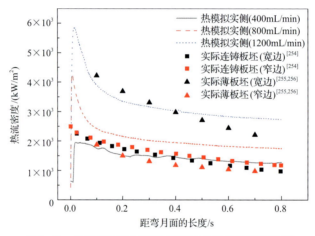

图 3-12　热模拟试样与实际板坯结晶器热流密度比较

试样浇注 1min 之后（相当于进入二冷区），实测热流密度稳定在 2200～4000kW/m²，并逐步降低，与文献报道连铸二冷区热流密度范围较高段吻合。但需要注意，测量到的热流密度仍然不是其他方向绝热状态下样品凝固释放的热流。因为刚玉坩埚不是真正的绝热材料，试样温度必然受到炉内温度场的影响。即使扣除了空坩埚时的热流，铜模导出的热量仍包含炉气传导给试样的热量，因此大于热模拟试样凝固释放的热量。

总体来看，热模拟试样的传热与连铸坯高度相似，可以用来模拟连铸坯的凝固过程，还可通过调节水流量调整冷端的冷却强度。

2. 枝晶生长速率相似性

图 3-13 显示了多个时刻液淬的热模拟试样固液界面形貌，可以看到随着凝固时间增加，固液界面的形貌演变过程，其中 480s 和 600s 液淬样品的柱状晶向等轴晶转变位置几乎完全一致，间接证明热模拟试验机的良好稳定性。

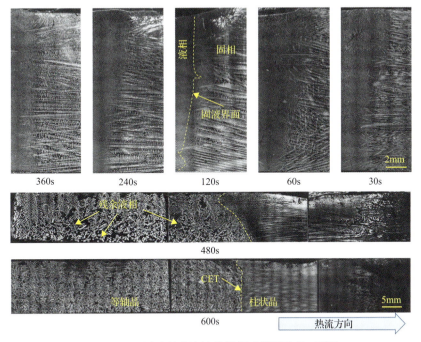

图 3-13 不同时刻液淬的热模拟试样固液界面形貌

图 3-14 为液淬样品反映出来的坯壳厚度与凝固时间的关系,进而推测出图 3-14(b)中的固液界面推进速率(即枝晶生长速率),可以看出热模拟样品的枝晶生长速率与数值模拟结果吻合,证明利用数值模拟温度场作为边界条件可以用来确定试验机中试样的枝晶生长速率参数。

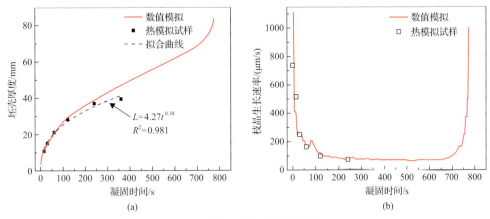

(a)   (b)

图 3-14 液淬实验与控制条件的比较

(a)坯壳厚度;(b)枝晶生长速率

3. 宏观组织相似性

图 3-15 是由数值模拟得到 1500℃浇注下的 2205 双相不锈钢连铸板坯中心液相降温曲线。降温曲线大致可以分为三个阶段:①过热度逐渐消失;②出现凝固平台;

③完全凝固后固相降温。实验时,加热体按照该冷却曲线降温,冷却水流量为 800mL/min。

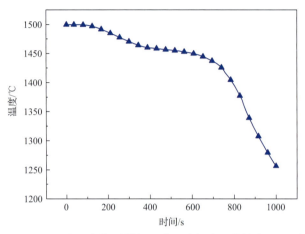

图 3-15 2205 双相不锈钢连铸板坯中心液相降温曲线(1500℃浇注)

图 3-16 和图 3-17 分别是双相不锈钢热模拟试样与实际连铸板坯的凝固宏观组织及

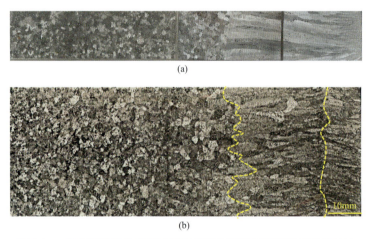

图 3-16 双相不锈钢热模拟试样和实际连铸坯的凝固宏观组织对比
(a)热模拟试样; (b)连铸板坯

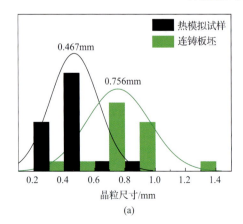

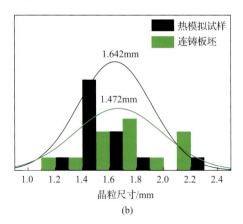

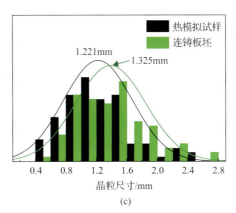

(c)

图 3-17 热模拟试样和连铸板坯的晶粒尺寸比较
(a)激冷区；(b)柱状晶区；(c)等轴晶区

晶粒尺寸对比，二者在激冷区厚度、CET 位置、柱状晶及等轴晶尺寸等方面均具有很好的相似度。连铸坯激冷区的柱状晶粒向上倾斜约 15°，这是因为该段柱状晶在结晶器内生长，因水口的射流作用，结晶器内钢液流动强烈，柱状晶朝迎流侧生长，故呈现一定的倾角。模拟试样由于体积小、对流弱，因而柱状晶晶粒的倾斜要轻得多。

根据测量，铸坯柱状晶长度为 31.7～40.9mm，与热模拟试样柱状晶长度 35.4～39.2mm 非常接近。铸坯和热模拟试样的激冷区最大宽度分别为 11.9mm 和 10.7mm，但是热模拟试样的晶粒更细小，是实验初期冷却强度比较快造成较高的形核率导致。

模拟试样的二冷区柱状晶比连铸坯二冷区柱状晶更整齐，这也是流动的影响。热模拟试样尺寸小、对流较弱，因此柱状晶的竞争生长几乎不受液体流动的影响，而连铸坯内自然对流及水口射流造成的流动比较剧烈，强烈的液体流动干扰了固液界面的稳定性和溶质的富集层厚度，导致柱状晶生长方向紊乱，需要较长的时间才能达到稳定，因此柱状晶始终处于受干扰状态，而无法较快地吞噬非择优取向晶粒，造成铸坯的柱状晶尺寸比热模拟试样的小。

4. 微观组织相似性

图 3-18 显示了过热约 40℃无电磁搅拌条件下生产的连铸坯与热模拟试样不同部位的微观组织，可以看出在相同过热度条件下，二者在不同凝固区域的奥氏体组织形貌相似，尺寸接近，但连铸坯的奥氏体尺寸略小。在柱状晶区，二者都容易产生魏氏组织，形成剑状的粗大组织。在等轴晶区，由于晶粒尺寸差别较大，奥氏体形貌也有一

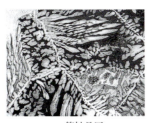
等轴晶区

柱状晶区

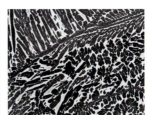
激冷区

(a)

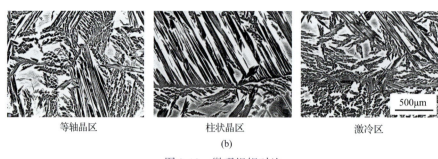

等轴晶区   柱状晶区   激冷区

(b)

图 3-18 微观组织对比

(a)热模拟试样；(b)连铸坯

定差别，热模拟试样铁素体晶界上的奥氏体连续性好，可以很容易地分辨出原铁素体晶粒的晶界位置，而连铸坯铁素体晶界上的奥氏体连续性差，铁素体晶粒痕迹不易辨认。

5. 溶质分布相似性

图 3-19 为双相不锈钢中热模拟试样与连铸坯中 Cr、Ni 和 Mo 元素的分布。可以看出热模拟试样中 Cr、Ni 和 Mo 元素分布与实际连铸坯中的分布情况一致。

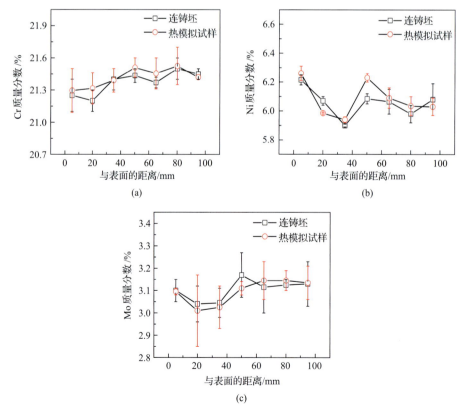

图 3-19 热模拟试样和实际连铸坯宏观偏析情况对比

(a)Cr；(b)Ni；(c)Mo

在热模拟样品中，从激冷区到柱状晶区，Ni 元素表现为明显的负偏析，随后在柱状晶到等轴晶区，Ni 元素含量逐渐增大。Ni 元素含量最低的位置在距柱状晶向等轴晶转变位置 5mm 的柱状晶区域内。Mo 元素从激冷区到柱状晶区也表现为负偏析，随后从柱状晶区到等轴晶区含量逐渐增大，其含量最低的位置在距柱状晶向等轴晶转变位置 20mm 的柱状晶区域内。而 Cr 元素与 Mo 元素和 Ni 元素表现出来的偏析情况不同，从激冷区到等轴晶区元素分布情况表现为正偏析。三种元素在等轴晶区的含量几乎保持不变。

3.5　热模拟与传统凝固研究方法的比较

基于大量实验和工业实测数据支持，数值模拟在传热方面模拟结果与实际吻合较好，已经应用于工业控制。在流场方面，借助于物理模拟实验数据的支持也有了长足进步。在凝固组织、元素分布和缺陷形成等方面，数值模拟遇到了挑战。著名冶金学者 Thomas[257]认为，数值模拟对连铸温度场及流场的模拟相对成熟，凝固组织模拟及缺陷预测虽然取得了一定进展，但仍有大量的工作要做，特别是需要大量实验数据支撑。

物理模拟分为基于几何相似"以小见大"的几何模拟和基于物性相似"以此见彼"的物质模拟两大类。在冶金领域，研究者将物质模拟和几何模拟相结合研究冶金过程的流场，取得很多有价值的成果，但是在凝固组织、元素分布和缺陷形成等方面已被证明现有的物理模拟实验结果与实际相差较大，因此基本被放弃。

基于特征单元热相似性的凝固过程热模拟采用实际金属作为实验材料，基于特征单元热相似原理，借助于数值模拟中成熟的温度场模拟数据，通过合理的控制技术和装备，离线再现特征单元在实际生产中凝固的环境。这一方法具有以下三个优势：一是弥补了数值模拟和传统物理模拟方法的不足，可以真实有效地模拟凝固过程、组织演变规律及缺陷预测；二是将大规模连续化的冶金生产过程"浓缩"到实验室，极大地降低了实验成本，缩短了实验周期；三是其实验结果可以支撑数值模拟的发展。特征单元热相似原理可被应用于许多生产领域凝固过程研究。

比较热模拟和现有的物质模拟及几何模拟的差异，可以看出凝固过程热模拟技术与物质模拟和几何模拟在思路、相似性准则和实现手段上有本质的区别，是一种全新的实验模拟技术。物质模拟基于物性相似，达到"以此见彼"的目的。几何模拟基于几何相似性，达到以小见大的目的。而热模拟方法则是通过科学选取凝固特征单元，基于条件相似性，达到"以点见面"的目的。作为凝固模拟研究中的新方法，基于特征单元热相似性的凝固过程热模拟方法不会取代数值模拟、几何模拟和物质模拟等已有的模拟研究方法，相反需要借助已有的其他模拟研究方法和工业生产数据来建立控制模型、获得控制条件和修正实验结果。可以预计，在今后凝固过程模拟研究中，数值模拟、几何模拟、物质模拟和热模拟将互相补充、相互印证，共同发展。

第 4 章

连铸坯柱状晶向等轴晶转变热模拟

研究金属的柱状晶向等轴晶转变(CET)需要从两方面入手:一是弄清楚等轴晶晶核的来源;二是确定转变的条件。研究强冷条件下等轴晶来源及增殖长大规律可以为认识连铸条件下 CET 晶核来源提供证据,并为细化凝固组织提供方向。弄清楚转变条件,则为控制工艺过程以促使 CET 提供依据。作者利用水平式连铸坯枝晶生长热模拟装置研究了强冷条件下双相不锈钢和铝铜合金的等轴晶来源及 CET 转变条件,并结合原位观测氯化铵水溶液凝固过程讨论了结晶雨对 CET 温度梯度的影响。在此基础上,利用热模拟实验结果优化了微观组织及 CET 预测模型。

4.1 强冷条件下等轴晶来源探索

前文总结了 CET 的一些研究成果,概括起来等轴晶来源主要有成分过冷形核[52,70]、液面结晶雨[73]、型壁游离[71]、枝晶碎片(折断或熔断的枝晶)[61]和"Big Bang"[70]五种假说。作者利用连铸坯枝晶生长热模拟装置模拟连铸条件,通过液淬确定心部等轴晶的来源,包括柱状晶生长期间的及 CET 期间的等轴晶形成。

要获得界面清晰的液淬组织,需要达到形态学液淬的临界冷却速率以上,而且冷却速率越大,形态保持越良好,也更接近原始固液界面信息。钢的液淬实验采用耐高温的刚玉坩埚。而实验用的铝铜合金液相线只有 652℃,比钢铁低了 800~900℃,其液淬冷却的驱动力比钢铁小得多。为减小坩埚热阻,使液淬组织与凝固组织界面更清晰,液淬实验中使用了厚度为 0.5mm 的 304 不锈钢坩埚。

4.1.1 柱状晶生长前沿等轴晶来源

1. 2205 双相不锈钢

图 4-1 是 1480℃浇注的 2205 双相不锈钢液淬组织的固液界面形貌,其中图 4-1(a)、(b)没有施加机械振动,图 4-1(c)、(d)浇注后施加了 5Hz、振幅 1mm 的正弦机械振动。浇注之后 60s 时,试样柱状晶生长方向杂乱,而 120s 之后柱状晶列变得整齐,但是固液界面前沿始终没有发现游离晶粒。从图 4-2 中可以看出,2205 双相不锈钢二次枝晶臂没有明显的缩颈现象,与纯物质凝固时枝晶形貌相似。由于缩颈现象与溶质富集直接相关,该实验结果表明 2205 双相不锈钢的溶质偏析程度较轻,与元素偏析测试结果一致。

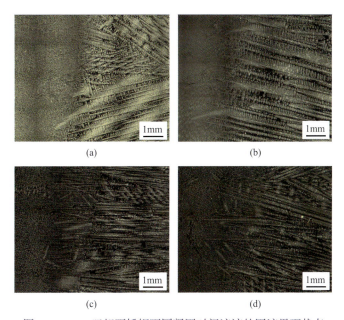

图 4-1　2205 双相不锈钢不同凝固时间液淬的固液界面状态

(a)、(b)没有施加机械振动，其中(a)浇注 60s，(b)浇注 120s；(c)、(d)浇注后施加 5Hz、振幅 1mm 的正弦机械振动，其中(c)浇注 60s，(d)浇注 240s

图 4-2　枝晶组织形貌

(a)纯物质(环己醇)[65]；(b)2205 双相不锈钢

不同于经典的三晶区凝固组织，2205 双相不锈钢试样没有出现表层细等轴晶层，激冷表面是细小的柱状晶，随后经过竞争淘汰，逐渐发展为粗大的柱状树枝晶，凝固末端为直径约 5mm 的等轴晶。在液淬试样中始终未发现游离等轴晶的存在，说明 2205 双相不锈钢浇注之后没有产生游离晶粒，不支持型壁游离和 "Big Bang" 理论。而二次枝晶臂没有出现明显的缩颈现象，说明枝晶熔断形成游离晶粒的可能性也可以排除。

2. Al-4.5%Cu 合金

图 4-3 是施加 3Hz 机械振动、炉温 720℃浇注后 30s 液淬的 Al-4.5%Cu 合金试样凝固组织。可以发现，同样是浇注后金属液与水冷铜模接触，Al-4.5%Cu 合金凝固组织与 2205 双相不锈钢差异明显。铝铜合金的激冷层为细小的等轴晶[图 4-3(c)]，随后发展

为柱状晶[图 4-3(b)]，而且固液界面前端发现游离晶粒。

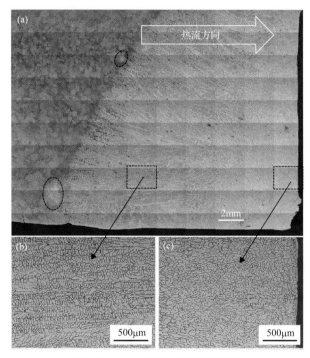

图 4-3　Al-4.5%Cu 试样微观组织

凝固条件为：炉温 720℃，冷却水流量 1000mL/min，机械振动 3Hz，30s 液淬。(a)试样微观组织图；(b)柱状晶区；(c)等轴晶区

图 4-4 显示了不同浇注温度、不同时刻液淬的 Al-4.5%Cu 合金试样中发现的游离

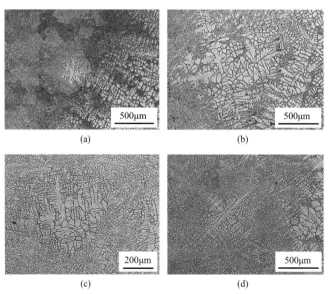

图 4-4　Al-4.5%Cu 合金液淬样品里发现的游离晶粒

(a) 720℃，1000mL/min，3Hz，30s；(b) 720℃，1000mL/min，3Hz，60s；

(c) 720℃，100mL/min，3Hz，90s；(d) 700℃，100mL/min，3Hz，180s

晶粒。在炉温 720℃和 700℃浇注、施加 3Hz 振动情况下浇注的试样，大部分可以找到游离晶粒，晶粒尺寸 300～1500μm 不等，而且游离晶早在浇注后 30s 就已经可以清晰分辨，直至凝固末期仍可看到一定数量的游离晶粒。但是，凝固前期少量游离晶的存在没能抑制柱状晶的生长，这说明只有存在足够数量的等轴晶才有可能导致 CET。值得注意的是，在不施加振动的情况下，从未发现可分辨的游离晶粒，说明振动对 Al-Cu 合金凝固初期晶核产生非常重要。

图 4-5 为炉温 700℃浇注后的试样的测温记录，测温点分别是距离凝固末端 5mm 处、试样中间和距离冷端 5mm 处，试样总长 100mm。测温热电偶为丝径 0.5mm 的 K 型热电偶(Ni-Cr/Ni-Si)，热电偶偶头直径为 1.2～1.5mm。炉内翻转浇铸后，测试样温度的三个热电偶都正好浸入液态金属内，距离自由液面约 2mm。图中炉气温度是在坩埚冷端测得的炉气温度。熔体浇铸前，三个热电偶处于悬空状态，其温度梯度约 3.8K/cm；浇注之后，热电偶被金属液包裹，冷端温度小幅上升，随后开始降温。炉气温度低于试样凝固末端，但高于试样冷端温度，因此试样冷端热量只能通过水冷型壁导出，而不能经炉气散热。根据温度记录，冷却 30s 时，5mm 处液相尚未产生热过冷，等轴晶核应该在凝固初期就已经产生。

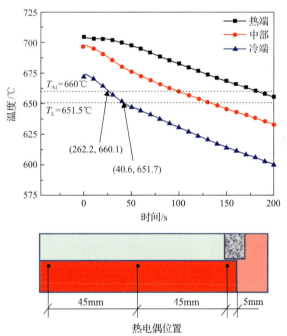

图 4-5 炉温 700℃浇注后的试样测温记录

T_{Al} 为纯铝的液相线温度；T_L 为液相线温度

图 4-6 显示了固液界面前的游离晶粒及其 EDS 分析，为便于比较，EDS 结果只列出了 Al 和 Cu 两种元素的检测含量。成分分析结果显示，游离晶的成分与柱状晶枝干的成分基本一致。这些游离等轴晶在继续凝固过程中部分会被柱状晶截获，夹在柱状晶之间，形成混晶组织。按照大野笃美[72]的观点，CET 发生之前发现的等轴晶应该是

在冷的型壁上形核并游离的结果。Chalmers[70]认为，浇注过程的流动和型壁的冷却作用使近型壁处的液相产生热过冷，形成大量晶核并被卷入中心液相，形成心部等轴晶，即"Big Bang"假设。作者认为，凝固条件不同，游离等轴晶的来源不同，本节的研究结果支持了这一判断。

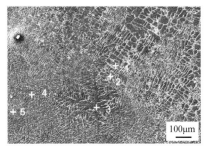

序号	Al质量分数/%	Cu质量分数/%	备注
1	99.14	0.86	柱状枝晶
2	91.10	5.0	枝晶间隙
3	99.57	0.43	游离晶
4	95.24	3.04	液相
5	89.25	5.54	液相

图 4-6 游离晶粒 SEM 图像及 EDS 成分分析

如图 4-7 所示，液淬实验结果显示在浇注后 10s，已经在型壁下部形成凝固壳，而此时测温结果显示顶部液相仍然高于 660℃（即纯铝的液相线温度），爆发形核产生的游离晶没有条件继续长大，甚至会重新熔化，但是不能排除其残留下来的可能性。Southin[73]在铝铜合金铸锭心部发现一些带有彗星尾巴状的等轴枝晶，认为这些晶粒是由自由液面形核并沉降的，一般称之为"结晶雨"或者"晶雨"。介万奇和周尧和[176]也在氯化铵水溶液的凝固模拟实验中发现结晶雨现象。在该实验中，金属液浇注后只有冷端与水冷铜型壁接触降温，整个试样仍然处于炉膛内部。凝固前期，由于炉温较高，试样自由液面与温度相近的炉气形成的界面可以视为绝热条件，图 4-5 所示的温度测量结果也证明了该推断，因此晶核不会来自自由液面。

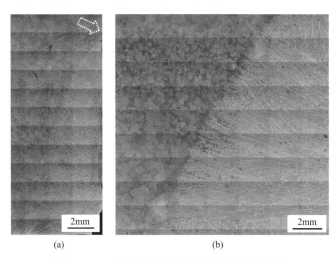

(a)　　　　　　　　　　(b)

图 4-7 720℃浇注后不同时刻液淬的固液界面

(a)浇注后 10s，试样顶部与铜模接触部位仍为液相(图中箭头处)，但是固液界面未发现游离晶粒；(b)浇注后 30s，试样与铜模接触部位已经全部凝固成壳，固液界面上出现游离晶粒

Jackson 等[61]在进行有机物凝固模拟实验时发现，突然增大生长速度会导致二次臂

从主干上脱落，并提出枝晶熔断的假设，认为溶质富集造成凝固点降低，二次臂根部缩颈，生长速度变化造成温度波动，导致枝晶臂根部重熔。因此推断 CET 前发现的自由等轴晶来源可能性最大的是枝晶熔断的碎片，其次是型壁处形核，不可能是"结晶雨"或型壁游离现象。

综上可以判断，强冷条件下 Al-4.5%Cu 凝固过程中，初始晶核主要来源于枝晶碎片或型壁处形核。晶核形成后被柱状晶推进到液芯部液相区，在继续凝固过程中增殖长大，但是少量的游离晶核不足以完成 CET 过程。可以推断，在连铸过程中，结晶器的振动和钢液的流动对初始晶核的脱落、漂移、增殖和长大具有重要的促进作用。有效增加初始晶核的数量可以为连铸坯等轴晶率的提高和晶粒细化作出重要贡献。

4.1.2 心部等轴晶来源

随着凝固的进行，一方面由于凝固长度增加，固相热阻增大，导致液相温度梯度变小；另一方面固液界面前沿溶质富集加剧，导致成分过冷区增大，因此大量等轴晶形核并随着液相对流而游离。铝铜合金的游离晶粒(等轴枝晶)进入非过冷区后，由于自身熔点高于内部熔体的液相线，晶粒不会马上熔化，而只能发生溶解。随着液相温度逐步降低，游离枝晶可能在溶解过程中发生增殖，促使 CET 转变完成。

图 4-8 和图 4-9 反映了 Al-Cu 合金和 2205 双相不锈钢凝固后期的等轴枝晶的游离状态，其中双相不锈钢柱状晶前沿的等轴晶应是成分过冷形核产生，而末端的结晶雨则是液面形核沉降。Al-Cu 合金先析出相为 α-Al，密度小于液相，因此游离晶粒有上浮趋势；而双相不锈钢的晶核密度略大于液相，在液相里趋于下沉。这导致二者液淬组织形貌的区别：铝铜合金游离晶粒在顶部聚集较多，而双相不锈钢的自由液面几乎没有晶粒。可以判断，在该实验条件下，固液界面前沿液相过冷形核和随后的自由液面形核并形成结晶雨是 2205 双相不锈钢和 Al-4.5%Cu 合金试样中心等轴晶的主要来源。

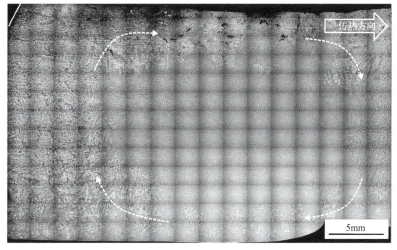

图 4-8　Al-Cu 合金凝固后期的游离等轴枝晶(700℃浇注，240s 液淬后随炉自然冷却)

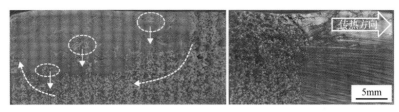

图 4-9　2205 双相不锈钢凝固后期的"结晶雨"现象(1480℃浇注, 冷速 20℃/min, 液淬 480s)

综合以上实验结果及分析, 可以得出以下认识: 连铸热模拟试样的等轴晶来源可以分为四种, 即型壁形核、枝晶碎片、过冷形核和结晶雨, 如图 4-10 所示。但是不同的材料的等轴晶来源并不相同, 双相不锈钢 CET 转变之前没有游离等轴晶出现, 因此不同材料需要在不同阶段、使用针对性工艺来增加等轴晶来源, 细化凝固组织。

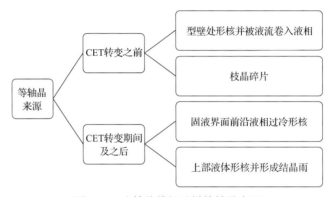

图 4-10　连铸热模拟试样等轴晶来源

4.2　柱状晶向等轴晶转变条件

CET 模型主要是基于单向凝固和过冷形核假设基础上得出, 现有 Hunt[87]的临界温度梯度判据(等轴晶体积比率超过临界值)、液相温度最低点判据[95]、枝晶生长速率最快判据[99,257]和临界尖端冷却速率判据[258]四种。但是, 有非当地形核的等轴晶参与的 CET 还没有成熟的理论预测模型, 甚至连比较可信的判据也未见到报道。在有足够等轴晶来源的情况下, CET 的产生还涉及不同凝固条件下的柱状晶和等轴晶的竞争生长等问题。

4.2.1　柱状枝晶生长动力学

枝晶生长是一个复杂的物理过程[259], 虽然已经研究了几十年, 目前枝晶形成理论仍不完善。枝晶生长有"自由生长"和"限制性生长"两类情况。在纯金属液体中, 较小的正温度梯度就可以抑制树枝晶的形成, 但是在合金液体中枝晶可以在很高的正温度梯度下保持枝晶形貌。自由枝晶生长是指单个枝晶在过冷熔体内没有相邻枝晶影响的凝固过程, 而限制性生长则是枝晶在正的温度梯度下有相邻枝晶影响的生长过程。显然, 柱状树枝晶的生长属于后者。根据 Trevidi-Kurz 模型[260]计算了热模拟实验条件下 Al-Cu 合金柱状树枝晶生长中的过冷度等动力学行为，并解释其凝固及 CET 行为。

1. 元素分布状态

图 4-11 是枝晶干及枝晶间隙 EDS 成分分析，结果表明在该实验条件枝晶生长速率范围内，枝晶干与枝晶间隙的 Cu 元素含量比例基本保持不变。该检测结果也间接说明枝晶的溶质分配系数 k 基本保持不变，计算枝晶生长动力学可以不考虑 k 的变化。

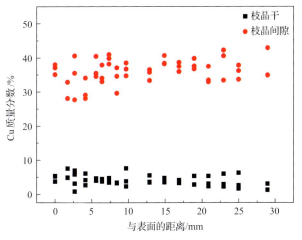

图 4-11 枝晶干及枝晶间隙 EDS 成分分析

枝晶生长时，由于枝晶间隙较大，溶质向枝晶尖端两侧扩散比较容易，而尖端的溶质富集小于胞状晶和平面晶，因此大量溶质在枝晶间隙富集。如果合金凝固温度区间较大，糊状区宽，则大部分溶质富集在枝晶间隙，微观偏析较大，但宏观偏析减小。

2. 枝晶生长速率

图 4-12 是根据 Al-Cu 合金液淬试样长度结合平方根定律拟合计算的柱状晶枝晶生长速率，由于 Al-Cu 合金密度较小，且熔化时有一层致密的氧化膜包裹，难以保证金

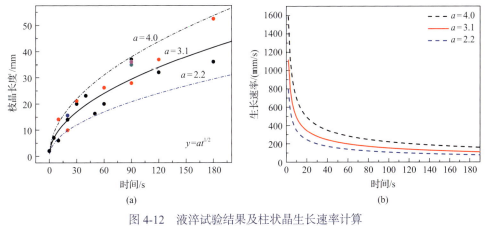

图 4-12 液淬试验结果及柱状晶生长速率计算
(a) 柱状晶枝晶长度；(b) 柱状晶区枝晶生长速率

属液与铜模接触界面完全一致，数据具有一定离散性，但趋势一致。拟合数据显示，枝晶生长速率随时间变化很大，铝铜合金液相刚接触铜模的枝晶生长速率高达1000μm/s 以上，随后迅速减慢。而试样 CET 多发生在 180～200s，实验结果显然不支持 Gandin[99]提出的 CET 发生时柱状晶生长速度最快的观点。根据凝固长度统计和平方根定律拟合，计算生长速率 $L=At^{0.5}=24t^{0.5}$（mm/min），其中 t 为凝固时间，这与连铸钢坯的常数 A 值取值范围基本一致。

3. 尖端过冷度计算

根据 Trevidi-Kurz 模型[260]，固液界面前方液相过热条件下的枝晶尖端过冷度：

$$\Delta T_{tip} = \frac{k\Delta T_0 \mathrm{Iv}(P)}{1-(1-k)\mathrm{Iv}(P)} + \frac{2\Gamma}{R} \tag{4-1}$$

$$\Gamma = \sigma / \Delta S_V \tag{4-2}$$

式中，k 为溶质平衡分配系数；ΔT_0 为凝固温度区间；Γ 为 Gibbs-Thompson 系数；$\mathrm{Iv}(P)$ 为 Ivantsov 方程；R 为枝晶尖端半径；σ 为表面张力系数；ΔS_V 为单位体积熔化熵。

据参考文献[1]和[261]，$\Gamma = 1.0 \times 10^{-7}$，根据文献[256]：

$$\Delta T_0 = T_L - T_S = m_L C_0 (k-1)/k \tag{4-3}$$

式中，m_L 为液相线斜率；C_0 为合金原始成分。

但是枝晶尖端半径与生长速率 V 之间的关系目前还没有共识，几种假设都有实验结果支持，下面分别依据几种假设计算尖端过冷度。

很多透明系材料的实验结果支持枝晶尖端选择参数 σ^* 为常数的假设，因此在不太高的生长速率下[256]有

$$VR^2 = \frac{\Gamma D}{\sigma^* k\Delta T_0} \tag{4-4}$$

式中，V 为生长速率；D 为扩散系数；σ^* 为枝晶尖端选择参数，$k = 0.1$，取 $\sigma^* = 0.02$。对于旋转抛物体，$\mathrm{Iv}(P)$ 的一阶近似为 $P = VR/(2D)$，其中 $D = 3.4 \times 10^{-9} \mathrm{m}^2/\mathrm{s}$ [101]，$V = 1.55 \times 10^{-3} \times t^{-0.5}$。因此

$$P = VR/(2D) = 0.72t^{-1/4} \tag{4-5}$$

图 4-13 为枝晶尖端过冷度随时间及枝晶生长速率 V 的变化情况，可以看出试样浇注后，开始的生长速率很大，尖端过冷度也比较大，达到 10^1 数量级，随着时间推移，枝晶生长速率减小，尖端过冷度也迅速减小，最终降至 0.5K 左右，尖端过冷与枝晶生长速率正相关。枝晶尖端过冷度都比较小，尤其是在低速生长阶段，因此在低速生长条件下可以忽略枝晶尖端过冷，而只考虑成分过冷。

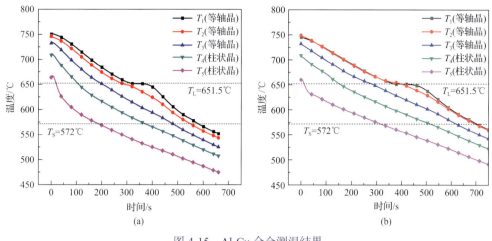

图 4-15　Al-Cu 合金测温结果

(a) 750℃，0Hz；(b) 750℃，3Hz。T_S 为固相线温度；T_L 为液相线温度

2. 结晶雨对 CET 温度梯度的影响

以温度梯度作为定向凝固 CET 转变判据得到了很多实验支持，但是该判据建立在等轴晶在"当地(local)"过冷形核的基础上，没有涉及有非当地晶核堆积在柱状晶前沿时该判据是否仍然适用的问题。而金属在实际凝固过程中，液面形成的晶核所形成的结晶雨是很普遍的现象，很多凝固细晶技术(如液面扰动、结晶器振动、脉冲电流、PMO 等)都是利用结晶雨现象来增加等轴晶率、细化凝固组织的。根据理论分析，当大量晶核堆积在固液界面时，由于等轴晶凝固释放潜热，固液界面处温度会上升，造成温度梯度增大，而温度的回升又会抑制晶体长大，进而可能阻止 CET 的发生，这两种相反的作用导致该问题难以获得明确的答案，因此需要实验验证。

通过模拟实验手段研究 CET 过程是较为方便的研究方法，其中由于 NH$_4$Cl 水溶液较为廉价易得、没有毒性而被广泛采用。金属凝固过程中的过冷度、生长速率、温度梯度等均对 CET 有影响，其中过冷度和温度梯度是影响形核和晶体生长的直接因素。从理论上来讲，较小的温度梯度不利于柱状晶的稳定生长，给等轴晶的形核和生长创造了机会，因此很多合金 CET 转变的温度梯度都很小，甚至是负温度梯度，研究人员也通过数值模拟的手段对此进行了讨论[263,264]。作者利用质量分数为 30% 的 NH$_4$Cl 水溶液进行了实验模拟，验证了结晶雨对 CET 温度梯度的影响[177]。

图 4-16 是 NH$_4$Cl 水溶液结晶装置的示意图和实物图，1# 和 2# 为对比实验。测试时，将质量分数为 30% 的 NH$_4$Cl 水溶液水浴加热到 80℃，使其全部溶解；然后注入到以纯铜为底的石英管内冷却结晶，纯铜底座浸入冰水冷却。三支 K 型热电偶从顶部插入，高度间隔为 10mm。1# 试管顶部自然冷却，2# 试管在顶部吹冷气，以造成结晶雨现象。经多次实验，1# 试管内 CET 位置稳定，可以控制在上部两个热电偶中间部位；2# 试管内的 CET 位置低于 1#，但是位置不如 1# 稳定，这与顶部冷气的流量难以精确控制有关。

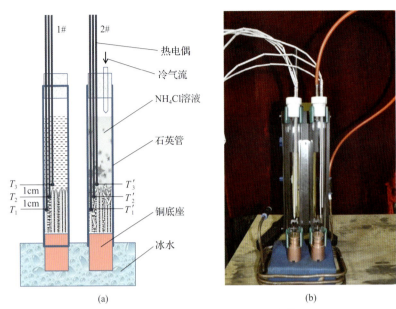

图 4-16　NH_4Cl 水溶液结晶装置[177]

(a)示意图；(b)实物图

图 4-17 是 NH_4Cl 水溶液在试管内结晶形成的柱状晶，可以看出，由于管壁散热，固液界面是凹形的。柱状晶尖端比较尖锐。结晶雨形成时如"暴雪"一般下落，尺寸较大的(3mm 以上)会直接跌落到固液界面上，而较小的等轴晶则会受到对流的明显影响，在某些区域上浮，且上浮速率与沉降速率近似。这说明虽然 NH_4Cl 晶体的密度是水的约 1.5 倍，其晶体在溶液中受到的浮力小于重力，但驱动等轴晶沉降和上浮的动力主要是对流，而不是重力。等轴晶沉降过程中，有的等轴枝晶会搭连在一起，如图 4-18 圆圈中所示，这样会使下沉更为顺利。而单个晶粒则会随着液流运动，直至与底部晶体接触才沉积下来。

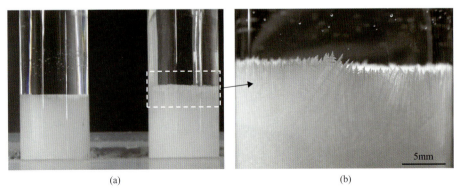

图 4-17　NH_4Cl 结晶形成的柱状晶(试管内径 25mm)

(a)实验图像；(b)局部放大图

图 4-19 列出了四次实验结果,对比了底部平均温度梯度随时间的变化情况。在 CET 完成之前,有结晶雨现象的 2#试管内平均温度梯度始终高于 1#,这是顶部吹气引起的

强烈对流造成的。

图 4-18 NH$_4$Cl 水溶液"结晶雨"现象

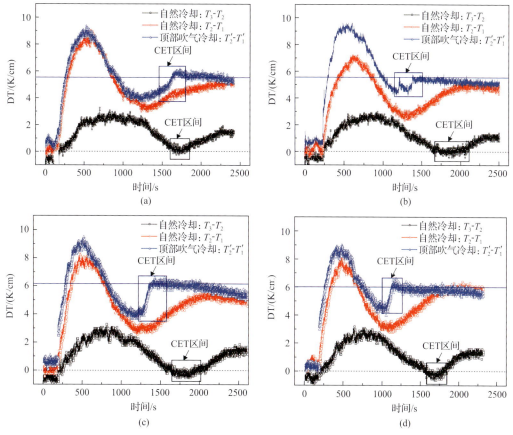

图 4-19 结晶雨对 CET 区段平均温度梯度(DT)的影响[177]

当 2#试管内等轴晶堆积在柱状晶上方时（即 CET 开始），温度梯度从 4K/cm 攀升到 5.5～6.2K/cm，并完成 CET 转变。而没有强制产生结晶雨的 1#溶液，其 CET 转变都在 1750s 左右，温度梯度约为 0K/cm。也就是说，结晶雨现象促使 CET 提前发生，且提高了 CET 转变温度梯度。

上述结果证明，当存在结晶雨现象，CET 会提前，柱状晶缩短，等轴晶率增大，而且发生结晶雨现象试样的 CET 处温度梯度比没有结晶雨现象的温度梯度高。这一结果显示，定向凝固条件下基于成分过冷形核的 CET 温度梯度判据在有"结晶雨"现象时不再适用。对于质量分数为 30%的 NH_4Cl 水溶液的垂直式单向凝固过程，CET 转变温度梯度由约 0K/cm 上升到 5.5～6.2K/cm。

4.2.3 连铸坯 CET 的影响因素

1. 溶质平衡分配系数和强制对流

分别选取平衡分配系数 k_0 为 0.15 的 Al-4.5%Cu 和 k_0 为 0.37 的 T10A 钢，以及纯铝和 $k_0 \approx 1$ 的 2205 双相不锈钢四种材料做两组对比实验，研究溶质平衡分配系数（即溶质富集）对 CET 的影响规律，实验参数和结果如图 4-20 所示。由于 CET 界面并不平直，CET 位置为不同区域测量值的平均值。

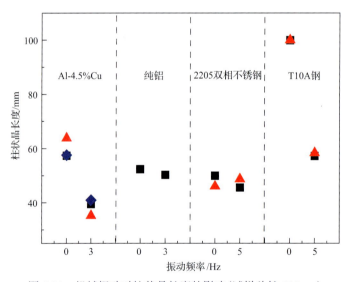

图 4-20　机械振动对柱状晶长度的影响（试样总长 105mm）

铝铜合金不施加振动的柱状晶长度为 60mm 左右，而施加振动后柱状晶长度缩短到约 40mm；T10A 钢不施加振动时为穿晶组织，施加振动的试样柱状晶长度为 55mm 左右。但是机械振动对纯铝和 2205 双相不锈钢的柱状晶长度几乎没有影响。图 4-21 显示了机械振动对 T10A 钢和 2205 双相不锈钢凝固组织的影响。实验表明，$k_0 \ll 1$ 的合金对低频、小振幅的机械振动就很敏感，而纯金属和 $k_0 \approx 1$ 的合金对机械振动不敏感。这些结果表明，小振幅机械振动在有一定的成分富集时才能对 CET 产生较大影响。

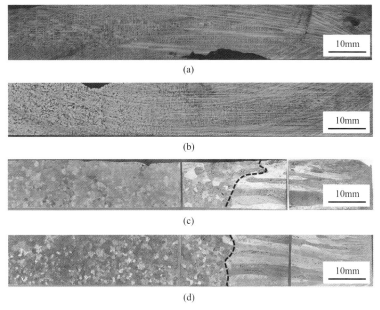

图 4-21　不同振动频率下 T10A 钢和 2205 双相不锈钢的凝固组织

(a)T10A 钢，0Hz；(b)T10A 钢，5Hz；(c)2205 双相不锈钢，0Hz；(d)2205 双相不锈钢，5Hz

2. 振动频率的影响

2205 双相不锈钢液淬实验结果显示，施加振动后试样凝固速率加快，如图 4-22(a) 和(b)所示。这可能是振动引起的流动加速了熔体与坩埚间的传热造成。

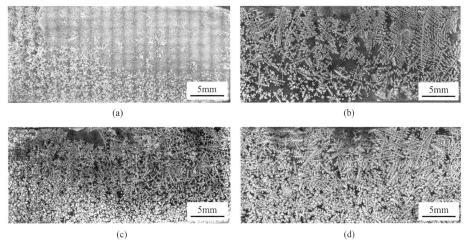

图 4-22　振动对 2205 双相不锈钢等轴枝晶尺寸的影响

(a)0Hz，480s；(b)5Hz，480s；(c)0Hz，600s；(d)5Hz，600s

T10A 钢对机械振动比较敏感，如图 4-23 所示。3Hz 的机械振动即可以引发 CET 转变，而施加 8Hz 的振动试样比 3Hz 的柱状树枝晶排列更为整齐，一次枝晶间距降低，等轴晶尺寸下降。利用电磁搅拌技术可以有效改善碳钢连铸坯凝固组织的报道也证明碳钢对流动的敏感性较高。

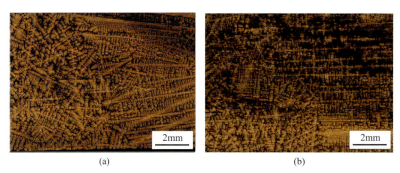

图 4-23　振动频率对 T10A 钢凝固组织的影响

(a) 3Hz；(b) 8Hz

3. 材料对工艺条件响应的差异性讨论

对于连铸坯来讲，凝固过程的 CET 同样需要充足数量的等轴晶晶核（形核）和合适的温度场（长大）及流场（晶核移动及堆积）。流场、温度场、材料热物性、凝固组织形貌等多种因素交织在一起，相互协同或抵消，导致实际连铸坯的 CET 转变条件难以简单地判定。过热度、传热条件和对流强度都会影响温度场的分布状态，因此同一钢种的凝固组织会出现巨大的差别。而不同体系合金因钢种本身的热物性参数及凝固特性差异，其 CET 转变条件更是迥异。根据"结晶雨"实验，当有大量外来晶核堆积在柱状晶前端时，柱状晶生长被阻止，CET 转变温度梯度会大幅提高。也就是说，等轴晶的游离和堆积对 CET 的影响也是不容忽视的。能促发产生"结晶雨"的细晶技术因为提高了 CET 温度梯度，可以适用于广泛的合金体系。一般来讲，凝固区间宽、溶质平衡分配系数远离 1 及形核过冷度小的材料容易产生等轴晶晶核，液相温度梯度小、对流强烈和结晶雨现象有利于 CET 发生。

前面关于溶质平衡分配系数及正弦机械振动对几种合金 CET 影响的实验结果就体现出其中几个因素的耦合效果。在低频、小振幅正弦振动条件下，提高振动频率相当于增强液相对流强度。而 T10A 钢和 Al-Cu 合金的溶质分配系数远小于 1，易产生溶质富集而造成成分过冷形核。同时，二者凝固温度区间达 80K 左右，枝晶发达，高次枝晶臂易产生缩颈。强制对流一方面会造成温度起伏，诱发枝晶熔断；另一方面则有利于枝晶碎片从糊状区游离出来，或者成分过冷形核的等轴晶核心从过冷区域游离到液相，因此其 CET 对强制对流比较敏感。相反地，双相不锈钢和工业纯铝对强制对流的敏感度小得多，这首先与成分富集程度低有关。因为容易富集一方面会造成成分过冷，另一方面也有利于枝晶的熔断，富集程度低则成分过冷形核及枝晶碎片数量下降，等轴晶晶核主要来自热过冷形核。前两者都对流动比较敏感，而产生热过冷形核时，几乎整个液相过冷，流动变得困难，因此流动的作用减弱。强制对流造成液相温度的均匀化，造成凝固前期的固液界面温度梯度增大，且界面处温度一致性提高，因此柱状晶较短且排列整齐、细密。另外，强制对流提高了等轴晶形核数量，因此等轴晶也得到细化。

4.3　连铸坯凝固组织及 CET 预测模型优化

4.3.1　二元合金凝固组织预测及热模拟验证

作者利用热模拟实验结合有限元耦合元胞自动机(CAFE)模型计算了 Al-4.5%Cu 合金试样传热及凝固过程[265]。基于纯扩散条件，推导出 Kurz-Giovanola-Trivedi(KGT)模型简化公式及模型参数，并利用热模拟测温实验校正了传热边界条件。结果表明，准确的温度场配合 KGT 模型可以较准确地预测铝铜二元合金柱状晶向等轴晶转变(CET)和晶粒尺寸。

1. 传热边界条件校正

选择 Al-4.5%Cu 合金热模拟实验材料。浇铸后的样品尺寸(长×宽×高)为 100mm×5mm×15mm。凝固后的试样沿生长方向剖开，经预磨、抛光后腐蚀金相，使用光学显微镜观察金相组织，扫描电镜观察微观组织。

图 4-24(a)示意了试样与铜模接触处传热系数的测定方法。在试样和铜模内布置 3 支直径 0.5mm 的 K 型热电偶 T_0、T_1 和 T_2，其中 T_0 和 T_1 分别紧贴试样和铜模表面，这 3 支热电偶测得的温度用 T_0、T_1、T_2 表示。根据一维传热的假设，试样凝固释放的所有热量 Q 都通过铜模导出，而铜模内热传导可以近似为一维导热问题。

根据串联热阻分析，试样和铜模之间的传热可以近似表示为

$$Q = H_{S/M} \cdot A_2 \cdot \Delta T_2 \tag{4-11}$$

$$\Delta T_2 = T_0 - T_1 \tag{4-12}$$

式中，Q 为热量；$H_{S/M}$ 为综合换热系数；A_2 为试样与铜模的接触面积。

根据 760℃浇注试样测温数据计算结果拟合，试样与铜模间传热系数表达式为

$$H_{S/M} = 18150 - 6120 \times [1 - \exp(-t/151)] - 7524 \times [1 - \exp(-t/8.4)] \tag{4-13}$$

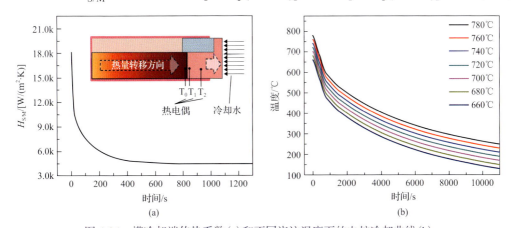

图 4-24　模冷却端传热系数(a)和不同浇注温度下的电炉冷却曲线(b)

图 4-25 对比了 760℃浇注试样不同位置降温曲线计算结果和实测数据,可以看出,传热计算结果与实测数据吻合较好。在水冷铜模(0mm 和 20mm)附近,由于合金熔体冷端温度略低于凝固末端,加之测温热电偶反应滞后,浇注时的实测温度比计算温度低。计算的等轴晶区(80mm)的凝固平台持续时间略长于实测值,这是因为等轴晶凝固时释放潜热,使坩埚温度回升,增大了坩埚和炉内气氛的温差,换热速率增加,而传热计算中未考虑这一影响。

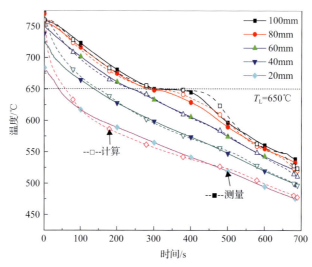

图 4-25　760℃浇注试样的实测降温曲线与数模结果对比

传热计算的准确性直接影响凝固组织模拟的可靠性,该计算结果与实测值吻合度较好,可以开展凝固组织的预测模拟。

2. 连铸条件下 KGT 模型推导

数值模拟需要简单而清晰的解析式,以便在保证精度的前提下降低公式解析难度并获取较快的计算速度。因此,ProCAST 软件中采用了 KGT 模型的简化模型。其关系式如下:

$$v = \alpha \Delta T^2 + \beta \Delta T^3 \tag{4-14}$$

式中,v 为枝晶尖端生长速率;ΔT 为枝晶尖端过冷度;α 和 β 分别为第一生长因子和第二生长因子,两者均为与合金热物性参数有关的常数。

一般地,ΔT 由热过冷 ΔT_t、成分过冷 ΔT_c、动力学过冷 ΔT_k 和曲率过冷 ΔT_r 组成,即

$$\Delta T = \Delta T_t + \Delta T_c + \Delta T_k + \Delta T_r \tag{4-15}$$

在常规冷却条件下,动力学过冷和曲率过冷的值非常小,可以忽略[266]。在连铸条件下,特征单元近似定向凝固,柱状枝晶生长处于正温度梯度,不存在热过冷。因此,热模拟实验条件下可以只考虑成分过冷。

在液相内溶质纯扩散的假设前提下，推导式(4-14)中 α 和 β 的表达式：

$$\alpha = \frac{D}{\pi^2 \Gamma (1-k) m C_0} \tag{4-16}$$

$$\beta = \frac{kD}{\pi^3 \Gamma [m C_0 (1-k)]^2} \tag{4-17}$$

式中，D 为溶质扩散系数；Γ 为 Gibbs-Thompson 系数；k 为溶质平衡分配系数；C_0 为合金溶质含量；m 为液相线斜率。

采用 KGT 模型计算试样的凝固组织，试样体积为 7500mm^3，划分为 20 万个网格，微观组织模拟时每个单元格再细分为 $10 \times 10 \times 10$。凝固组织模拟参数及合金热物性参数见表 4-1，其中形核过冷度 ΔT 为实验所用合金的实测数据。

表 4-1　Al-4.5%Cu 合金热物性参数及模拟参数

参数	单位	数值	备注
液相线温度 T_L	℃	650	
合金含量 C_0	%	4.5	
液相线斜率 m	K/%	−2.717	文献[267]
液相中溶质扩散系数 D_L	m^2/s	1.0×10^{-9}	文献[268]
固相中溶质扩散系数 D_S	m^2/s	1.13×10^{-11}	文献[268]
溶质分配系数 k		0.1	
Gibbs-Thompson 系数 Γ		1.0×10^{-7}	文献[269]
第一生长因子 α		9.0×10^{-5}	由式(4-16)计算
第二生长因子 β		9.0×10^{-7}	由式(4-17)计算
最大形核密度 n_{max}	1/m^3	1×10^9	根据实测晶粒尺寸计算
平均过冷度 ΔT_N	K	0.5	热模拟实验中实测
标准偏差 ΔT_σ	K	0.1	

图 4-26(a) 显示了不同浇注温度下的凝固组织模拟结果。浇注温度为 660℃的样品可以获得几乎全部等轴晶组织，而 680℃浇注的样品出现较细的柱状晶，但是柱状晶区出现大量等轴晶粒，属于混晶组织，柱状晶区内等轴晶的出现与较低的温度梯度有关。随着柱状树枝晶进一步生长，部分等轴晶晶核被柱状枝晶向前推进，另一部分被"捕获"[60,61]，从而成为混晶组织。其次，温度梯度降低，一次枝晶臂间距增大[270]，被捕获的等轴晶晶核有空间发展为较大尺寸的等轴晶。另外，ProCAST 模拟计算过程不考虑晶核的运动，等轴晶核心全部被柱状晶"捕获"，增加了混晶区的等轴晶数量。

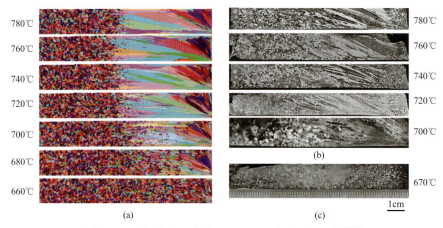

图 4-26　不同浇注温度的 Al-4.5%Cu 合金微观组织[265]
(a)数值模拟；(b)700～780℃浇注实验结果；(c)670℃浇注实验结果

当浇注温度超过 700℃时，即过热度超过 50℃，试样的凝固组织与 CET 位置不再发生较大变化，柱状晶长度几乎稳定在试样总长的 61%左右。随浇注温度升高，等轴晶区晶粒尺寸变化不大。

进一步通过实验验证过热度对凝固组织的影响[图 4-26(b)]。二者在 CET 位置和等轴晶晶粒尺寸相似度较高，证明数值模拟结果比较准确。但是实验中出现的激冷等轴晶区未能预测。数值模拟预测 680℃以下浇注的样品为全等轴晶组织，实验采用 670℃浇注获得了全等轴晶凝固组织[图 4-26(c)]，说明预测结果比较准确。

数值模拟与实验模拟的凝固组织有一定的差别，这是因为：由图 4-26(b)可以看出，实验样品都出现了晶粒细小的激冷等轴晶层，而数值模拟未能预测该部分凝固组织。激冷层的出现有"Big Bang"理论[70]和 Ohno 的型壁游离理论[71,271]两种解释。但是，ProCAST 软件采用了简化的 KGT 模型预测微观组织，未考虑晶核的脱落、漂移、增殖等情况，因此出现激冷层凝固组织偏差。

4.3.2　双相不锈钢凝固组织及 CET 预测

根据 KGT 模型，生长控制因子的取值决定了微观组织预测的准确性。双相不锈钢成分复杂、元素偏析有正有负且相互作用关系复杂，将其视为伪二元合金并计算生长因子的方法并不可靠，因此目前不锈钢的组织预测仍多采用估测法。

作者选取五组试验性数据计算了 2205 双相不锈钢的微观组织，KGT 参数见表4-2。图 4-27 显示了生长控制因子取值对微观组织预测的影响规律，可以看出随着生长控制因子取值的增大，柱状晶长度增加，混晶组织明显减少。

表 4-2　2205 双相不锈钢微观组织计算参数

生长因子	Case-a	Case-b	Case-c	Case-d	Case-e	Case-f
第一生长因子 α	1.0×10^{-7}	5.0×10^{-7}	1.0×10^{-6}	5.0×10^{-6}	1.0×10^{-5}	5.0×10^{-5}
第二生长因子 β	1.0×10^{-7}	5.0×10^{-7}	1.0×10^{-6}	5.0×10^{-6}	1.0×10^{-5}	5.0×10^{-5}

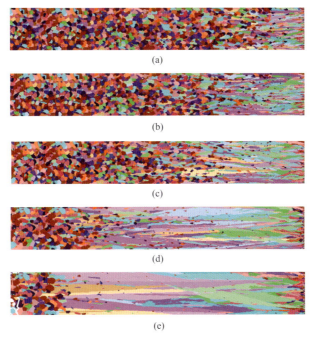

图 4-27 生长控制因子取值对凝固组织的影响(试样总长 100mm)
(a)case-a；(b)case-b；(c)case-c；(d)case-d；(e)case-e

经多次试验，最终选择 $\alpha=4.403\times10^{-6}$，$\beta=4.935\times10^{-7}$。其数模结果与热模拟试样及连铸坯凝固组织的对比如图 4-28 所示。

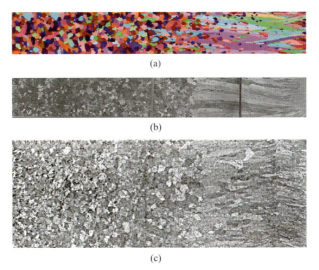

图 4-28 凝固组织比较(浇注温度 1500℃，试样总长 100mm)
(a)预测组织；(b)热模拟组织；(c)连铸坯铸态组织

曹欣[272]利用 ProCAST 模拟软件选取了表 4-3 所示的 8 组参数研究生长因子对 B2002 双相不锈钢微观组织预测结果的影响，并通过与实际实验的对比确定了适合 B2002 双相不锈钢凝固组织模拟的生长因子取值。

表 4-3 B2002 双相不锈钢微观组织计算参数

编号	生长控制参数		体积形核			表面形核		
	α	β	ΔT_{MAX}	ΔT_{σ}	N_{MAX}	ΔT_{MAX}	ΔT_{σ}	G_{MAX}
a	1.0×10^{-8}	1.0×10^{-8}	2	0.5	5.0×10^{8}	1	0.5	1.0×10^{9}
b	5.0×10^{-8}	5.0×10^{-8}	2	0.5	5.0×10^{8}	1	0.5	1.0×10^{9}
c	1.0×10^{-7}	1.0×10^{-7}	2	0.5	5.0×10^{8}	1	0.5	1.0×10^{9}
d	5.0×10^{-7}	5.0×10^{-7}	2	0.5	5.0×10^{8}	1	0.5	1.0×10^{9}
e	1.0×10^{-6}	1.0×10^{-6}	2	0.5	5.0×10^{8}	1	0.5	1.0×10^{9}
f	5.0×10^{-6}	5.0×10^{-6}	2	0.5	5.0×10^{8}	1	0.5	1.0×10^{9}
g	1.0×10^{-5}	1.0×10^{-5}	2	0.5	5.0×10^{8}	1	0.5	1.0×10^{9}
h	5.0×10^{-5}	5.0×10^{-5}	2	0.5	5.0×10^{8}	1	0.5	1.0×10^{9}

注：ΔT_{MAX} 为最大过冷度；ΔT_{σ} 为标准偏差；N_{MAX} 为最大形核密度；G_{MAX} 为表面最大形核密度。

图 4-29 显示了生长控制因子取值对微观组织的影响规律。结果显示，随着生长控制因子取值的增大，CET 位置逐渐接近末端，混晶组织明显减少，激冷过渡区也明显增厚。此外各晶区都出现了明显的粗化现象，而柱状晶需要进行较长时间的竞争生长才能达到稳定状态。与热模拟样品进行对比发现，在 $\alpha=5.0 \times 10^{-7}$、$\beta=5.0 \times 10^{-7}$ 参数对应的组织［图 4-29(d)］中，CET 位置与实验模拟的 CET 位置较一致，柱状晶、等轴晶区组织较接近。

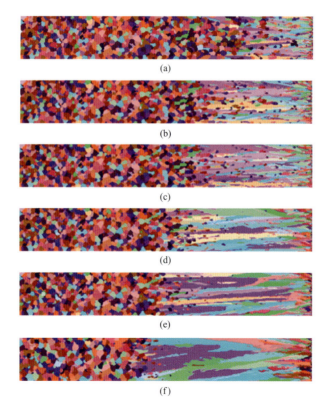

(a)

(b)

(c)

(d)

(e)

(f)

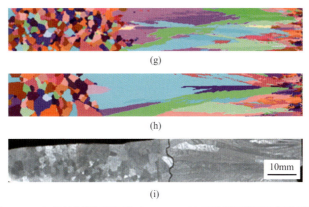

(g)

(h)

(i)

图 4-29　生长控制因子取值对 B2002 双相不锈钢凝固组织的影响

(a)~(h)样品号对应表 4-3 中的编号；(i)相同凝固条件下的实验样品

在此基础上，计算了过热度对 B2002 双相不锈钢凝固组织的影响，并与热模拟试验中试样进行对比，如图 4-30 所示。随着过热度的增大，数值模拟组织中柱状晶之间的杂晶减少，CET 位置逐渐不平整，混晶区增大；而热模拟试样的组织中未出现混晶组织，等轴晶较数值模拟组织粗大。

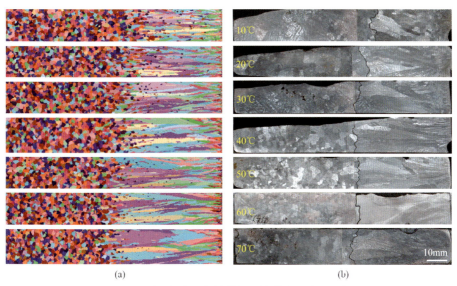

(a)　　　　　　　　　　　　　　　　　(b)

图 4-30　不同过热度下数值模拟和热模拟的宏观组织对比

(a)数值模拟；(b)热模拟

数值模拟显示，过热度增加 60℃，CET 位置变化 14.3mm，与热模拟试样的变化值接近，柱状晶形貌及尺寸相似。柱状晶的竞争生长区随过热度增大而变长，这与热模拟实验的规律一致，表明数值模拟凝固组织的有效性。如图 4-31 所示，热模拟与数值模拟所得组织的柱状晶长度最大相差 4.6mm，最接近时仅差 0.6mm，且变化趋势一致，数值上的差异可能是由于数值模拟未考虑流动，而实验模拟中试样内部形核位置数量不同造成的。

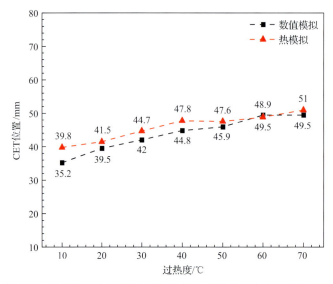

图 4-31 数值模拟中不同过热度对应的 CET 位置与热模拟的对比

与 2205 双相不锈钢的模拟结果相比，B2002 双相不锈钢对生长控制因子的敏感度较低：B2002 双相不锈钢的生长因子增加 5000 倍，其柱状晶长度增加了 50mm，而 2205 双相不锈钢生长因子增加 100 倍，柱状晶长度就会增加 65mm。

综合上述分析可以看出，双相不锈钢的数模微观组织与热模拟试样微观组织具有相似性，但差异比 Al-Cu 二元合金大。这是因为 KGT 模型是基于二元合金计算得到的，因此更适用于二元合金的凝固组织预测。应用于多元合金的组织预测时，由于溶质元素间的相互作用，必然导致生长因子计算的偏差，从而与实际情况产生一定偏离。但是，该方法经过热模拟实验的校正后可以用于连铸坯凝固组织的预测，能够反映工艺参数对组织的影响规律。

第 5 章

工艺参数对连铸坯凝固组织影响热模拟

连铸坯枝晶生长热模拟技术不仅可以用于揭示连铸条件下组织形成规律和机制的研究，还可用于连铸工艺的优化。本章将通过几个典型案例，介绍该技术在高合金钢连铸的可行性试验、新品种连铸工艺设计及工艺参数优化等方面的应用。

5.1 高铬马氏体不锈钢连铸可行性热模拟研究

6Cr13Mo 高铬钢是典型马氏体不锈钢，广泛应用于活塞环和测量用具等领域[273]。与高速钢等高合金钢相似，目前高铬钢也普遍采用模铸工艺生产。但由于高铬钢较高的碳、铬含量，较低的热导率以及较宽的结晶温度范围，采用模铸工艺在铸锭凝固中容易形成严重的中心偏析和粗大的枝晶组织，而宏观偏析很难通过随后的锻造和热处理来消除。宏观偏析主要是由溶质再分配现象、糊状区中富含溶质的液体的流动以及铸锭中三个晶区(即激冷区、柱状晶区和等轴晶区)中生长的枝晶形态和二次枝晶臂间距(secondary dendritic arm spacing, SDAS)引起的[274]。铸锭的凝固组织和偏析与特定的铸造工艺有关。铸造工艺参数，如熔体过热和冷却速度，都会影响凝固组织和宏观偏析的形成。但是，关于高合金钢宏观偏析对连铸参数依赖性的实验很少，文献中的有限数据仍然存在争议[231, 275]，而且没有查到高铬钢 6Cr13Mo 的可用数据。

作者采用数值模拟计算了连铸坯冷却条件，采用连铸坯枝晶生长热模拟试验机模拟连铸条件来制备 6Cr13Mo 钢样品，进而评价了过热度、冷却强度和脉冲磁致振荡(pulsed magneto oscillation, PMO)处理对其钢坯凝固组织和宏观离析的影响[276]。

5.1.1 连铸工艺参数对凝固组织影响

1. 过热度对凝固组织的影响

热模拟实验表明，高铬钢宏观组织呈现典型的三晶区形貌。翻转浇铸之后，钢液接触到水冷结晶器，产生极大过冷度，大量晶核形成，从而形成了激冷区。随着枝晶生长，固液界面前沿过冷度减小，同时垂直于结晶器表面方向散热最快，在竞争生长过程中形成择优取向，因此枝晶会平行于热流方向进行生长，柱状晶区形成。到了凝固末端，散热困难且失去方向性，钢液中晶核沿各个方向自由生长，形成了等轴晶区。

图 5-1 是过热度对三晶区凝固组织形貌的影响。在试样冷端形成了激冷区，呈现为

长度较短且与热流方向平行的细小柱状晶。随着过热度的增加，激冷区细小平行柱状晶的长度减小，枝晶生长方向变得无序。当过热度为 15℃时，激冷区的一次枝晶出现更大的平行生长区域；当过热度为 45℃时，则不存在平行的枝晶，且二次枝晶臂明显粗化。在柱状晶区，随着过热度的增加，二次枝晶臂的前端逐渐变大并且球化，这是由于出现了 Ostwald 熟化现象。相比之下，在低过热度条件下，可以观察到非常整齐的树枝晶。

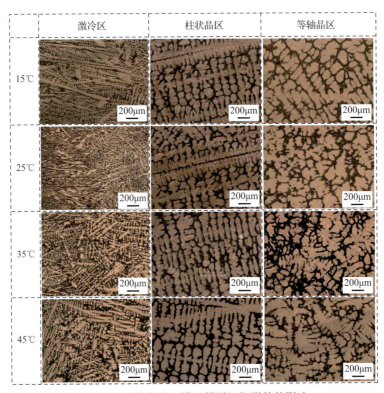

图 5-1　过热度对三晶区凝固组织形貌的影响

枝晶粗化是在凝固过程中不可避免的现象，该过程是一个涉及热力学、动力学、统计学和几何学的复杂行为。SDAS 是一个衡量枝晶粗化程度的重要参数，其含义是二次枝晶间的垂直距离，二次枝晶的生长方式和枝晶间距决定着凝固组织的致密程度和宏观组织(柱状晶和等轴晶)形态。有研究表明，SDAS 在凝固过程也会影响半固态组织的渗透性，枝晶间距的大小与铸坯的宏观偏析、微裂纹与疏松的产生都有密切关系。

不同过热度下高铬钢热模拟样品的平均 SDAS 如图 5-2 所示。由于结晶器水量固定，不同过热度下激冷区平均 SDAS 接近。每个位置 SDAS 的平均值随着过热度的增加以及与冷端距离的增加而增加，过热度由 45℃降低至 15℃，五个位置的平均二次枝晶臂分别减少了 4.4μm、4.2μm、6.1μm、7.7μm、12.3μm。可以看出，过热度对凝固末端的二次枝晶臂间距具有较大影响。在样品的末端(即钢坯中心)，过热度每增加 10℃，平均 SDAS 增加约 4μm。

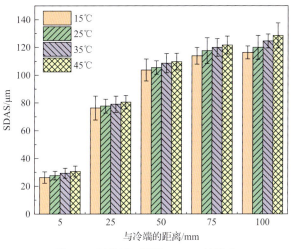

图 5-2　过热度对平均 SDAS 的影响

2. 冷却强度对凝固组织的影响

图 5-3 为冷却强度对三晶区凝固组织形貌的影响。在激冷区，随着冷却强度的降低，激冷区细小柱状晶长度减小，一次枝晶臂间距增加。在柱状晶区，不同冷却强度条件下，柱状晶均保持着平行度较高的生长状态，枝晶臂粗化速度随着冷却强度的降

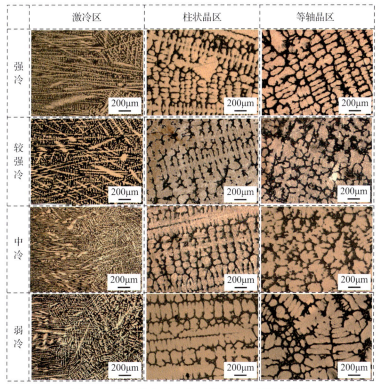

图 5-3　冷却强度对三晶区凝固组织形貌的影响

低而加快，SDAS 增加。在等轴晶区，强冷条件下的枝晶间距小于其他冷却条件下的枝晶间距。此外，在强冷条件下形成的等轴晶具有一定的方向性，形成了不同于其他冷却条件的枝晶形态。等轴晶区的另一个特征是，随着冷却强度的降低，枝晶臂逐渐粗化。

不同冷却强度下高铬钢热模拟样品平均 SDAS 如图 5-4 所示。结果表明，冷却强度对五个位置 SDAS 均有较大影响，弱冷和强冷条件比较，五个特征位置的 SDAS 分别增加 2.8μm、9.5μm、14.6μm、9.8μm、10.1μm。

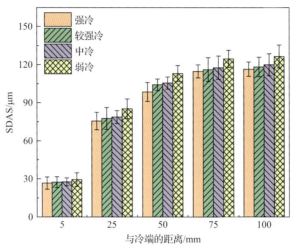

图 5-4　冷却强度对平均 SDAS 的影响

3. 拉速对凝固组织的影响

图 5-5 是拉速对三晶区凝固组织形貌的影响。在激冷区，拉速由 0.7m/min 增加至 0.8m/min 下，细小柱状晶平行生长的长度减小；随着拉速进一步增加至 1.0m/min，细小柱状晶平行生长的长度没有明显变化，但是一次枝晶臂间距增加。在柱状晶区，随着拉速的增加，柱状晶致密度下降，平均 SDAS 增加，枝晶尖端的熟化现象更加明显。在等轴晶区，能够明显看出拉速对枝晶形貌影响较大，高拉速下可以看到更加发达的等轴晶形貌，枝晶粗化明显加重，晶粒尺寸明显增大。

拉速对平均 SDAS 的影响如图 5-6 所示。结果表明，平均 SDAS 随着拉速的增加而增大。拉速由 0.7m/min 增加至 1.0m/min，五个位置平均 SDAS 分别增加了 0.4μm、1.5μm、23.1μm、32.7μm、24.5μm。

4. PMO 对凝固组织的影响

图 5-7 为 PMO 对三晶区凝固组织形貌的影响。由图 5-7 可知，PMO 对激冷区的枝晶形貌几乎没有影响。在施加 PMO 之后，柱状晶区枝晶平行度明显下降，也就是说 PMO 影响了柱状晶平行生长的状态，加快了柱状晶向等轴晶的转变。这是由于 PMO

形成的脉冲电磁力可以促进熔体对流，减小熔体内的温度梯度，所以柱状晶生长失去了有利的条件。在等轴晶区，PMO 使得枝晶间隙减小，晶粒致密度增加，SDAS 略有降低。

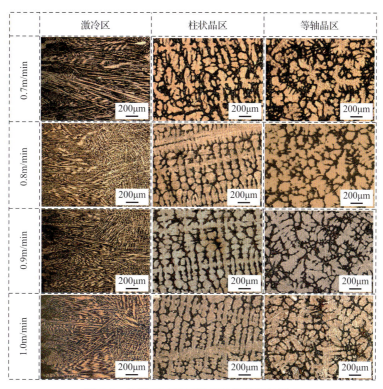

图 5-5　拉速对三晶区凝固组织形貌的影响

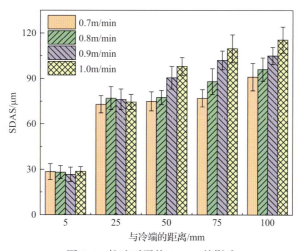

图 5-6　拉速对平均 SDAS 的影响

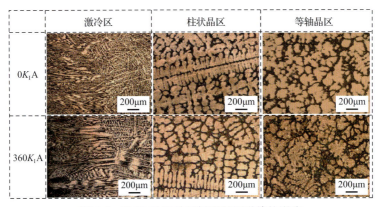

图 5-7 PMO 对三晶区凝固组织形貌的影响

K_1 为设备参数

图 5-8 所示为 PMO 对 SDAS 的影响。试样从冷端开始凝固时，PMO 处理并没有开始，因此 PMO 对样品前半段的平均 SDAS 没有明显影响，PMO 使得距冷端 50mm 处的 SDAS 减小了 6.5μm，使得凝固末端的 SDAS 减小了 10.1μm。这说明 PMO 对高铬钢凝固末端 SDAS 的减小有一定作用。这是由于 PMO 引起的强制对流增加了液芯降温速率导致 SDAS 有所降低。

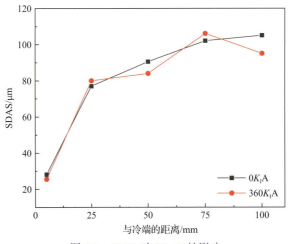

图 5-8 PMO 对 SDAS 的影响

5.1.2 连铸工艺参数对宏观偏析的影响

使用 LIBSOPA-200 金属原位分析仪对检测面进行扫描。金属原位分析仪的工作原理是将激光聚焦后照射到待测样品上，汇聚点的能量密度超过物质的离解阈值，电离产生高温、高密度的等离子体。等离子体发出的光先经过滤波器滤波，然后经光栅分光后使混合光成为按波长排列的单色光，再对单色光信号进行检测和采集，根据光谱特征谱线的波长辨别元素的种类，根据光谱特征谱线的强度定标后确定元素的含量。测试过程采用的技术参数：激光光斑直径 300μm，预剥蚀次数为 20 次，剥蚀次数为 20

次，行与列间隔均为 1000μm，扫描面积依据实验样品的尺寸而定。

利用偏析指数来表达元素的偏析程度，偏析指数（K_{i_m}）计算公式为

$$K_{i\_m} = \frac{C_{i\_m}}{\sum C_{i\_m}/n} \tag{5-1}$$

式中，C_{i_m} 为检测点 i 处的元素 m 的含量，%；n 为检测点的个数；K_{i_m} 为偏析指数，其标准差被用来衡量元素分布的不均匀性。

1. 过热度对宏观偏析的影响

将热模拟样品各个检测点的偏析指数制作成等值线图（图 5-9），图中红色区域代表正偏析，蓝色区域代表负偏析。由图 5-9 可以看出，随着与冷端距离的增加，元素偏析程度增加。从距样品冷端约 90mm 到凝固末端，三种元素的偏析指数（K_{i_m}）显著增加，并在样品的凝固末端达到极大值，这也代表了铸坯中心的宏观偏析程度。因此，选择样品凝固末端（样品最后 10%）的偏析指数平均值（K_M）描述元素的偏析程度。为分析各元素分布均匀程度，进一步统计了整个样品中所有元素含量检测数据的标准差。

C、Cr 和 Mo 元素在不同过热度下的 K_M 及其标准差统计如图 5-10 所示。在二冷区冷却条件不变的情况下，随着过热度的增加，三种元素在凝固末端的偏析程度呈现增加的趋势。当过热度从 15℃ 增加到 25℃ 时，碳的 K_M（K_{M_C}）从 1.05 增加到 1.17。同时，K_{i_C} 大于 1.1 的正偏析区域的长度随着过热度的增加而减少。当过热度为 45℃ 时，C 高富集区位于距离样品末端 4mm 范围内，而 K_{M_C} 为 1.22。此外，K_{i_C}（i 指检测点）

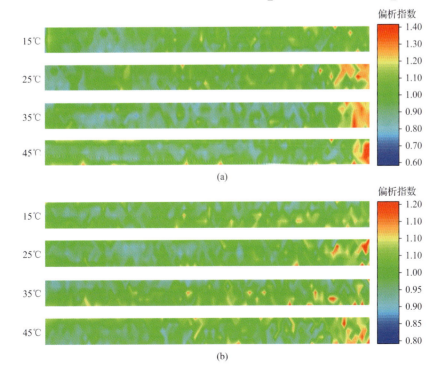

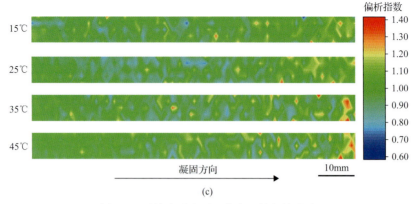

图 5-9　过热度对主要元素宏观偏析的影响

(a) C；(b) Cr；(c) Mo

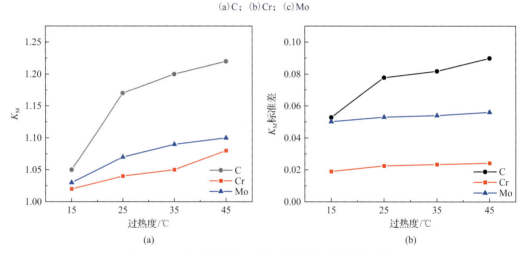

图 5-10　过热度对凝固末端宏观偏析及其标准差的影响

(a) K_M；(b) K_M 标准差

的标准差随着过热的增加而增加，这意味着 C 分布的不均匀性增加。在过热度不超过 15℃时，中心 C 偏析可以控制在较低水平。Cr 和 Mo 在样品末端也出现了正偏析，其中 Mo 的分布趋势与 C 和 Cr 的分布趋势一致，但过热度对其标准偏差的影响远小于 C 和 Cr 的影响。综上，在低过热度下，可以得到中心偏析最轻且元素分布最均匀的样品。

2. 冷却强度对宏观偏析的影响

C、Cr 和 Mo 元素的 K_M 和标准差随冷却强度变化规律如图 5-11 所示。三种元素的 K_M 和标准差均随着冷却强度的降低而增加，反映出 C、Cr 和 Mo 元素分布的不均匀性随着冷却强度的降低而增加。冷却强度由强冷降至弱冷，K_{i_C} 的标准差从 0.059 增加到 0.082，K_{M_C} 从 1.08 增加到 1.21；K_{i_Cr} 的标准差从 0.028 增加到 0.052，K_{M_Cr} 从 1.01 增加到 1.06；K_{M_Mo} 从 1.02 增加到 1.08，K_{i_Mo} 的标准差从 0.045 增加到 0.057。

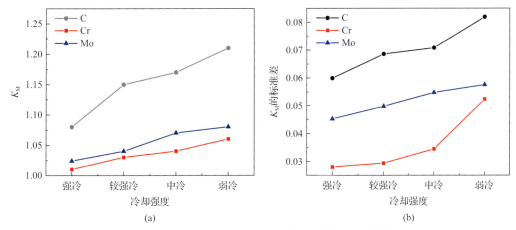

图 5-11　冷却强度对凝固末端宏观偏析及其标准差的影响

(a) K_M；(b) K_M 的标准差

3. 拉速对宏观偏析的影响

C、Cr 和 Mo 元素的 K_M 和标准差随拉速变化规律如图 5-12 所示。拉速从 0.7m/min 增加至 0.8m/min，K_{M_C} 由 1.15 增加至 1.17，但是正偏析区域的面积减小且分布较为集中。拉速由 0.8m/min 增加至 0.9m/min，K_{M_C} 增加至 1.22。随着拉速继续增大至 1.0m/min，K_{M_C} 增加至 1.24。因此，随着拉速的增加 C 元素在凝固末端偏析程度加重。对于 C、Mo 元素来说，拉速的增加使得 K_M 呈现减小的趋势，但是变化程度不大。说明随着拉速的增加，Cr、Mo 元素在凝固末端的偏析程度有所降低。K_{i_C}、K_{i_Cr} 和 K_{i_Mo} 的标准差都在 0.8m/min 的条件下出现了最小值。K_{i_C} 和 K_{i_Mo} 标准差在拉速大于 0.8m/min 的条件下，随着拉速的增加而增大，而 K_{i_Cr} 受拉速影响较小，整体保持在较低的水平。综上，为了有效控制 C、Cr 和 Mo 元素的中心偏析，应使拉速保持在 0.8m/min。过高拉速会使各元素偏析程度加重，整体分布的不均匀性增强。

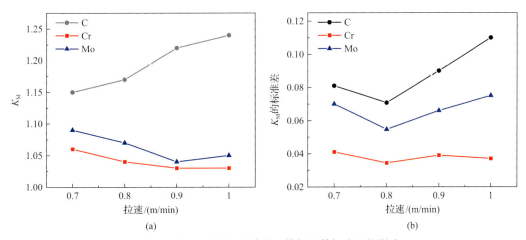

图 5-12　拉速对凝固末端宏观偏析及其标准差的影响

(a) K_M；(b) K_M 的标准差

4. PMO 对宏观偏析的影响

图 5-13 和图 5-14 显示了 PMO 对 C 元素宏观偏析的影响。经过 PMO 处理后，C 元素在凝固末端的正偏析得到了明显改善，正偏析区域的面积减小，分布状态由聚集变为弥散。K_{M_C} 由 1.07 降低至 1.06，K_{i_C} 的标准差由 0.077 降低至 0.064。这是因为 PMO 在熔体中激发的双环流促使铸坯内部温度分布均匀，可减小铸坯边部至心部的温度梯度，从而减小二次枝晶间距，降低渗透率，同时，PMO 在熔体中产生的强制对流有利于铸坯元素均匀分布[277, 278]。

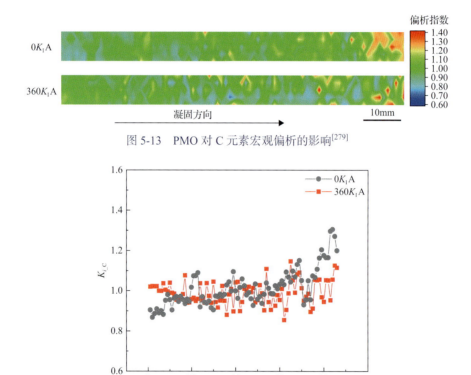

图 5-13　PMO 对 C 元素宏观偏析的影响[279]

图 5-14　PMO 对平均 C 元素偏析指数的影响

图 5-15 是 PMO 对 Cr 元素宏观偏析的影响[279]。由图 5-15 可知，经过 PMO 处理

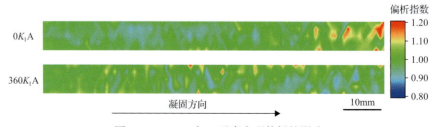

图 5-15　PMO 对 Cr 元素宏观偏析的影响

后，Cr 元素在凝固末端的正偏析得到明显改善，正偏析区域面积明显减少。K_{M_Cr} 由 1.04 减小至 1.02。

图 5-16 为 PMO 对 Mo 元素宏观偏析的影响。由图 5-16 可以看出，Mo 元素的整体分布较为均匀，PMO 对 Mo 元素宏观偏析没有显著影响。

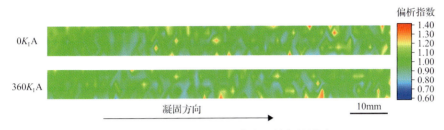

图 5-16 PMO 对 Mo 元素宏观偏析的影响

综上，通过对比两组实验 C、Cr 和 Mo 元素的 K_M 可以看出，PMO 处理改善了 C、Cr 元素在热模拟样品凝固末端的正偏析，且凝固末端偏析区域显著减小，证明 PMO 对高铬钢铸坯偏析的改善具有显著的效果。

5.1.3 铸坯中的夹杂物

采用扫描电镜检测分析高铬钢中的夹杂物，样品中检测到的夹杂物主要为 Al_2O_3、TiN 和 MnS 三类。检测时，将试样平均分成五个位置，按照距离冷端的距离依次标记为 I—V。不同位置夹杂物形貌如图 5-17 所示[279]。其中，Al_2O_3 夹杂物，颜色呈现深色，与基体有明显的区分，都是单独生长，形状多数是椭圆形，有的边界比较圆滑，有的则有锋利的棱角。TiN 夹杂物颜色较浅，在拍摄过程中发现，有的 TiN 单独出现在

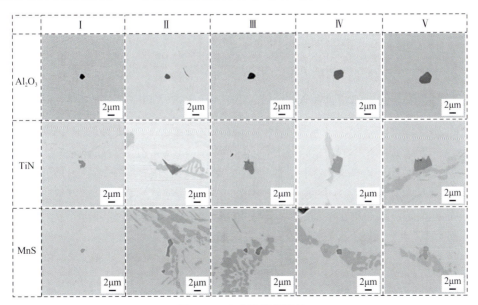

图 5-17 夹杂物形貌统计

衬底上，也有和富含 Cr 的基体生长在一起，其形状各不相同，有四边形、三角形以及其他不规则的几何形状。MnS 夹杂物多数出现在富含 Cr 的基体附近，颜色比基体更深，沿着边界会有白色的轮廓，多数 MnS 形状呈现不规则的几何形状，也有少数链状 MnS，整体尺寸较小。

如图 5-18 所示，三类夹杂物的尺寸都随着凝固过程逐渐增加，在凝固末端达到最大值[279]。这是由于凝固冷却速率越大，夹杂物生长时间越短，夹杂物尺寸随冷却速率的增大而减小。在热模拟样品中，从冷端到凝固末端的局域冷却速率逐渐降低，因此夹杂物尺寸从冷端到凝固末端逐渐增大。统计结果表明，Al_2O_3 夹杂平均等效直径在 $0.5\sim3\mu m$，TiN 夹杂平均等效直径在 $1.5\sim4.5\mu m$，MnS 夹杂平均等效直径在 $1.0\sim3.0\mu m$。Al_2O_3 在凝固末端尺寸有明显的增加；TiN 和 MnS 生长趋势接近，在冷端附近的夹杂物十分细小，离开冷端之后夹杂物尺寸明显增大，至凝固末端尺寸继续增大但是增加程度不大。

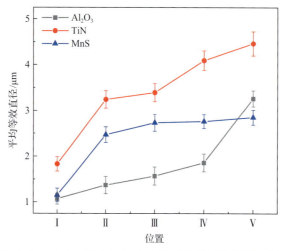

图 5-18 Al_2O_3、TiN 和 MnS 在不同位置的平均等效直径

5.1.4 凝固组织与宏观偏析的关系

所有热模拟样品在凝固末端都有一定程度的正偏析，这与钢坯的中心偏析相对应。在凝固过程中，生长的枝晶不断将溶质排到糊状区和枝晶前沿的液体中。此外，热溶质对流将富含溶质的液体带出糊状区。因此，溶质聚集在凝固末端并形成正偏析。这一过程受热浮力和溶质浮力引起的溶质扩散和热溶质对流的影响。糊状区的热溶质对流与枝晶骨架的渗透率有关，而渗透率与 SDAS 相关。在没有强外部干扰的情况下，渗透系数（K_0）和 SDAS（λ_2）之间的简化关系如下所示：

$$K_0 = \lambda_2^2 / 180 \qquad (5\text{-}2)$$

式中，λ_2 为二次枝晶臂间距，单位为 mm，该公式常用于宏观偏析预测[280]。

将数值模拟结果计算的局域凝固时间与对应位置的 SDAS 进行回归分析，结果如

图 5-19 所示。SDAS (λ_2) 可通过以下公式与局域凝固时间 (τ) 关联：

$$\lambda_2 = 16.5 \times \tau^{0.32} \tag{5-3}$$

式中，τ 的幂为 0.32，这非常接近多组分合金 λ_2 理论模型中预测的 1/3。

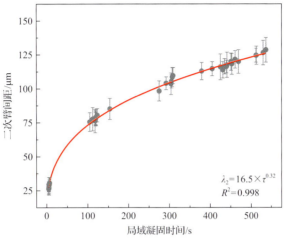

图 5-19　SDAS 与局域凝固时间的关系[276]

通过对实验数据的回归分析，C、Cr 和 Mo 的 K_M 可分别通过以下公式与 SDAS (λ_2) 相关：

$$K_{M\_C} = 1.12(\lambda_2 - 116.2)^{0.033} \tag{5-4}$$

$$K_{M\_Cr} = 0.45 + 0.0046\lambda_2 \tag{5-5}$$

$$K_{M\_Mo} = (\lambda_2 - 114.5)^{0.033} \tag{5-6}$$

式中，K_{M_C}、K_{M_Cr} 和 K_{M_Mo} 分别为试样末端（90～100mm）K_{i_C}、K_{i_Cr} 和 K_{i_Mo} 的平均值。图 5-20 为 K_{M_C}、K_{M_Cr}、K_{M_Mo} 和 λ_2 之间的关系，其中 K_{M_C} 与实验数据非常吻合。

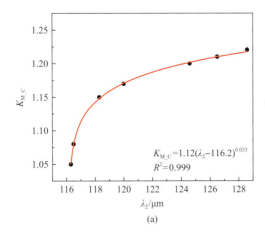

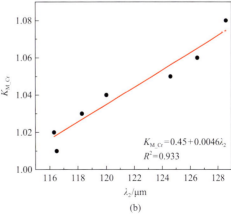

(a)

(b)

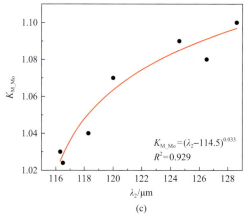

(c)

图 5-20　SDAS(λ_2) 与 K_M 的关系[276]

(a) C；(b) Cr；(c) Mo

式 (5-4) 表明，C 宏观偏析与 SDAS 之间存在明确的关系。热模拟样品末端的 SDAS 越小，样品末端 C 的正偏析越轻。这种说法也适用于 Cr 和 Mo[图 5-20(b)、(c)]。糊状区的渗透率与 SDAS 的平方成正比，如式 (5-2) 所述。由于与较小 SDAS 相关的低渗透性，在 SDAS 较小的糊状区中对流比 SDAS 较大的糊状区更困难。换句话说，致密的枝晶阻碍了热溶质对流和溶质向凝固末端聚集。因此，当 SDAS 降低时，正偏析程度也降低。

图 5-21 回归分析了局域冷却速率与宏观偏析的数值关系。K_{M_C}、K_{M_Cr} 和 K_{M_Mo} 可通过以下公式与局部冷却速率(v)相关：

$$K_{M\_C} = 1.23(0.91v^{-1} - 3.28)^{0.042} \tag{5-7}$$

$$K_{M\_Cr} = 1.3 - 1.037v \tag{5-8}$$

$$K_{M\_Mo} = 1.09(v^{-1} - 3.4)^{0.043} \tag{5-9}$$

式中，K_{M_C}、K_{M_Cr} 和 K_{M_Mo} 分别为样品末端 K_{i_C}、K_{i_Cr} 和 K_{i_Mo} 的平均值。

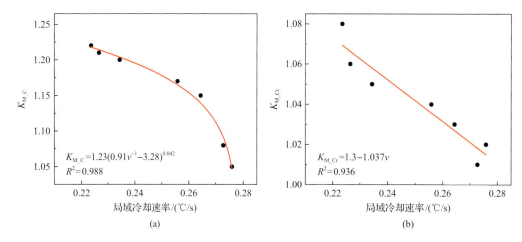

(a)　　　　　　　　　　　　　　(b)

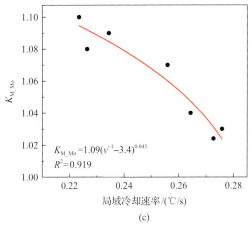

$$K_{M\_Mo} = 1.09(v^{-1} - 3.4)^{0.043}$$
$$R^2 = 0.919$$

局域冷却速率/(℃/s)

(c)

图 5-21　局域冷却速率与 K_M 的关系[276]

(a) C；(b) Cr；(c) Mo

当试样末端的冷却速率大于 0.28℃/s 时，6Cr13Mo 钢的 K_{M_C} 可降至 1.05 以下。因此，通过提高局域凝固速率可以有效减少钢坯中心的宏观偏析。宏观偏析和局域冷却速率之间的这种趋势与相关文献结果非常一致。

热模拟实验表明，高铬钢 6Cr13Mo 铸坯中心的溶质元素宏观偏析指数（K_{M_i}）和 SDAS（λ_2）与冷却速率成反比，符合简单的单调方程。这种单调关系表明，提高冷却速率是降低 6Cr13Mo 钢坯中心宏观偏析和细化微观组织的有效途径。同时，施加 PMO 处理能够有效改善凝固末端的二次枝晶臂粗化，进一步降低铸坯心部元素正偏析。因此，在连铸生产中，可以选择低过热度、二冷区强冷和低拉速来提高冷却速度，这有利于产生致密的组织，改善高铬钢中的中心宏观偏析，而施加 PMO 可以进一步提高铸坯均质化，从而实现高铬钢连铸生产。

5.2　高速钢连铸凝固组织热模拟

目前，应用"连铸—轧制"流程生产高速钢仍是国际冶金界难题。虽然有特钢企业对高速钢进行了连铸生产的探索，但铸坯心部容易形成聚集且粗大的碳化物，导致其在轧制过程中极易开裂。李志聪等[281]采用数值模拟和热模拟相结合的方法，研究了连铸工艺及 PMO 参数对 M2 高速钢凝固组织、宏观偏析的影响规律，结合工业实验，为应用"连铸—轧制"工艺高效率、低能耗生产高品质 M2 高速钢提供了依据。

5.2.1　连铸 M2 高速钢凝固组织热模拟

与一般的特钢相比，高速钢用量少，多数产品尺寸都较小，但质量要求高。高速钢连铸可行性研究的目的是探索不同工艺参数对高速钢凝固组织及偏析的影响，从而判断高速钢连铸的可行性，并为生产工艺确定提供依据。

1. M2 高速钢连铸坯凝固过程数值模拟

李志聪等[281]选择量大、面广、具有代表性的 M2 高速钢作为实验材料，选择 200mm 方坯立式连铸为生产方式，通过数值模拟计算了过热度、二冷水量及拉速对 M2 高速钢铸坯传热凝固过程的影响，并提取液芯温度和坯壳生长速率(固液界面推进速率)作为热模拟实验的控制参数，然后通过热模拟研究其凝固组织及偏析等问题。

以拉速对传热及凝固的影响为例简述数值模拟工作。图 5-22 是不同拉速下连铸机结晶器出口、足辊区出口、二冷一区出口、二冷二区出口处等典型部位 M2 高速钢铸坯横截面的温度分布。由图 5-22 可以看出，拉速对铸坯温度场有着较大影响，连铸机不同位置处的铸坯坯壳厚度随拉速增加显著减薄。

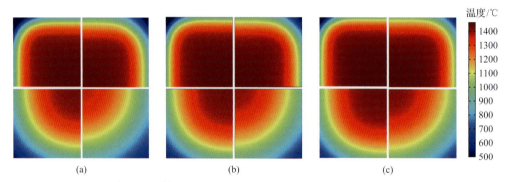

图 5-22　拉速对连铸机不同位置处 M2 高速钢铸坯横截面温度分布的影响
(a)拉速 0.65m/min；(b)拉速 0.75m/min；(c)拉速 0.85m/min。各小图左上为结晶器出口，
右上为足辊区出口，左下为二冷一区出口，右下为二冷二区出口

图 5-23 是不同拉速下坯壳厚度随时间变化曲线和铸坯心部降温曲线。固液界面推进速率的变化趋势如下：在连铸坯凝固初期，在结晶器内，固液界面推进速率很大。

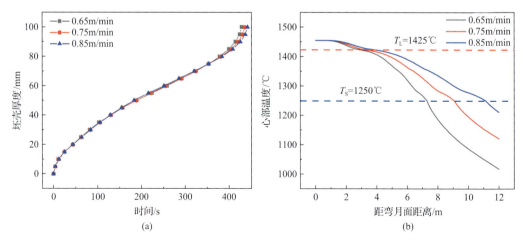

图 5-23　拉速对 M2 高速钢铸坯坯壳厚度及铸坯心部温度的影响
(a)坯壳厚度曲线；(b)铸坯心部温度曲线

随着连铸过程的进行，固液界面推进速率降低并保持稳定，此时凝固潜热的释放与连铸坯内部向表面的导热达到动态平衡，最后随着凝固潜热释放完毕，固液界面推进速率又逐渐增大。拉速由 0.65m/min 增加至 0.85m/min，拉速每增加 0.1m/min，固液界面推进至铸坯中心的时间延长约 7s。

2. M2 高速钢连铸坯凝固组织特点

图 5-24 为 M2 高速钢连铸热模拟试样枝晶形貌示意图。其激冷晶区形貌为细小等轴晶，柱状晶区较短，柱状晶区的一次枝晶臂和二次枝晶臂都较细，柱状晶区和等轴晶区的分界线并不明显，存在一定长度的混晶区，等轴晶区的枝晶形貌为发达枝晶。M2 高速钢柱状晶区较短，枝晶干较细且排列混乱，这与大多数钢种连铸坯柱状晶区的枝晶形貌不同[282-285]。主要原因有二：一是 M2 高速钢合金含量高，且 W、Mo、Mn、V 等元素都属于易偏析元素，因此固液界面处溶质含量较高；二是 M2 高速钢固液两相区很宽，容易形成发达的树枝晶。二者综合效应导致柱状枝晶生长期间，固液两相区内可以形成一定的热溶质对流，从而导致枝晶臂根部缩颈并进一步发生熔断形成枝晶碎片[63, 64]。若枝晶碎片被柱状晶捕获就形成混晶组织，若枝晶碎片在凝固前沿聚集到一定数量则可能导致 CET，因此 M2 高速钢柱状晶排列不齐，混晶较多，且中心等轴晶区较大。

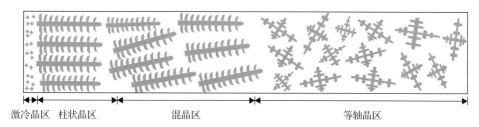

激冷晶区　柱状晶区　　　　　混晶区　　　　　　　等轴晶区

图 5-24　M2 高速钢连铸热模拟试样凝固组织特点示意图[286]

3. 连铸工艺参数对凝固组织及偏析的影响

图 5-25 是拉速对 M2 高速钢热模拟试样枝晶形貌的影响，取样位置均间隔 25mm。由于冷端激冷，因此枝晶形貌均相似。拉速对凝固末端的枝晶形貌影响较大，拉速越快，铸坯在结晶器与二冷区各段停留的时间缩短，凝固末端冷却速率减小，局域凝固时间增加，因此其二次枝晶臂随拉速增加逐渐粗化。

将高速钢的 SDAS 与局域凝固时间的关系进行拟合，结果如图 5-26 所示。λ_2 可通过以下公式与局部凝固时间 τ 关联：

$$\lambda_2 = 4.73 \times \tau^{0.38} \tag{5-10}$$

由回归曲线可以看出，M2 高速钢 SDAS 与局域凝固时间成正相关函数关系，局域凝固时间越长，SDAS 越大，因此可以通过加快冷却速率得到细小致密的枝晶。

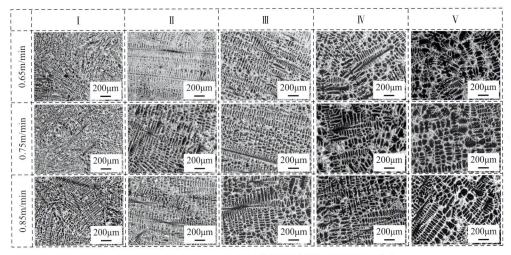

图 5-25 拉速对 M2 高速钢热模拟试样枝晶形貌的影响

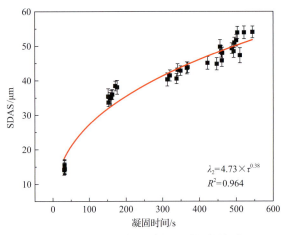

图 5-26 SDAS 与局域凝固时间的关系

图 5-27 为不同拉速下连铸 M2 高速钢热模拟试样冷端到凝固末端的 C 元素分布。整体来看，距离冷端前 15mm 内未出现明显偏析，在距离冷端约 15mm 处开始出现局部负偏析，随着距冷端距离的增加，在凝固末端(距热模拟试样冷端 90～100mm)正偏析较为严重。从连铸工艺参数对凝固末端的碳宏观偏析影响来看，降低拉速、过热度和二冷区比水量有利于降低铸坯心部宏观偏析。

图 5-27 拉速对连铸 M2 高速钢热模拟试样 C 元素分布的影响

4. 连铸工艺参数对 M2 高速钢心部碳化物的影响

M2 高速钢铸态组织由基体和碳化物组成，在所有区域中，枝晶间隙都存在不同尺寸的碳化物，其尺寸随分布位置不同而变化，在两个相邻枝晶的间隙处碳化物尺寸较小，而在枝晶交会处，碳化物尺寸较大。采用场发射电子探针对典型区域的碳化物形貌及元素面分布进行检测，如图 5-28 所示，碳化物中 C、Mo、W、Cr、V 元素含量明显高于基体[281, 286]。

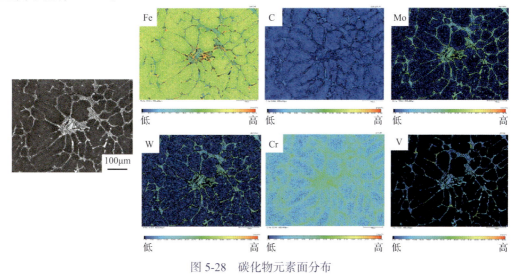

图 5-28　碳化物元素面分布

图 5-29 是不同拉速条件下 M2 高速钢热模拟试样从冷端到凝固末端的碳化物形貌，可以发现热模拟试样冷端碳化物呈细小短棒状分布，其余位置的碳化物均呈网状分布，从冷端到凝固末端碳化物含量逐渐增多且尺寸逐渐变大。在激冷晶区，拉速对碳化物形貌影响较小，不同拉速条件下都表现为细小弥散的碳化物。拉速对凝固末端的碳化

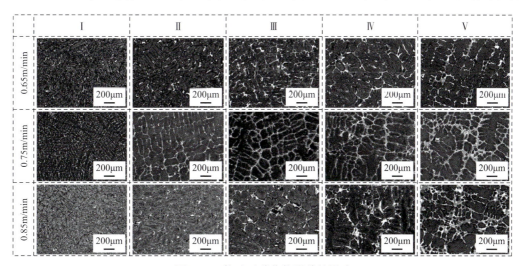

图 5-29　拉速对碳化物形貌的影响

物形貌影响较大，随拉速增加，碳化物聚集分布情况加重且网状碳化物尺寸更大。不同过热度和二冷区比水量条件下的碳化物形貌及分布与之类似。

　　碳化物面积占比统计位置与 SDAS 统计位置相同。不同连铸工艺参数条件下，热模拟试样上不同位置的平均碳化物面积占比与凝固末端平均碳化物网交会处尺寸如图 5-30

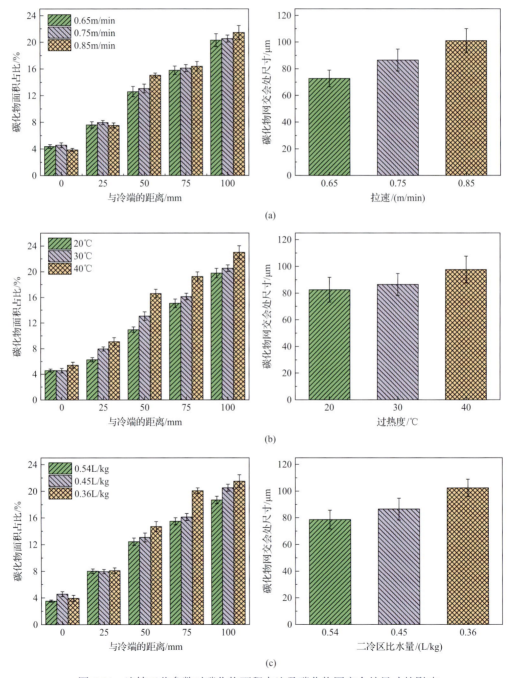

图 5-30　连铸工艺参数对碳化物面积占比及碳化物网交会处尺寸的影响

(a)拉速；(b)过热度；(c)二冷区比水量

所示。凝固末端碳化物尺寸最大，且其分布规律与碳宏观偏析具有一致性，降低拉速、过热度和二冷区比水量利于降低铸坯心部碳化物尺寸。

心部的碳化物聚集是影响 M2 高速钢热加工性能的主要因素，通过上述实验数据，将凝固末端碳化物面积占比（$A_{carbide}$）与 C 元素 K_M 之间的定量关系进行回归分析（图 5-31），碳化物面积占比与 C 元素宏观偏析呈正相关函数关系，通过降低心部宏观偏析，可以有效降低铸坯心部碳化物聚集程度。

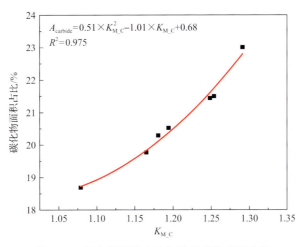

图 5-31 碳化物面积占比与碳宏观偏析的关系

5.2.2 PMO 对 M2 高速钢铸坯凝固组织影响

M2 高速钢实现连铸工业生产需要解决铸坯凝固末端严重的宏观偏析和粗大且聚集的碳化物等问题。PMO 凝固均质化技术可显著细化连铸坯凝固组织并改善宏观偏析，因此必然有助于减小碳化物尺寸，提高铸坯可轧制性。因此，李志聪[286]利用热模拟方法研究了 PMO 对 M2 高速钢凝固组织及碳化物的影响。

图 5-32 为 PMO 峰值电流对平均 SDAS 的影响。由结果可知，PMO 处理能够有效减小凝固末端 M2 高速钢 SDAS 有两点原因：其一，PMO 引起的"结晶雨"效应，并且心部温度的降低有利于游离晶核的存活，使 M2 高速钢热模拟试样凝固组织更加致密，SDAS 减小；其二，PMO 引起的强制流动增加了凝固末端的降温速率，枝晶粗化时间减短，使 SDAS 减小，并且 PMO 峰值电流越高，凝固末端的降温速率越快，枝晶粗化时间越短，产生的"结晶雨"效应越强，枝晶细化更显著。

图 5-33 为 PMO 峰值电流对 C 元素宏观偏析的影响。当 PMO 峰值电流为 $120K_1$A 时，C 元素正偏析区域较对比试样分布弥散；当峰值电流升到 $240K_1$A 时，正偏析区域逐渐减小；当峰值电流达到 $360K_1$A 时，正偏析区域基本消除。

上述结果表明，PMO 对 C 元素分布均匀性和凝固末端的偏析有明显改善，并且改善程度随着峰值电流的增大而增大。原因之一是 PMO 处理后 SDAS 减小，渗透率降低，液相在枝晶间的流动阻力增大，从而降低了凝固末端偏析程度。

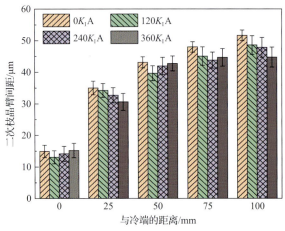

图 5-32　PMO 峰值电流对平均 SDAS 的影响[286]

图 5-33　PMO 峰值电流对 C 元素宏观偏析的影响[286]

PMO 处理可以降低热模拟试样凝固末端碳化物面积占比和网状碳化物尺寸，增强碳化物在热模拟试样上分布均匀性(图 5-34)，并且随着 PMO 峰值电流的增加，360K_1A 峰值电流条件下碳化物在凝固末端碳化物聚集程度最低，网状碳化物尺寸最小，碳化物在试样上分布最均匀。

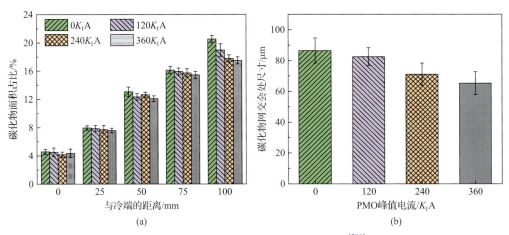

(a)　　　　　　　　　　　(b)

图 5-34　PMO 峰值电流对碳化物的影响[286]

图 5-35 为不同 PMO 峰值电流下热模拟试样冷端到凝固末端的碳化物形貌。未经 PMO 处理的 M2 高速钢存在大尺寸网状碳化物，且网状碳化物连续分布，经 PMO 处理，网状碳化物尺寸和分布连续性均得到不同程度的改善。

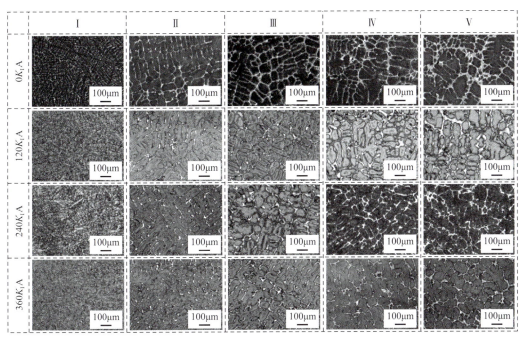

图 5-35 PMO 峰值电流对碳化物形貌的影响[286]

PMO 对 M2 高速钢凝固末端碳化物的改善主要有三点因素：其一，PMO 处理可以减小 SDAS，抑制枝晶间碳化物的长大；其二，PMO 能够改善凝固末端元素偏析，碳化物形成元素分布更加均匀，碳化物尺寸与聚集分布状态均得到改善；其三，PMO 形成的脉冲电磁力可以加快熔体流动，凝固末端降温速率加快，局域凝固时间降低，碳化物的析出长大时间缩短。

上述热模拟实验结果表明，PMO 处理可以有效细化 M2 高速钢凝固组织并减轻凝固末端宏观偏析，进而改善网状碳化物尺寸和分布均匀性。这有利于降低心部粗大碳化物对轧制性能的影响，从而有利于 M2 高速钢实现"连铸—轧制"。

5.3 连铸工艺参数对新型双相不锈钢铸坯凝固组织的影响

仲红刚、危志强等利用连铸坯枝晶生长热模拟技术研究了连铸工艺参数对新型双相不锈钢连铸坯凝固组织及元素偏析的影响规律，为其连铸工艺设计及优化提供了依据[287, 288]。

图 5-36（a）为不同过热度下 Fe-21Cr-3Ni-N 双相不锈钢凝固组织。从图中可以看出，过热度为 30℃到 50℃时，试样的凝固组织可以分为表面激冷区、柱状晶区和中心

等轴晶区三个组成部分，随着过热度的提升，表面激冷区减薄，柱状晶区变宽变长。值得注意的是，在过热度为10℃时，试样组织全部为等轴晶；在过热度为20℃时，试样也几乎全部为等轴晶。改变浇注温度对Fe-21Cr-3Ni-N双相不锈钢凝固组织影响很大。低过热度下，熔体与结晶器接触后被激冷，产生大量等轴晶晶核，这些晶核的长大消耗了该区域内的过热，使得区域内温度梯度变小，尤其是固液界面前沿，即低的过热度有利于形成低温度梯度，并且低过热度的钢液内部具有大量晶胚，非常有利于高等轴晶率的获得。图5-36(b)中Ⅰ至Ⅴ代表冷却强度逐渐减弱，不同冷却强度下Fe-21Cr-3Ni-N双相不锈钢凝固组织均由三个晶区组成。表面激冷区宽度约为1cm，由等轴晶组成，随后晶粒择优竞争生长，出现柱状晶，当柱状晶前沿出现大量等轴晶，发生CET转变，中心等轴晶逐渐形成。中心等轴晶的晶粒尺寸较表面激冷区更大。值得注意的是，在强冷条件下，表面激冷区表现为较细的柱状晶，整个柱状晶区的择优取向性较其他冷却强度更强，这是由冷却能力更强，晶粒生长取向性更强造成的。

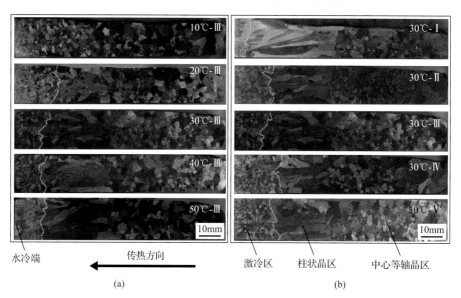

图5-36　不同过热度下Fe-21Cr-3Ni-N双相不锈钢凝固组织(中冷)
(a)不同过热度；(b)不同冷却强度

图5-37(a)为CET位置随过热度的变化图。过热度为30℃、40℃、50℃时，CET位置为43.71mm、45.16mm、46.85mm，即过热度从30℃至50℃时，CET位置后移3.14mm，等轴晶率下降3.78%。随着过热度的提高，过热的熔体有可能重熔或者冲刷在激冷壁表面形成的等轴晶晶核，使之不能长大，因此激冷等轴晶厚度减薄。另外，表面激冷区形成的少量等轴晶的生长越来越难以消耗其区域内较大的过热，因此温度梯度一直存在，并且随着过热度的提高，固液界面前沿的温度梯度越大。这使柱状晶具有更强的生长动力，所以样品在过热30℃至50℃，CET位置后移，并且在高的温度梯度下晶粒的择优取向性更强，过热度为50℃的试样组织与过热度为30℃、40℃相比杂晶更少更粗大。如图5-38(a)所示，过热度对激冷晶区晶粒尺寸影响不明显，但过热度为10℃的样品中心晶

粒尺寸明显较为粗大，过热度 20～50℃ 的晶粒尺寸较小且相差不大。综上，Fe-21Cr-3Ni-N 双相不锈钢连铸凝固过程中优选的应为低过热浇注，适宜控制在过热 20℃ 左右。

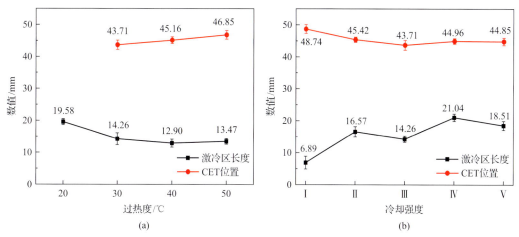

图 5-37 不同过热度(a)及冷却强度(b)下热模拟试样的激冷区长度和 CET 位置

图 5-37(b) 为 CET 位置随冷却强度的变化，由图可以看出，中冷、较强冷、强冷时，CET 位置为 43.71mm、45.42mm、48.74mm。中冷至强冷时，CET 位置后移 5.03mm，即等轴晶率下降 5.03%，说明冷却能力的增强对 CET 位置影响较大。图中弱冷与较弱时的 CET 位置较中冷靠后，这是凝固初期冷却能力弱导致表面激冷区过宽造成的，凝固初期对应实际连铸过程结晶器与足辊段。结晶器及足辊段冷却能力降低导致 CET 位置推后，二冷区冷却能力的增加导致 CET 位置推后。如图 5-38(b) 所示，随冷却强度减弱，晶粒尺寸整体呈增加趋势，但未出现异常粗大的组织。综上，Fe-21Cr-3Ni-N 双相不锈钢连铸凝固过程中结晶器及足辊段冷却强度应保持在中冷左右，二冷区冷却强度应控制在中冷及中冷以下。

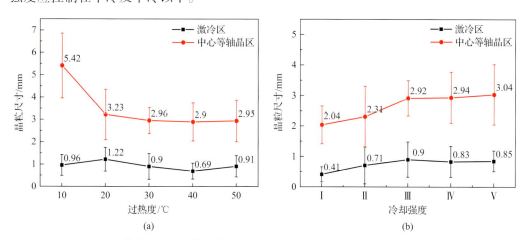

图 5-38 激冷区和中心等轴晶区晶粒尺寸随过热度(a)和冷却强度变化图(b)

图 5-39 为不同过热度和冷却强度下双相不锈钢主要合金元素分布状态统计。在实

验参数范围内，Cr 元素的统计偏析度在 0.02%~0.05%范围内，Mn 元素的统计偏析度在 0.06%~0.15%范围内，Mo 元素的统计偏析度在 0.03%~0.09%范围内，Ni 元素的统计偏析度在 0.02%~0.06%范围内。元素 Cr、Mn、Mo、Ni 的平衡分配系数均小于 1，由于选分结晶效应，在凝固过程后期，枝晶间的钢液溶质含量较平均成分更高，凝固收缩或其他效应造成的流动或溶质富集造成了宏观偏析，从图 5-39 上可以看出，各元素的统计偏析度均在 0.15%以下，与 C、S、P 等元素相比非常小，这是由于各元素的平衡分配系数接近于 1。由图可以看出，元素 Mn 统计偏析度最高，其后依次是 Mo、Ni、Cr，说明 Fe-21Cr-3Ni-N 双相不锈钢在不同过热条件下，各元素的偏析度大小依次为 Mn、Mo、Ni、Cr。过热度从 10℃至 50℃过程当中，各元素的偏析度是先下降后增加，其中过低和过高的过热度均造成偏析程度加剧，这与组织形成过程相关。

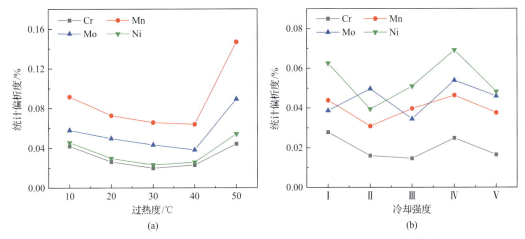

图 5-39　不同工艺下双相不锈钢热模拟试样主要合金元素的统计偏析度

5.4　高碳 T10A 钢连铸工艺参数优化

采用正交试验法测试了 T10A 高碳工具钢对连铸条件的敏感性，比较浇注温度、冷却强度和强制对流对 T10A 钢凝固组织的影响[282]。正交实验表及分析结果如表 5-1 所示。

表 5-1　T10A 钢正交实验表及分析结果

编号或参数	浇注温度/℃	冷却水流量/(mL/min)	振动频率/Hz	CET 位置/mm
1	1480	400	0	54
2	1480	800	3	47
3	1480	1200	6	101
4	1500	400	3	65
5	1500	800	6	48
6	1500	1200	0	65
7	1520	400	6	35

续表

编号或参数	浇注温度/℃	冷却水流量/(mL/min)	振动频率/Hz	CET 位置/mm
8	1520	800	0	53
9	1520	1200	3	51
K_1	202	154	172	
K_2	178	148	163	519
K_3	139	217	184	
k_1	67.3	51.3	57.3	
k_2	59.3	49.3	54.3	57.7
k_3	46.3	72.3	61.3	
R	21	23	7	

注：K_1、K_2、K_3 分别为各对应列(因子)上编号 1、2、3 水平效应的估计值；k_1、k_2、k_3 分别为编号 1、2、3 水平数据的综合平均；R 为极差，表明因子对结果的影响幅度。

　　根据正交分析，浇注温度和冷却水量的变化对 CET 位置影响较大，而低频、小振幅的机械振动对 T10A 钢 CET 位置的影响相对较弱。因此，高碳钢生产时一定要注意对过热度和冷却强度的控制。

　　图 5-40 是 T10A 钢铸坯的凝固组织(5#试样)，其水冷端出现较厚的激冷等轴晶层(5~8mm)，激冷晶之后迅速发展为发达的柱状晶；CET 界面不平直，但未发现明显的混晶组织；等轴晶区枝晶粗大，部分一次枝晶长度甚至超过 5mm。

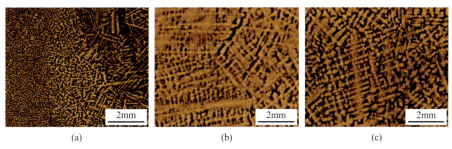

(a) 　　　　　　　　　　(b) 　　　　　　　　　　(c)

图 5-40　T10A 钢 5#热模拟试样典型部位的枝晶组织[282]

(a)激冷区；(b)CET 区；(c)等轴晶区

　　从水平数据的综合平均 k_1、k_2、k_3 值可以作如下分析：①浇注温度从 20℃升高到 60℃，柱状晶长度逐渐变短；冷却水量从 400mL/min 增加到 1200mL/min，柱状晶长度先变短后极大地增长；机械振动频率从 0Hz 增加到 6Hz，柱状晶长度先变短后增长，但变化幅度较小。②极差 R(第二列)=23>R(第一列)=21>R(第三列)=7，由于极差大小反映了因子影响指标的主次，因此冷却水流量是主要的影响因素，其次是浇注温度和机械振动频率。其中冷却水流量和过热度的极差 R 差距不大，所以这两个影响因素的效力相当，机械振动频率较其他两个因素影响较不明显。

　　T10A 钢的含碳量达 1%左右，不考虑杂质元素时，该钢种可以近似视为 Fe-1%C 二元合金。根据 Fe-C 二元相图，其 C 的平衡分配系数 k=0.35，凝固过程极易产生 C

的富集。又因其固液相线温度区间达 80℃，故 T10A 钢连铸坯凝固时具有很宽的糊状区，很容易产生发达的枝晶组织和微观偏析。发达的枝晶组织会产生较大的枝晶间隙，而较高的溶质富集则会导致枝晶间隙的钢液凝固点降低，进而造成高次枝晶臂根部缩颈甚至重熔。在强烈对流条件下，T10A 钢易产生枝晶破碎而提高等轴晶率，这也是电磁搅拌可增加高碳钢等轴晶率的原因。但是，热模拟实验中采用的机械振动振幅小（仅1mm）、频率低，引起的强制对流较弱，无法迫使枝晶碎片游离，因此对 CET 影响较小，仅占过热度和冷却强度的约 1/3。

由于热模拟实验中机械振动引起的强制对流对 CET 影响远小于其余两因素，因此可忽略其影响，仅分析过热度和冷却强度的综合作用。图 5-41 为 T10A 钢的柱状晶长度与过热度和冷却水流量两个参数的关系，可以看出低过热度和强烈冷却会造成穿晶组织，须尽力避免；高过热度与小冷却水量配合，可以获得很高的等轴晶率，但该工艺需要通过降低拉坯速度来实现，严重影响生产效率，因此不是最优参数；冷却水流量 1200mL/min、过热度 60℃的试样等轴晶率接近 50%，但高碳钢裂纹敏感性较强，强烈冷却容易造成裂纹缺陷；冷却水流量 800mL/min、过热度 20℃和 40℃的试样柱状晶区长度分别为 47mm 和 48mm，其等轴晶率超过 50%，而且降低过热度有利于提高拉坯速度、减轻偏析，因此应优选该工艺窗口。

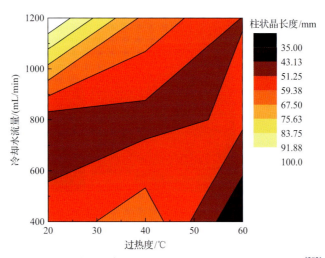

图 5-41　过热度和冷却水流量对 T10A 钢柱状晶长度的影响[282]

第 6 章

连铸坯表层铸态组织演变规律热模拟

低碳钢，尤其是包晶钢连铸坯的表面裂纹和角横裂是常见缺陷，一般需要修磨铸坯之后才能轧制，严重影响了生产节奏，增加了生产成本。而铸坯表层奥氏体晶粒粗大与不均匀是导致横裂纹的重要原因，其主要发生于结晶器内部，且受到不同结晶器冷却条件影响。因此认识表层奥氏体生长规律对制定更科学的连铸冷却强度、降低铸坯横裂纹敏感性具有重要意义。热模拟方法中的原位翻转浇铸及温度场调控技术为研究该问题提供了有效的手段。

6.1 低碳钢连铸坯表层微观组织演变过程热模拟

6.1.1 热模拟实验过程

实现连铸坯表层微观组织演变过程的模拟，需要解决以下几个问题：①模拟钢液与结晶器接触初期的激冷效果；②模具表面冷却强度及铸坯冷却速率可控，实现连铸过程不同阶段冷却条件的模拟；③模拟实际连铸坯的温度梯度。

肖炯等[289]采用连铸坯凝固过程热模拟方法，并通过控制条件的优化开展了某低碳钢铸坯表层微观组织长大过程热模拟实验。特别地，通过水冷结晶器内预埋热电偶，实现结晶器内冷却水流量的实时调控，从而模拟连铸不同阶段的冷却强度，实现热模拟试样表面温度与实际连铸坯表层温度的贴合。

通过数值模拟得到铸坯表层和心部的降温曲线以及坯壳生长速率，作为热模拟实验控制条件，实现热模拟试样与实际连铸坯传热及凝固速率的相似。数值模拟获得的铸坯表面降温曲线、中心液相降温曲线和坯壳厚度生长曲线，如图 6-1 所示，其表层温度与目标温度吻合较好，可作为热模拟实验控温曲线。

6.1.2 相似性检验

图 6-2(a)比较了热模拟试样表面温度和实测连铸坯表面温度，二者吻合度较好。可见通过严格控制实验参数，可以实现热模拟样品表面温度与铸坯表面目标温度的吻合，达到传热过程一致的目的。以数值模拟得到的坯壳厚度生长曲线作为对照，进行相似性验证，对比结果如图 6-2(b)所示，可以看到实测值与数值模拟值较为贴合，说明热模拟试样的凝固速度控制较好。

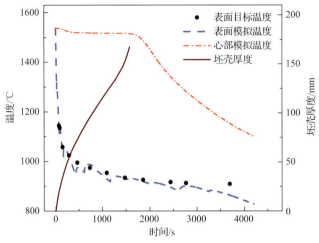

图 6-1 数值模拟铸坯表面和铸坯心部降温曲线及坯壳厚度曲线

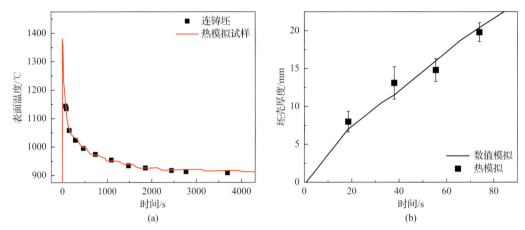

图 6-2 实测热模拟试样表面温度、坯壳厚度与实际连铸坯对比
(a)表面温度；(b)坯壳厚度

连铸全过程热模拟试样和连铸坯的奥氏体晶粒尺寸统计结果如图 6-3 所示，可以看出热模拟试样和实际连铸坯晶粒尺寸较为接近，误差在 5.6% 左右。对误差产生的原因进行分析：首先，由于实际连铸坯的传热不是一成不变的稳定状态，而热模拟试样的降温曲线由数值模拟特定的边界条件得到，因此做不到与实际冷却过程的完全相似；其次，热模拟试样 3246s 时的表层尺寸实际上小于连铸全过程的表层尺寸，说明 3246s 后的缓冷阶段奥氏体晶粒尺寸仍在继续长大。由于浇注 3246s 之后实际铸坯温度没有实测参考值，热模拟试样随炉冷却过程与实际铸坯表面降温速率可能存在一定误差。

图 6-4 为热模拟连铸全过程铸坯和实际连铸板坯表层奥氏体晶界铁素体薄膜形态。由图 6-4 可以看出，热模拟试样与实际连铸坯铁素体薄膜形貌相似且尺寸接近。该钢种奥氏体晶界上分布着较厚的先共析铁素体薄膜。对铁素体膜厚度进行统计，其最大厚

度可达到 54μm，位于距表层 15～20mm 范围内，这是由于铸坯内部降温较表层缓慢，先共析铁素体膜的析出时间更长，尺寸也就更大。

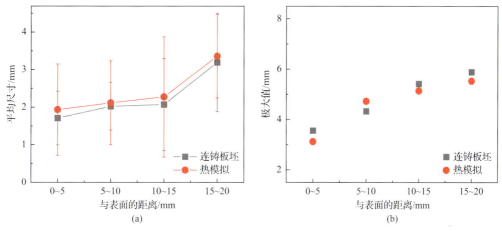

(a)

(b)

图 6-3　热模拟试样与连铸坯奥氏体晶粒尺寸对比

(a)奥氏体晶粒平均尺寸；(b)奥氏体晶粒极大值尺寸

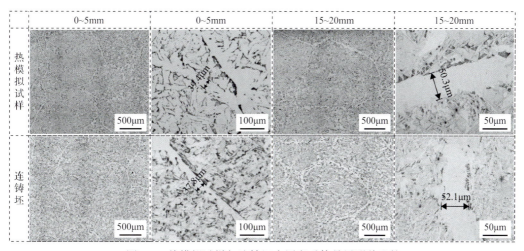

图 6-4　热模拟试样与连铸坯表层奥氏体晶界形貌比较

6.1.3　铸坯表层奥氏体晶粒长大规律

在不同时刻淬火固化热模拟试样的高温奥氏体晶粒形态，可以观察连铸过程铸坯表层奥氏体晶粒的长大过程及晶界形貌演变(图 6-5)，进而分析奥氏体晶粒长大的规律。

图 6-6 为奥氏体晶粒尺寸测量方法，定义了奥氏体晶粒长轴和短轴及其测量方式。图 6-7 是连铸不同时刻表层 0～5mm 奥氏体晶粒尺寸的统计结果。由图 6-7 可以看出，在结晶器内，该钢种表层奥氏体晶粒快速长大，凝固 18.5s 时晶粒平均值已达到 157μm，说明粗大的 γ 晶粒形成于结晶器初始冷却阶段。236s 到连铸过程结束的 6000s 内平均尺寸由 361μm 增大至 608μm，说明二冷区段晶粒尺寸长大速度明显减缓。同时也可看

出，在铸机出口之后表层晶粒仍在继续生长。

统计发现，该低碳包晶钢的铸坯表层奥氏体平均晶粒尺寸和冷却时间的关系符合以下关系式：

$$D = 80.74\ln(t + 2.95) - 90.49, \qquad R^2 = 1 \qquad (6-1)$$

式中，D 为奥氏体晶粒的平均尺寸，μm；t 为时间，s；R^2 为相关系数，其值为 1 说明实验数据与拟合函数之间的吻合程度非常好，式(6-1)可以反映该钢种在实验条件下的奥氏体晶粒长大规律(图 6-7)。

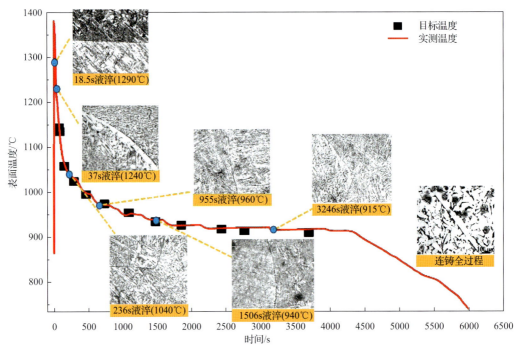

图 6-5 0.11C 钢晶界形貌演变过程

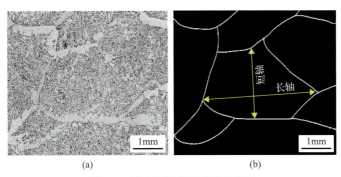

(a)   (b)

图 6-6 奥氏体晶粒尺寸测量方法

(a)热模拟试样的奥氏体晶粒金相；(b)奥氏体晶界图及长、短轴测量方法

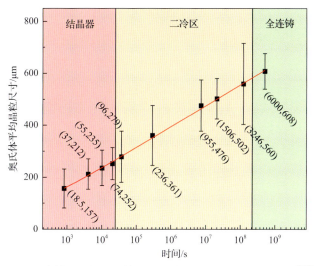

图 6-7　热模拟试样奥氏体晶粒尺寸随凝固时间的演变过程[289]

括号中的两个数据分别为凝固时间(单位：s)和晶粒尺寸(单位：μm)

6.2　钢种成分对铸坯表层奥氏体晶粒生长的影响

肖炯[290]选择了代号为 0.08C、0.11C、0.15C、0.16C 的四种低碳钢开展了铸坯表层奥氏体晶粒长大规律的比较研究，其碳当量分别为 0.12%、0.14%、0.17%和 0.2%。

图 6-8 为不同钢种表层奥氏体晶粒平均尺寸随液淬时间的演变过程。从图 6-8 中可以看出，4 种钢种的奥氏体晶粒生长特点差异明显。总体上看，4 种钢种晶粒尺寸均随液淬时间增加而不断增大，0.11C 钢和 0.15C 钢的晶粒平均尺寸比 0.08C 钢和 0.16C 钢更大，原因是这两种钢种碳当量更接近包晶反应点，奥氏体开始长大温度 T_γ 更高。0.08C 和 0.16C 这两种钢种晶粒长大曲线较为平缓，表层 0～10mm 范围内，这两种钢种尺寸接近，表层 10～20mm 范围内 0.16C 晶粒尺寸大于 0.08C 尺寸。值得注意的是，0.08C

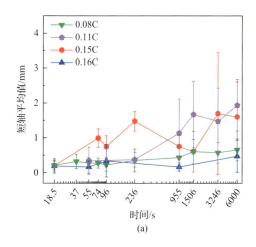

(a)

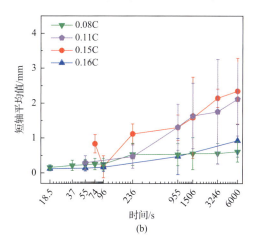

(b)

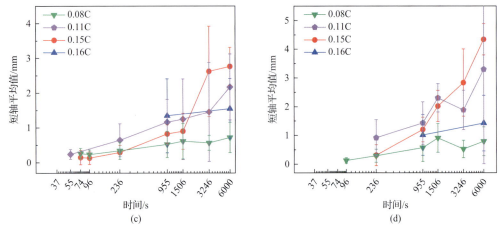

图 6-8　不同钢种表层奥氏体晶粒平均尺寸随液淬时间的演变过程

(a)距表面 0～5mm；(b)距表面 5～10mm；(c)距表面 10～15mm；(d)距表面 15～20mm

钢在 955～6000s 的时间段内的生长曲线较为平缓，说明该段内晶粒增长非常缓慢。由钢种成分表中可知，0.08C 钢的 V 含量是其他钢种的 7.5～30 倍，且浇注后 955s 时表层温度为 924℃，V 元素的碳氮化物开始析出；0.11C 钢晶粒生长速度较为稳定，不存在较大波动；0.15C 钢的晶粒生长曲线最不稳定，尤其是表层 0～5mm 范围。由图 6-8 还可以看出，浇注后 236s 内，0.15C 钢表层 0～10mm 范围的晶粒尺寸大于 0.11C 钢，而 10～20mm 范围的尺寸要小于 0.11C 钢的尺寸；但 955s 后，0.15C 钢表层 10～20mm 内的增长速度较快，3246s 后超过 0.11C 的晶粒尺寸。

图 6-9 为不同钢种表层奥氏体晶粒尺寸极大值的演变过程图。总体上看，0.15C 钢的极大值在所研究的四个钢种中最大，其后依次是 0.11C 钢、0.16C 钢、0.08C 钢。表层奥氏体晶粒极大值尺寸的演变反映了异常粗大的奥氏体晶粒随凝固时间的生长情况，经统计 0.08C、0.11C、0.15C、0.16C 四种钢热模拟样品表层 20mm 的奥氏体晶粒后发现，表层奥氏体晶粒极大值超过临界值 1mm 的占比分别为 69%、87%、92%、72%，结果表明 0.15C 钢中异常粗大奥氏体晶粒占比最多，其最大奥氏体晶粒尺寸达到了 5.74mm。

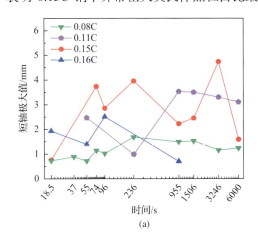

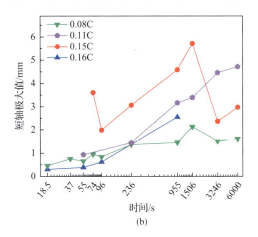

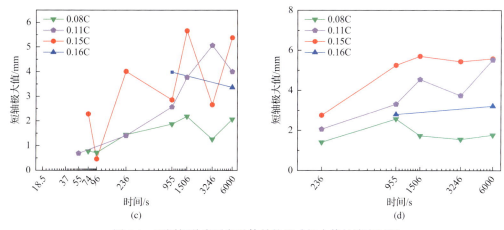

图 6-9 不同钢种表层奥氏体晶粒尺寸极大值的演变过程

(a)距表面 0～5mm；(b)距表面 5～10mm；(c)距表面 10～15mm；(d)距表面 15～20mm

研究表明[291]，铸坯表层异常粗大的奥氏体晶粒决定了角横裂纹形成，这些异常粗大的晶粒，尺寸大多在 1～4mm，极个别的可以达到 6mm。热模拟实验结果表明，在所研究的四种低碳微合金钢种，0.15C 钢种表层异常粗大奥氏体晶粒占比最多，因此从晶粒尺寸对横裂纹形成的影响角度来说，其发生角横裂纹缺陷的风险最大，其次为 0.11C 钢、0.16C 钢，0.08C 钢表层奥氏体晶粒极大值演变过程总体较为平稳且在四种钢种中尺寸最小，其发生角横裂的风险等级最低。

四种钢种的碳当量和奥氏体开始长大温度如表 6-1 所示。

根据 Howe 公式[292][式(6-2)]计算以上四个钢种的碳当量和奥氏体开始长大温度（表 6-1），讨论二者对表层奥氏体晶粒生长行为的影响。从图 6-10 可看出，表层 0～10mm 奥氏体晶粒尺寸峰值出现在碳当量为 0.14% 的热模拟样品中；表层 10～20mm 奥氏体晶粒尺寸峰值出现在碳当量为 0.17% 的热模拟样品中，其最大平均尺寸为 4.35mm。理论上碳当量越接近包晶反应点的钢种，完全奥氏体化温度也越高。另外由于 T_γ 温度较高，导致表层晶界迁移能力较强，所形成最终晶粒也就较为粗大。值得注意的是，表层 0～10mm 范围内，碳当量 0.17% 的 0.15C 钢比碳当量 0.14% 的 0.11C 钢更接近包晶点，但奥氏体晶粒尺寸要更小，与文献报道的结论不符。这是因为冷却条件一致的情况下，奥氏体的长大不仅受到碳当量的影响，还受到微合金元素析出物的影响。

表 6-1 不同钢种的碳当量（C_{eq}）和奥氏体开始长大温度（T_γ）

钢种代号	C_{eq} /%	T_γ /℃
0.08C	0.12	1433
0.11C	0.14	1441
0.15C	0.17	1456
0.16C	0.20	1449

$$C_{eq} = \omega(C) - 0.14\,\omega(Si) + 0.04\omega(Mn) \tag{6-2}$$

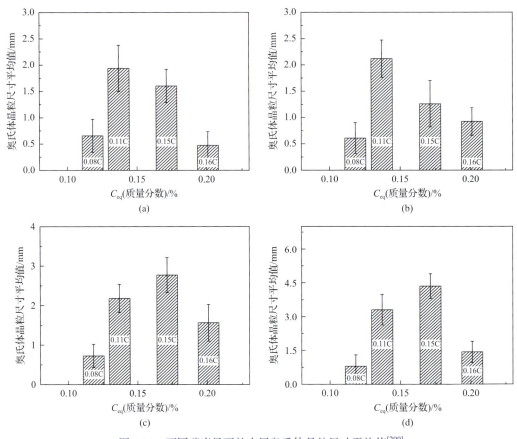

图 6-10　不同碳当量下的表层奥氏体晶粒尺寸平均值[290]

(a)距表面 0～5mm；(b)距表面 5～10mm；(c)距表面 10～15mm；(d)距表面 15～20mm

6.3　结晶器冷却强度对铸坯表层奥氏体晶粒长大的影响

秦汉伟等[293,294]研究了 EH40 低碳船板钢在结晶器弱冷(标记为 S)和结晶器强冷(标记为 H)两种冷却条件下板坯表层奥氏体晶粒长大行为的差异。根据相图，EH40 钢凝固时首先从液相中析出 δ 高温铁素体，随着温度继续降低，δ 铁素体持续长大，直至包晶反应发生。包晶相变分为包晶反应和包晶转变两个过程。在包晶反应阶段，γ 相(奥氏体相)沿着 L-δ 界面形核并生长，最后形成 γ 相薄膜使液相与 δ 相分离。包晶反应结束后，包晶转变开始，其中 δ→γ 转变和 L→γ 转变同时发生，δ-γ 界面和 L-γ 界面的迁移使 γ 相变厚。在多相共存期间，奥氏体晶粒的生长受到第二相(δ 相或 L 相)的拖曳作用不能过快生长。在 δ 相或 L 相消失后，奥氏体晶粒开始迅速生长，此时温度及记为 T_γ。随着温度进一步下降，先共析铁素体在奥氏体晶界上析出，之后发生共析反应，铁素体膜重新在奥氏体晶界上出现并长大，晶界上生成粗大铁素体薄膜。

结晶器强冷、弱冷条件下表层奥氏体晶粒尺寸统计结果如图 6-11 所示。在热模拟定向凝固单元中，铸坯表现为由结晶器壁向心部的定向凝固行为。浇注后 18s 内，钢液接触结晶器壁后瞬间形成凝固坯壳，此时沿枝晶生长方向存在较大温度梯度，由图 6-11 可知，晶粒长轴尺寸增速较快，且个别晶粒长轴异常长大，在结晶器强冷条件下长轴最大尺寸可超过 2mm。短轴平均尺寸和极大尺寸均只有长轴尺寸的 1/3 左右。

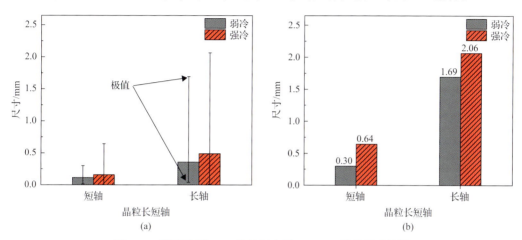

图 6-11　距弯月面 0.2m 处铸坯表层 0～5mm 晶粒尺寸统计
(a)平均值；(b)极大值

浇注 37s 后液淬得到的热模拟试样对应距钢液弯月面 0.4m 位置处实际板坯，同样对表层 0～5mm 内的奥氏体晶粒尺寸进行统计，结果见图 6-12。由图 6-12(a)可以看出，结晶器弱冷条件下的奥氏体晶粒长短轴平均尺寸均要较强冷条件下更小。弱冷条件下奥氏体晶粒长轴平均尺寸为 0.35mm、强冷条件下为 0.49mm。这是由于晶粒长轴尺寸受到温度梯度的影响，强冷条件下铸坯表层与内部之间存在更大温度梯度，奥氏体晶粒长轴尺寸更大。结晶器强冷、弱冷条件下晶粒短轴平均尺寸分别为 0.16mm 和 0.11mm，即弱冷条件下奥氏体晶粒短轴平均尺寸比强冷小 31%。此时奥氏体晶粒形成时间虽较短，尺

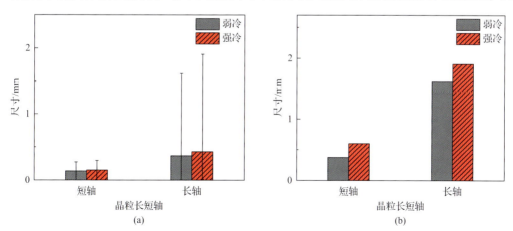

图 6-12　距弯月面 0.4m 处铸坯表层 0～5mm 奥氏体尺寸统计
(a)平均值；(b)极大值

寸较小，但不同结晶器段冷却强度对晶粒生长已有较大影响。从图 6-12(b)看出，在强冷条件下奥氏体晶粒长短轴尺寸极大值也更大。弱冷时晶粒短轴最大尺寸为 0.30mm，而强冷时可达到 0.64mm，二者相差一倍。由此得出，结晶器冷却强度变化影响铸坯表层初生晶粒生长行为，且强冷条件下的初生晶粒尺寸更大。

浇注 55s 后液淬的热模拟试样对应距弯月面 0.6m 位置的连铸板坯，此处坯壳厚度超过 20mm，统计表层 0～20mm 内的奥氏体晶粒尺寸，结果见图 6-13。在结晶器中段，铸坯表层 0～5mm 内的奥氏体晶粒仍表现为明显的定向生长行为，沿枝晶生长方向的长轴尺寸最大可接近 2mm；由于冷却时间短，晶粒短轴尺寸增幅不大，平均尺寸不超过 0.2mm。结晶器段不同的冷却强度影响此处奥氏体晶粒生长行为。

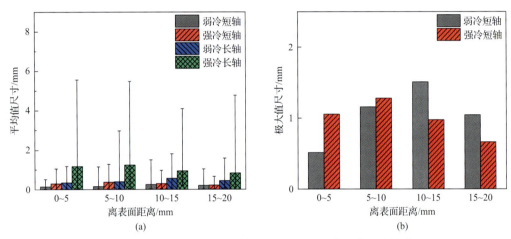

图 6-13　距弯月面 0.6m 处铸坯表层 0～5mm 奥氏体尺寸统计
(a)平均值；(b)极大值

如图 6-13(a)所示，表层奥氏体晶粒比 1/2 结晶器段时略有增大，但整体尺寸仍较小，短轴平均尺寸均在 0.5mm 以下。随距离铸坯表层距离增加，两种冷却条件下的奥氏体晶粒长轴尺寸均出现先大后小的趋势，均在表层 5～10mm 区间内取得最大值，其中最大长轴尺寸在强冷条件下得到，可达 5mm 以上；短轴平均尺寸和最大尺寸在弱冷条件下也出现先大后小的现象。在弱冷条件下，晶粒尺寸随距表层距离的增加先增大后减小，强冷条件下该位置奥氏体晶粒随距表面距离增加而增大。

如图 6-13(b)所示，结晶器冷却强度变化影响奥氏体晶粒短轴极值尺寸，晶粒在强冷条件下具有更明显的长大倾向。15～20mm 区间内，不同冷却条件下的短轴极大值尺寸差距最大约为 3 倍。

晶粒短轴平均尺寸也表现为同样的规律，两种冷却强度下奥氏体晶粒短轴平均尺寸统计及差值对比见表 6-2。铸坯表层不同区间内晶粒尺寸均不超过 0.5mm，且与结晶器弱冷相比，强冷条件下晶粒短轴平均值更大。随远离铸坯表面，二者晶粒尺寸差距增大，在 15～20mm 区间内，晶粒尺寸差值百分比达到 218%。

钢液浇注 74s 后液淬得到的热模拟试样样品对应结晶器出口位置处的实际连铸板

坯，在此位置处的连铸板坯组织经历了整个结晶器段较大强度的冷却，且马上要进入冷却强度较小的二冷段。对该处热模拟试样表层 0～20mm 区间内奥氏体晶粒尺寸的统计结果如图 6-14 所示。

表 6-2　距弯月面 0.6m 处铸坯表层奥氏体短轴平均尺寸

参数	铸坯表层区间			
	0～5mm	5～10mm	10～15mm	15～20mm
弱冷(S)短轴平均尺寸/mm	0.178	0.236	0.217	0.156
强冷(H)短轴平均尺寸/mm	0.277	0.391	0.431	0.496
差值百分比/%	55.6	65.7	98.6	218

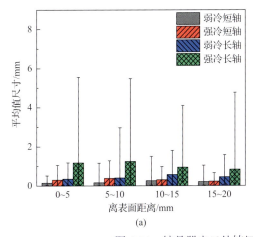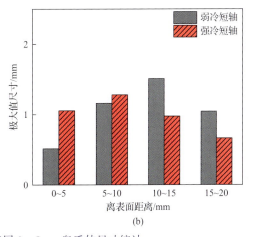

图 6-14　结晶器出口处铸坯表层 0～5mm 奥氏体尺寸统计
(a)平均值；(b)极大值

如图 6-14(a)所示，强冷条件下晶粒长轴尺寸极大值在 0～5mm 区间内，最大可超过 5mm，而相同区间内的晶粒长轴最大尺寸在弱冷条件下仅为 1.17mm，这表明结晶器强冷会促进结晶器段内铸坯表层组织的定向凝固行为。此时，晶粒长轴尺寸极大值也远大于其平均尺寸，在 0～5mm 区间内，其平均尺寸为 1.17mm，约为最大尺寸的 1/4。这表明在热模拟试样表层内部存在极个别异常长大的奥氏体晶粒，其在较大温度梯度的作用下沿枝晶生长方向充分生长。表层 0～20mm 区间内晶粒短轴平均尺寸不超过 0.5mm，其中奥氏体晶粒尺寸在强冷条件下更大。两种冷却强度下奥氏体晶粒短轴平均尺寸统计及差值对比见表 6-3。

表 6-3　结晶器出口处铸坯表层奥氏体短轴平均尺寸

参数	铸坯表层区间			
	0～5mm	5～10mm	10～15mm	15～20mm
弱冷短轴平均尺寸/mm	0.147	0.161	0.259	0.208
强冷短轴平均尺寸/mm	0.301	0.382	0.335	0.225
差值百分比/%	105	137	29.3	10

在结晶器出口处，强冷条件下短轴平均尺寸要更大，但冷却强度变化对不同位置区间内奥氏体晶粒生长行为的影响不同。在强冷条件下表层 0～5mm 区间内奥氏体晶粒尺寸比弱冷下大 1.05 倍，0～20mm 区间内仅略大 10%。在结晶器出口处，结晶器段冷却强度增加会促进结晶器段内连铸板坯表层奥氏体晶粒生长行为，且随着远离铸坯表面，该促进作用会逐渐削弱。

由图 6-14(b)可知，随着远离铸坯表面，强冷、弱冷条件下的奥氏体晶粒短轴极值均先增大后减小。对整个结晶器后半段两个位置节点处的短轴极大值尺寸进行统计，得到不同区间内短轴极大值尺寸变化规律，见图 6-15。

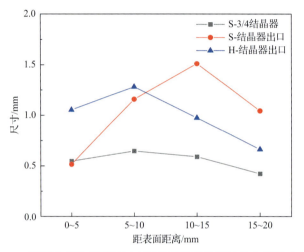

图 6-15　不同冷却条件下铸坯表层奥氏体晶粒短轴极大值尺寸变化

S 为弱冷；H 为强冷

在结晶器后半段初生坯壳生长到一定厚度时，随着远离热模拟试样表面，表层 0～20mm 区间内的奥氏体晶粒短轴最大值都遵循先大后小的规律。这与低碳钢奥氏体晶粒的生长过程有关。热模拟试样表层奥氏体晶粒长大分为两个阶段，如图 6-16 所示。包晶反应完成后，发生铁素体 δ 向奥氏体的转变，此时热模拟试样表层组织内奥氏体 γ 和铁素体 δ 共存。此阶段因两相共存，奥氏体晶粒长大速率受到铁素体相的影响，长大速

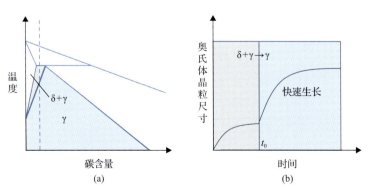

图 6-16　结晶器内部铸坯表层奥氏体晶粒生长示意图

率较低；之后温度继续下降，铁素体完全转变为奥氏体相，奥氏体开始迅速长大，尺寸大小取决于冷速和析出物的钉扎作用。

在结晶器出口处板坯表层 0～20mm 区间内组织形貌如图 6-17 所示。在铸坯表层区间内组织可分为两部分：一部分为靠近表面的单相奥氏体区，在此区域内晶粒尺寸明显粗大；另一部分为奥氏体和高温铁素体共存区，此时奥氏体晶粒长大受到铁素体相的阻碍而尺寸较小。两个区域晶粒尺寸差异显著，且有明显分界，这与上述分析相符。

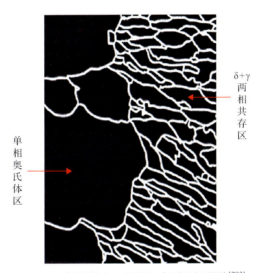

δ+γ
两相共存区

单相奥氏体区

图 6-17　结晶器出口处板坯表层组织形貌[293]

结晶器强冷条件下，热模拟试样表层温度下降更快，导致铸坯表层组织更快进入奥氏体单相区，同位置的奥氏体晶粒尺寸就可能比弱冷条件下更大。因此，从控制铸坯表层奥氏体晶粒的角度看，结晶器冷却强度需要根据奥氏体晶粒长大过程进行恰当选择，而非越大越好。

第7章

双辊连铸薄带凝固过程热模拟技术及应用

双辊薄带连铸是近终型连铸技术，其生产特点是以两个相向旋转的水冷辊和两端侧封组成结晶器，金属液注入熔池后在两个相向旋转的水冷辊作用下直接铸出薄带。与传统薄带坯生产工艺相比，薄带连铸工艺可进一步缩短工艺流程，降低生产成本，提高产品质量及性能。此外，薄带连铸技术也更节能，因此在有色合金生产中被广泛采用[295, 296]，在钢的生产中也极具应用前景[297, 298]。但是，由于双辊相向旋转和亚快速凝固特点，双辊连铸薄带过程研究难度很大，影响了双辊薄带连铸技术的发展和对薄带凝固过程的认识。热模拟方法同样适用于双辊薄带连铸凝固过程研究，本章介绍了几种从不同角度研究薄带凝固过程的热模拟技术及装置，然后简要介绍了部分研究工作。

7.1 双辊连铸薄带凝固热模拟技术

双辊连铸薄带的凝固特点是金属熔体在铜辊强制冷却和挤压下实现亚快速凝固。因此，实现薄带凝固过程热模拟的重点是模拟其压力下亚快速凝固的特点，其中亚快速冷却是其关键。基于上述特点，上海大学先进凝固技术中心先后研制了吸铸(喷铸)式、辊-板式和离心式等热模拟装置，从不同角度研究了薄带凝固过程，并利用双辊薄带亚快速凝固特点开发了多种亚稳相工程材料。

1. 吸铸法双辊连铸薄带凝固热模拟过程

热模拟的核心思想是传热过程的相似性，因此不一定依赖于复杂的专用设备才可以进行热模拟实验。铜模真空吸铸(喷铸)薄带具有亚快速凝固特点，因此可以用于薄带凝固过程的热模拟研究，且装置简单，因此被广泛用于研究亚快速冷却对材料凝固组织及性能的影响[299-302]。

图 7-1 和图 7-2 分别为铜模真空吸铸薄带实验设备示意图、铜模及其三维图，每半个铜质模具都具有 1mm 和 3mm 上下两种厚度的内腔，通过模具组合，可以形成三种厚度的内腔(1mm+1mm，1mm+3mm，3mm+3mm)，从而吸铸出 2mm、4mm 和 6mm 厚度的薄带。在真空或惰性气体保护下，通过电弧将水冷铜坩埚中的金属熔化，然后利用差压使金属液浇注到铜模内得到薄带模拟样品。同时，在铜模内部安置热电偶，采集薄带的冷却曲线。

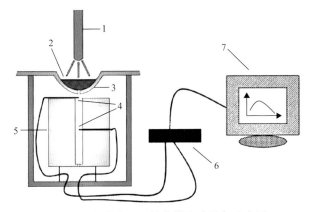

图 7-1 铜模真空吸铸薄带实验设备示意图

1-钨电极枪；2-液态金属；3-水冷铜坩埚；4-热电偶；5-铜模；6-数据采集系统；7-计算机

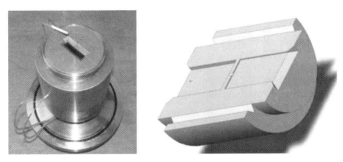

图 7-2 薄带吸铸模具实物图及三维图

2. 辊-板式双辊连铸薄带凝固热模拟方法

铜模真空吸铸(喷铸)薄带实现了亚快速凝固特点的实验模拟，但是该方法不能模拟双辊挤压对薄带凝固组织的影响。另外，由于双辊快速相向旋转，凝固过程中温度和应力等重要数据的测量也极为困难。为解决凝固过程中数据采集难题和模拟双辊挤压下凝固的特点，作者提出辊-板组合式热模拟方法，选择全厚度局部薄带作为特征单元,用铜辊-铜板组合代替双辊组合[303]。铜辊和铜板采用齿轮齿条连接，当铜辊转动时，铜板同步向下运动，从而保证了强制冷却和挤压下凝固双辊薄带连铸这两个特征。而用上下移动的铜板代替一个高速旋转的铜辊，可以在铜板上安装温度、应力和应变等传感器，从而解决了温度、应力和应变实时测量难题(图 7-3)。

辊-板式薄带连铸热模拟装置解决了薄带连铸过程温度、应力测量难题。该装置由熔炼及浇注系统、铸-轧(辊-板)系统、数据采集系统、动力及控制系统、真空及充气系统和施加物理场系统组成(图 7-4)，其主要功能及特点如下：

(1)模拟双辊薄带的铸轧传热过程。结晶器由铜辊和铜板组成，铜辊和铜板的间隙可调，二者线速度相同并可调速，传热条件与双辊薄带连铸机接近。

(2)测量薄带连铸过程中的重要数据。铜板背面安装热电偶，辊板的缝隙处安装应力-应变传感器，用来同步采集薄带凝固过程的温度、应力、应变数据。

（3）真空或气氛保护环境熔炼金属料，有效避免氧化和降低夹杂。

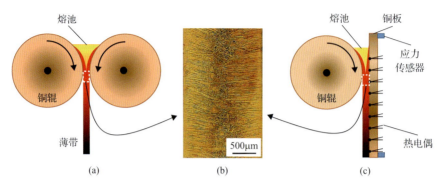

图 7-3　辊-板组合薄带凝固热模拟技术原理

(a) 双辊薄带；(b) 薄带特征单元；(c) 薄带凝固热模拟

图 7-4　辊-板组合薄带凝固热模拟装置

3. 离心式双辊连铸薄带凝固热模拟方法

辊-板组合薄带凝固热模拟技术提供了利用挤压下亚快速凝固制备高性能新材料的实验平台。宋长江教授在研究单一亚快速凝固因素对材料凝固组织的影响中，进一步研制了离心浇铸式亚快速凝固热模拟装备[304]。该设备可以方便地改变实验过程中样品厚度和冷却强度两个关键要素的实验模拟，薄带在离压力作用下凝固。更重要的是，该方法制备样品尺寸显著大于吸铸法获得的薄带，便于力学性能测试，装置复杂度和实验成本也比辊-板组合式试验机显著降低。

离心式双辊连铸薄带凝固热模拟装置将钢料熔化后注入水平旋转的铜模，利用离心力提高熔体的充型、补缩能力，并提供凝固过程中的压力，通过试样和铜模厚度，以及离心浇注速率调控冷却强度(图 7-5)。整个浇铸过程都在氩气保护氛围下进行，首先通过感应线圈熔炼母合金至完全熔化，然后熔融金属通过漏斗和导流槽流向模具型腔，熔融金属在离心力作用下充填到模腔内部。熔体质量可以达到 $140\sim150\text{g}$，样品的尺寸为 $80\text{mm}\times60\text{mm}\times2.5\text{mm}$，可同时满足组织观察和力学性能测试需求。

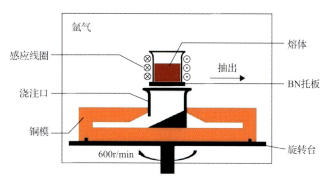

图 7-5 离心式双辊连铸薄带凝固热模拟技术及装备[304]

离心式双辊连铸薄带凝固热模拟装置在辊-板式薄带连铸热模拟装置基础进行了简化，大大降低了实验系统的控制难度，有利于提高实验成功率。该装置由高频感应熔炼及浇注系统、高速旋转模具、驱动系统、真空及充气系统组成，其主要功能及特点如下：

（1）离心式浇注模拟双辊薄带连铸具有亚快速冷却特点。

（2）离心铸模的材质、厚度及转速均可调，从而实现冷却速率的调整。

（3）在高真空或气氛保护环境下熔炼金属料，可以有效避免氧化。

7.2 硅钢薄带凝固组织热模拟研究

利用薄带连铸技术可以生产难变形工程材料甚至功能材料，这大大拓展了连铸技术的应用范围。如薄带连铸技术通过亚快速凝固可以有效提高钢中硅的固溶度并抑制高硅钢中的 Fe_3Si 有序相的形成，从而改善加工性能，为生产高性能、低成本的硅钢开辟了新途径。

硅是电工钢中最主要的合金元素，对组织和电磁性能具有决定性影响。提高硅含量有利于提高电磁性能，降低磁滞损耗。但是，硅是缩小 γ 相区元素，且会使硅钢加工硬化指数急剧增大，特别是脆性 Fe_3Si 有序相，导致塑性急剧恶化，易产生轧制裂纹。另外，硅钢薄带的凝固组织对其成品后续加工性能及磁性能影响也很大。由于薄带亚快速凝固特点，薄带易形成发达柱状晶，进而严重影响其后续加工性能，如轧制过程中产生瓦楞缺陷等。因此，凝固组织形成规律及其调控是硅钢薄带生产中的重要议题。

何先勇[305]通过吸铸模拟实验在母材（Fe-0.25Al-0.31Mn-0.0092C-0.0047N，质量分数）中添加 Si 元素，获得实际 Si 含量分别为 2.18%、4.72%、6.11%、7.84%的薄带热模拟样品，研究了不同冷却条件及 Si 含量下硅钢薄带的凝固组织特征。

1. 不同硅含量的热模拟硅钢薄带凝固组织

图 7-6 是硅含量 2.18%的硅钢薄带凝固组织，可见随着薄带厚度增加，冷却速率减小，薄带中心等轴晶数量显著增多。2mm 薄带的冷却速率最快，热流单向性强，几乎形成柱状晶穿晶组织；4mm 薄带两侧是比较粗大的柱状晶组织，中心等轴晶区面积明显增大；6mm 薄带几乎全部是等轴晶组织，等轴晶晶粒也相对粗大，两侧看不出明显的柱状晶特征。

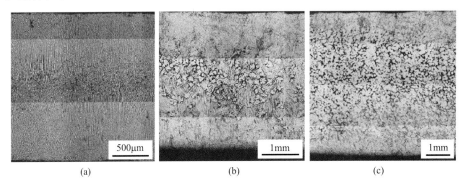

图 7-6   不同厚度的硅含量为 2.18%的硅钢薄带凝固组织
(a)2mm；(b)4mm；(c)6mm

由于铜模强冷，厚 2mm、硅含量 2.18%的硅钢薄带中的柱状晶主干生长速度很快，二次臂被抑制，呈现胞状晶组织特征。两侧柱状晶垂直于型壁相对生长直至中心。凝固终了时，心部出现少量等轴晶。这些等轴晶可能是浇注过程中型壁激冷形核并卷入心部形成的。在薄带凝固过程中，若柱状晶生长前沿等轴晶的体积分数始终没有达到临界值，则柱状晶和中心等轴晶的竞争生长会一直持续到凝固结束，最终形成混晶组织。而等轴晶体积分数达到或超过临界值则会发生 CET，形成心部等轴晶区[图 7-6(b)]。

如图 7-7 所示，在硅含量为 4.72%的试样中，等轴晶比例随着薄带厚度的增大而减小，这与硅含量 2.18%的硅钢薄带相反。2mm 厚度薄带组织中等轴晶区比例占整个试

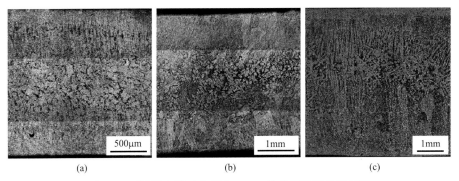

图 7-7   不同厚度的硅含量为 4.72%的硅钢薄带枝晶组织
(a)2mm；(b)4mm；(c)6mm

样的 31.76%左右，随着薄带厚度增大至 4mm，等轴晶率降低至 24.63%左右，而当硅钢薄带的厚度增大到 6mm 时，等轴晶率减少至 16.14%。

图 7-8 是硅含量为 6.11%的硅钢薄带凝固组织，其等轴晶区随着试样厚度的增加而增加。2mm 试样的等轴晶率为 15.17%，4mm 试样的等轴晶率为 30.28%，6mm 试样的等轴晶区面积占据了试样的 60.93%。

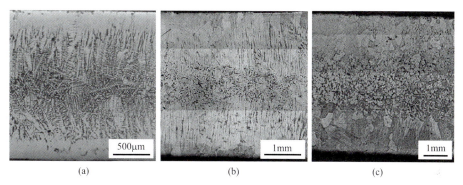

图 7-8 不同厚度的硅含量为 6.11%的硅钢薄带枝晶组织

(a) 2mm；(b) 4mm；(c) 6mm

图 7-9 是硅含量为 7.84%的硅钢薄带的凝固组织。2mm 薄带柱状树枝晶的生长被一个或者数个发达的等轴枝晶所阻挡；4mm 薄带枝晶组织出现混晶现象；当厚度增大至 6mm，硅钢薄带的冷却强度降低，等轴晶区大幅增大，等轴晶区几乎占据整个试样的纵截面，且试样的枝晶形貌不明显。

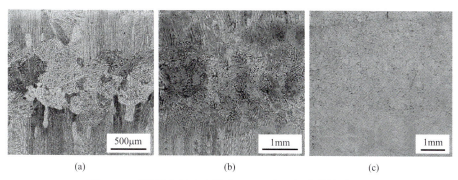

图 7-9 不同厚度的硅含量为 7.84%的硅钢薄带枝晶组织

(a) 2mm；(b) 4mm；(c) 6mm

2. 不同硅含量的硅钢薄带等轴晶占比

图 7-10 为四种硅钢薄带不同冷却速度下（不同厚度）试样纵截面上的等轴晶占比。总体上，硅含量越高或薄带厚度越大，等轴晶占比越高。但是，4.72%（质量分数）硅钢薄带试样中等轴晶率变化趋势出现异常，且重复试验也表现出相同趋势，表明硅钢薄带在该成分下等轴晶率变化趋势的异常性，这与该成分下硅钢的物理属性等因素有关。

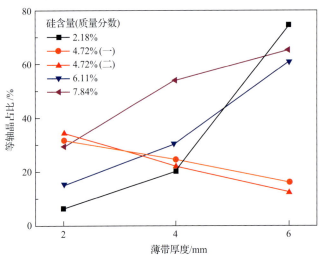

图 7-10 不同硅含量硅钢薄带的等轴晶占比

何先勇[305]的测量结果表明,硅含量对硅钢薄带线收缩影响很大,当硅含量为 4.72%时,线收缩量明显高于硅含量为 2.18%和 6.11%的硅钢试样。金属凝固过程中,由于凝固收缩和铸型受热膨胀导致二者之间形成气隙。当金属凝固收缩系数较大时,会形成更大的界面热阻,阻碍热量的导出,进而降低固液界面前沿温度梯度,有利于固液界面前沿等轴晶的形核和生长。这也是硅含量为 4.72%不同厚度试样等轴晶占比的变化趋势不同于其他成分的原因之一。

硅含量为 4.72%硅钢薄带的线收缩比其他成分硅钢薄带大,这可能与该成分下硅钢的物理属性有关。易于等[306]研究了硅含量从 0.5%增加至 6.5%硅钢薄带凝固组织的变化,发现硅元素对薄带晶粒尺寸的影响在 4.5%左右时达到极大值。这也从侧面反映了硅含量为 4.5%左右时,硅钢的物理属性较为异常,其原因还有待进一步分析研究。

3. 硅钢薄带的成分分布特点

图 7-11 是硅钢薄带厚度方向的元素分布情况,可以看出 2mm 薄带试样中心的溶质浓度较柱状晶区高,存在中心正偏析,而 4mm 和 6mm 薄带试样中心偏析则相对较轻。这是因为 2mm 薄带浇注和凝固过程中,熔体受两侧铜模铸型的强激冷作用,柱状晶呈胞状单向生长态势,且界面推进很快,凝固过程中排出的溶质始终富集于柱状晶前沿的液相中,因此形成心部正偏析。而较厚尺寸的薄带,其心部存在可观的等轴晶区域,所以溶质富集仅分布在枝晶间,而不是集中于薄带中心,因此其中心偏析不明显。

凝固过程中溶质元素的偏析会影响钢液在凝固过程中夹杂物的析出。与常规凝固相比,硅钢薄带的亚快速凝固过程具有高的冷却速率和快的生长速率,因此可以对溶质偏聚富集起到抑制作用,改善铸件的宏观偏析。但在微观上,在晶体的生长过程中,随着固液界面的推进,固相中排出的溶质富集于枝晶生长的前沿。

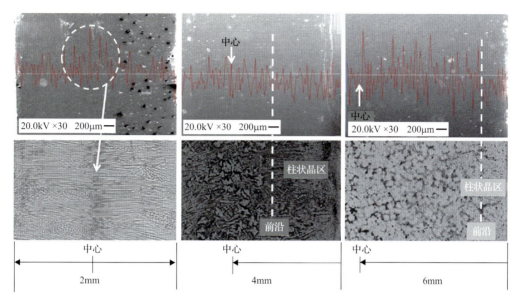

图 7-11 不同厚度硅元素的分布（硅含量 2.18%）

7.3 离心式薄带凝固热模拟应用

离心式双辊连铸薄带凝固热模拟装置可以制备较大尺寸的薄带模拟样品，这为测试薄带力学性能提供了基础。上海大学先进凝固技术中心深入研究了离心薄带浇注及凝固特点，并依托该装置开展了系列亚快速凝固超性能工程材料的开发，拓宽了双辊薄带连铸的产品选项。

7.3.1 离心式薄带的浇注过程及凝固组织

Liu 等[307]以 316 奥氏体不锈钢为实验材料，通过数值模拟和浇注实验研究了铜模转速对离心浇注薄带传热、凝固组织及缺陷的影响规律，为薄带凝固热模拟浇注工艺设计提供了基础。

如图 7-12 和图 7-13 所示，数值模拟和实验验证了转速对 2.5mm 离心薄带充型过程的影响，转向为逆时针方向，模具尺寸为 80mm×60mm×2.5mm。结果表明，300r/min 转速以上薄带才能够具有较好的充型效果。当离心转速为 600r/min 时，整个充型时间非常短，从金属液体进入模腔到充满型腔所用时间约为 1.28s。由于惯性的作用，钢液经过导流槽注入模具时向转速方向反方向偏移，因此金属液体沿模具边缘流动向内充型。先进入模腔的金属液体到达模腔底部然后回流，后进入的金属液体不断填充模腔，直至充型过程完全结束。在离心浇注得到的金属薄板外观照片中可明显观察到金属液体充型过程中的流痕(图 7-13)，与数值模拟的充型流线基本一致，表明数值模拟可以反映薄板的真实充型过程。

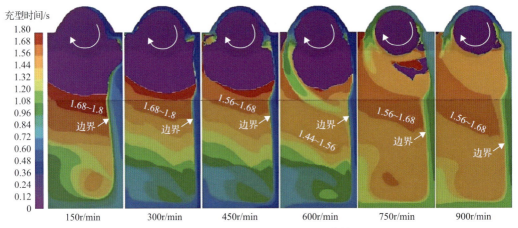

图 7-12　不同转速下的充型时间数值模拟

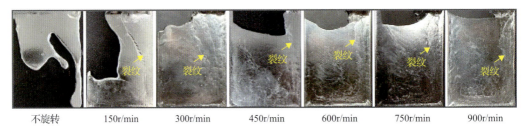

图 7-13　不同转速下的充型效果

　　图 7-14 是数值仿真预测的铜模转速对薄带内部疏松体积的影响,结果显示 600r/min 转速以上可以显著减少疏松的体积含量,有利于获得致密度较高的薄带,从而实现力学性能测试,该预测与 CT 扫描结果相符(图 7-15)。该研究表明,铜模转速是离心薄带制备的控制性因素,在此基础上,通过调整薄带厚度、铜模温度及型腔表面涂层等方式可以进一步调整薄带的冷速,从而实现对双辊连铸薄带冷却凝固过程的热模拟。

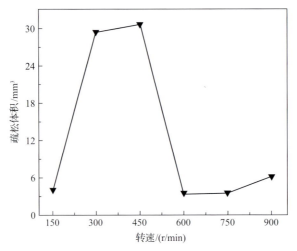

图 7-14　铜模转速对薄带内部疏松体积的影响

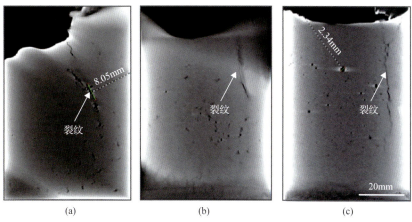

(a) (b) (c)

图 7-15　不同铜模转速下浇注样品的 CT 扫描图像

(a) 300r/min；(b) 600r/min；(c) 900r/min

图 7-16 是数值模拟的 316 不锈钢薄带充型及冷却曲线。316 不锈钢的冷却曲线可分为三个阶段：①充型阶段为 0～1.69s；②凝固阶段为 1.69～2.45s；③薄带凝固后的冷却阶段。在充型阶段，表面温度的下降速度比中心区域快。薄带表面的冷却速率显著变化，最大值达到 2000℃/s，最小值仅为 150℃/s。这是在该阶段高温和剧烈湍流的熔融金属持续通过该部位造成的。在充型阶段，薄带中心的温度和冷却速率较为稳定，冷却速率为 10～100℃/s。模拟结果表明，离心浇铸方法制备合金薄带工艺的凝固过程中熔体和固相冷速均在 10^2～10^3℃/s 范围内，与文献报道双辊薄带生产过程的冷速相近[308]。

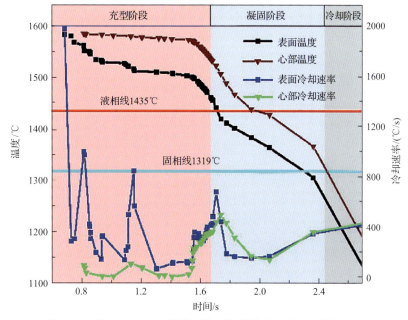

图 7-16　转速 600r/min 条件下充型的薄带表面及心部冷却过程

7.3.2 亚快速凝固超性能工程材料开发

Zhang 等[309]和 Yang 等[310]利用亚快速凝固能够扩大固溶度、细化组织、减少成分偏析的特点，探索了凝固亚稳相强化的高铝轻质钢薄带成分及其控制机理，为 Fe-Mn-Al-C 系轻质高强钢的开发和生产提供了新的技术路线。

1. 低锰高铝轻质钢的组织与性能

低密度、高强 Fe-Mn-Al-C 系轻质钢在汽车轻量化及液化天然气船中颇具应用前景。但传统连铸-轧制的高铝轻质钢中易形成粗大 δ-铁素体和 κ-碳化物，易引起板材塑性恶化、轧制开裂等问题，限制了锰含量的降低或铝含量的提高。

杨洋[311]通过离心式双辊连铸薄带凝固热模拟装置制备厚度为 2.5mm 亚快速凝固薄带，探究了高铝（质量分数为 9%）轻质钢薄带降低锰含量的可行性，并阐述了高铝 Fe-Mn-Al-C 系轻质钢亚快速凝固组织和性能的调控规律及其内在作用机制。

1) Al 含量对 Fe-Mn-Al-C 系合金组织性能的影响

图 7-17 为 Fe-2Mn-(3/6/9) Al-0.2C 合金薄板铸态样品 X 射线衍射（XRD）测试结果，其主要组成相均为 bcc 相。Fe-Mn-Al-C 系轻质钢中，bcc 结构相可为铁素体相和有序化相 DO$_3$ 或 B2 相，其峰位非常接近。有序化 B2 相形成温度为 550~620℃，DO$_3$ 相形成温度为 200~300℃，XRD 难以确定该衍射峰对应的具体相，但根据后续电镜检验结果及亚快速凝固特点，中间峰对应的是 bcc 结构的有序相 B2。

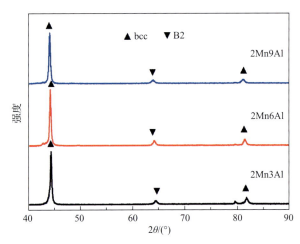

图 7-17 Fe-2Mn-(3/6/9) Al-0.2C 合金薄板铸态样品 XRD 图谱

图 7-18 为 Fe-2Mn-(3/6/9) Al-0.2C 三种合金薄板的微观组织。三种离心浇注亚快速凝固的薄带晶粒尺寸为 30~50μm，为传统工艺制备铁素体基双相 Fe-3.3Mn-6.57Al-0.18C 合金铸态晶粒尺寸的十分之一左右[312]，晶粒细化效果明显。另外，随铝含量增加，晶界处第二相由颗粒状演变为细长板条状，当铝含量为 6%时，晶粒内部出现细长短棒状析出相；当铝含量为 9%时，晶粒内部的析出相有变短和减少趋势。

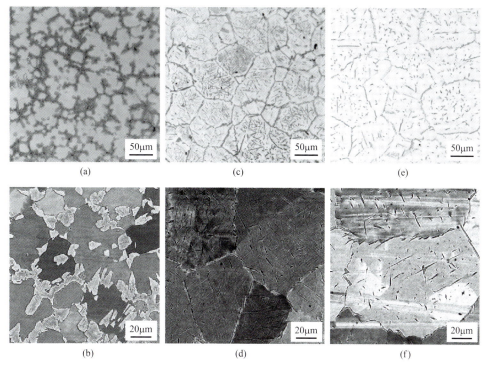

图 7-18 Fe-2Mn-(3/6/9)Al-0.2C 合金薄板微观组织形貌照片

(a)、(b)2Mn3Al；(c)、(d)2Mn6Al；(e)、(f)2Mn9Al

Fe-2Mn-(3/6/9)Al-0.2C 合金薄板的工程应力-应变曲线如图 7-19 所示。随着铝含量增加，奥氏体含量降低，合金薄板塑性急剧恶化，其中 2Mn9Al 延伸率达到 0.5%时便发生断裂。这表明低锰高铝条件下合金的塑性很差，无法满足高性能要求。

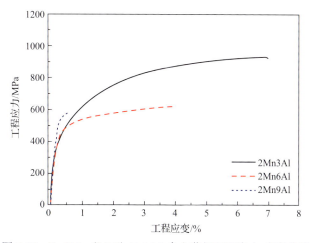

图 7-19 Fe-2Mn-(3/6/9)Al-0.2C 合金薄板工程应力-应变曲线

2）Mn、C 含量对 Fe-Mn-Al-C 系合金组织性能的影响

Mn 元素作为奥氏体稳定元素，有利于扩大奥氏体区和减少 κ-碳化物。因此，增加

合金中的 Mn 含量，得到如图 7-20 所示的薄带微观组织照片。Fe-5Mn-9Al-0.2C 合金薄板组织与 2Mn9Al 相似，由铁素体基体和少量第二相组成，晶粒内部的短棒长度进一步减小，呈现米粒状。而当 Mn 含量增加到 8%时，双相组织特征消失，仅观察到单一的大晶粒铁素体，对塑性不利。

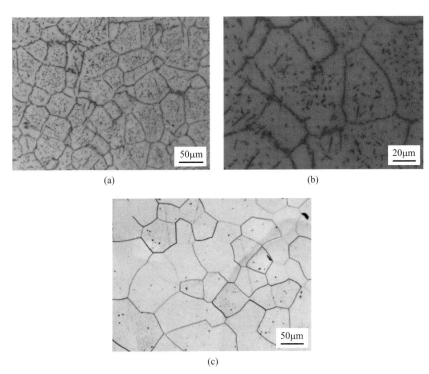

图 7-20　Fe-(5/8)Mn-9Al-0.2C 合金薄板光学显微镜组织照片
(a)、(b)5Mn9Al；(c)8Mn9Al

　　C 不仅是强奥氏体化元素，而且是碳化物形成元素，并具有间隙固溶强化效应。因此在 Fe-Mn-Al-C 系合金中增加 C 元素含量有利于奥氏体相的形成，但也更容易产生 κ-碳化物。调整 Fe-8Mn-9Al-xC 合金中的 C 含量，得到图 7-21 所示 Fe-8Mn-9Al-(0.4/0.8/1.2)C 三种合金亚快速凝固薄板铸态组织。当 C 含量为 0.4%时，沿晶界出现连

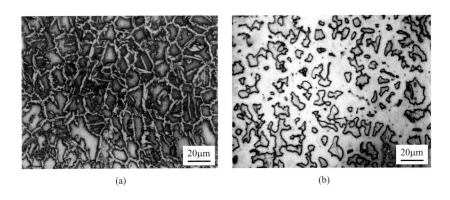

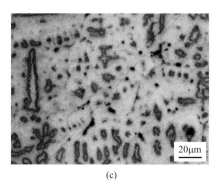

(c)

图 7-21 Fe-8Mn-9Al-0.4C（a）、Fe-8Mn-9Al-0.8C（b）和 Fe-8Mn-9Al-1.2C（c）合金薄板微观组织

续分布奥氏体板条，铁素体晶粒尺寸为 15～20μm。当 C 含量增加到 0.8%时，奥氏体增多为基体相，铁素体以岛状均匀分布在奥氏体基体中。当 C 含量继续增加到 1.2%时，岛状铁素体尺寸和含量进一步减小。

图 7-22 为 Fe-8Mn-9Al-（0.4/0.8/1.2）C 合金薄板工程应力-应变曲线。当 C 含量为0.4%时，其延伸率为 2%，塑性较低，抗拉强度为 550MPa 左右。当 C 含量为 0.8%时，塑性提高到 5.6%。但是当 C 含量进一步增加至 1.2%后，合金薄板塑性发生急剧下降。即随着 C 含量增加，合金的塑性呈现先升高后降低趋势。

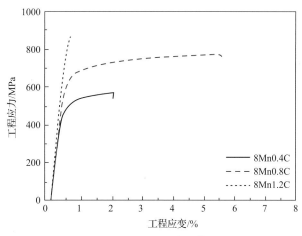

图 7-22 Fe-8Mn-9Al-（0.4/0.8/1.2）C 合金薄板工程应力-应变曲线

上述研究表明，亚快速凝固可有效消除高 Al 轻质钢中粗大析出相，获得均匀细小的微观组织。亚快速凝固可以将高 Al（9%）的 Fe-Mn-Al-C 轻质钢薄板 Mn 元素含量拓展到 8%的低值，其薄板奥氏体相含量达三分之二左右，并具有较高的强度和一定的塑性。

2. 锰元素对高铝轻质钢薄板组织与性能的调控

基于前期研究，Yang 等[310]将合金成分设计为 Fe-（8/12/16）Mn-9Al-0.8C。图 7-23为三种合金薄板的 XRD 图谱。其中，8Mn0.8C 和 16Mn0.8C 合金薄板中主要组成相为

fcc 相与 bcc 相，且有微弱的 κ-碳化物（L′12 型）对应的衍射峰，表明可能存在少量的 κ-碳化物，即其相组成为 fcc+bcc+κ，奥氏体（fcc）为主相。12Mn0.8C 合金的主要组成相同样是 fcc 相与 bcc 相，但未发现 κ-碳化物峰。

图 7-24 为三种合金薄板的微观组织，可观察到不规则岛状铁素体均匀分布在奥氏体基体中，岛状铁素体直径为 5～10μm，其中，16Mn0.8C 合金薄板中岛状铁素体的尺

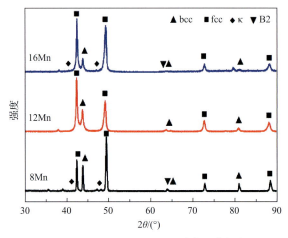

图 7-23　Fe-(8/12/16)Mn-9Al-0.8C 三种合金薄板的 XRD 图谱

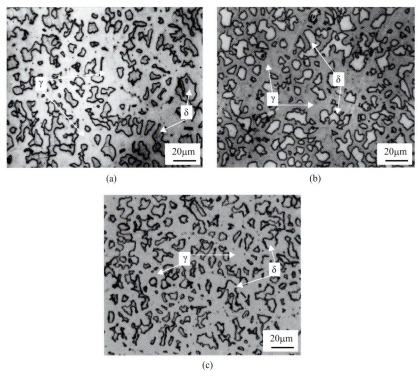

(a)　　　　　　　　　　(b)

(c)

图 7-24　Fe-(8/12/16)Mn-9Al-0.8C 合金薄板的光学组织照片

(a) 8Mn0.8C；(b) 12Mn0.8C；(c) 16Mn0.8C

寸较小。三种合金薄板中均没有观察到明显的板条状或颗粒状 κ-碳化物析出，而在传统工艺条件下，高 Al、中低 Mn 含量 Fe-Mn-Al-C 系合金中 κ-碳化物尺寸达到 10～50μm 甚至更大[313, 314]。

图 7-25 为 16Mn0.8C 合金薄板 TEM 照片。图 7-25（a）为奥氏体+铁素体相，相界处光滑均匀无明显析出相。图 7-25（b）为铁素体区选区衍射照片，可观察到铁素体衍射斑点和较弱的 B2 相衍射斑点。图 7-25（c）为 B2 相的暗场相，B2 相以纳米级颗粒状弥散分布于铁素体基体中，其尺寸为 2～5nm[图 7-25（d）]。奥氏体区沿[001]晶带轴采集得到的选区衍射斑点如图 7-25（e）所示，可观察到相对较弱的 κ-碳化物超点阵，表明在 16Mn0.8C 薄板奥氏体中存在少量的 κ-碳化物，其尺寸为 2～5nm[图 7-25（f）]。16Mn0.8C 薄板相界处未发现明显的 κ-碳化物。

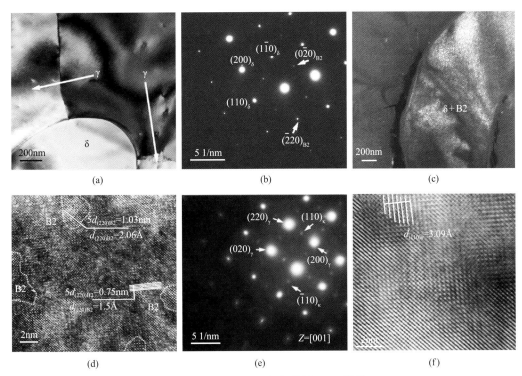

图 7-25　16Mn0.8C 合金薄板 TEM 照片
(a)明场相；(b)铁素体区选区衍射斑点；(c)B2 相暗场相；(d)铁素体区域高分辨照片；
(e)奥氏体区选区衍射斑点；(f)奥氏体区高分辨照片

该研究利用亚快速凝固制备合金薄板，获得了均匀细化的微观组织，同时其 κ-碳化物与 B2 相均为纳米级尺寸，有助于提高合金机械性能。图 7-26（a）为三种合金薄板的工程应力-应变曲线，其抗拉延伸率分别为 5.6%、13% 和 47%。由于 8Mn0.8C 薄板中存在晶界 κ-碳化物，导致其塑性较差[310]。三种合金薄带延伸率随着 Mn 含量的增加而增高，16Mn0.8C 合金薄板具有最高的延伸率，达到 47%。一般情况下，Fe-Mn-Al-C 系合金塑性随奥氏体含量增加而增加，而 16Mn0.8C 合金薄板相对另外两种合金薄板奥氏体含量增加较少，因此奥氏体含量不是其塑性显著提高的主要原因，Mn 元素促进元素固溶度显著提高才是主因。

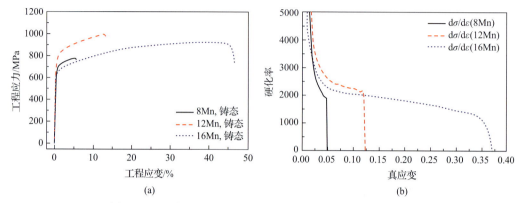

图 7-26 Fe-(8/12/16)Mn-9Al-0.8C 三种合金薄板的力学性能

(a)工程应力-应变曲线；(b)真应变-硬化率曲线

三个成分合金薄板真应变-硬化率曲线见图 7-26（b）。8Mn0.8C 合金薄板应变硬化曲线在初始阶段急剧下降，应变为 5%时发生断裂，无明显稳定应变硬化阶段。16Mn0.8C 合金薄板的持续应变硬化区间最长，对应真应变区间为 6%～36%。12Mn0.8C 合金薄板在初始应变阶段和持续硬化阶段应变硬化率最高。应变达到 12%之后，应变硬化率急剧下降直至断裂。8Mn0.8C 和 16Mn0.8C 合金薄板组织类似，主要强化相为 κ-碳化物和 B2 相。12Mn0.8C 合金薄板奥氏体中大量的亚晶结构和纳米孪晶为主要的强化因素。

上述研究显示，亚快速凝固工艺在抑制合金元素偏析、控制主要组成相和 κ-碳化物形貌尺寸等方面具有先天优势，有望解决 Fe-Mn-Al-C 系轻质钢大规模工程应用的瓶颈，应该成为其制备工艺的一个重要发展方向。

3. 高锰轻质钢的组织及性能调控

张鉴磊[315]利用离心式双辊连铸薄带凝固热模拟方法研究了 Cr 元素对 Fe-20Mn-9Al-xCr-yC 钢组织性能的影响，为利用 Cr 元素优化奥氏体基 Fe-Mn-Al-C 系轻质钢的组织和性能提供了理论与实验支撑。

1）Fe-20Mn-9Al-3Cr-yC 轻质钢铸态薄板的组织和性能

图 7-27 为亚快速凝固 Fe-20Mn-9Al-3Cr-yC 轻质钢铸态薄板的 XRD 图谱。根据 XRD 结果，C 含量为 0.8%～1.6%的轻质钢薄板均由奥氏体和铁素体两相组成，且铁素体含量逐渐减少。值得注意的是，在衍射角为 43.5°～45.0°时存在一个明显的双峰，表明在铁素体中存在 DO_3 有序相析出。

图 7-28 为 Fe-20Mn-9Al-3Cr-yC 轻质钢铸态薄板的微观形貌，不规则形状的铁素体均匀分布在奥氏体基体中。经统计，随着 C 含量从 0.8%增加到 1.6%，铁素体的体积分数由 36%降低到约 1%。这是由于 Cr 元素是铁素体化元素，提高了铁素体稳定性，同时亚快速凝固改变了室温下组成相的含量。

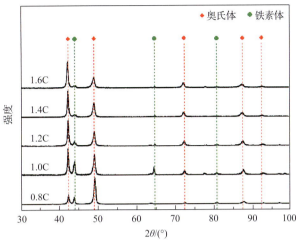

图 7-27 Fe-20Mn-9Al-3Cr-yC 轻质钢铸态薄板的 XRD 图谱

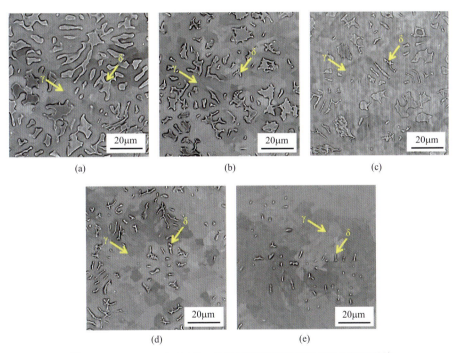

图 7-28 Γc-20Mn-9Al-3Cr-yC 轻质钢铸态薄板的 SEM 微观形貌
(a) 0.8C；(b) 1.0C；(c) 1.2C；(d) 1.4C；(e) 1.6C

图 7-29 为 Fe-20Mn-9Al-3Cr-yC 轻质钢铸态薄板室温拉伸试验的工程应力-应变曲线。随着 C 含量增加，轻质钢薄板的屈服强度和抗拉强度均提高。C 含量为 1.2%的薄板延伸率最高，C 含量超过 1.4%后塑性大幅度降低。

2）Fe-20Mn-9Al-xCr-1.2C 轻质钢铸态薄板的组织和性能

图 7-30 为亚快速凝固下 0Cr、3Cr 和 6Cr 轻质钢铸态薄板的 XRD 图谱。XRD 的结果显示，0Cr、3Cr 和 6Cr 轻质钢薄板主要由奥氏体和铁素体两相组成，并且三个样品

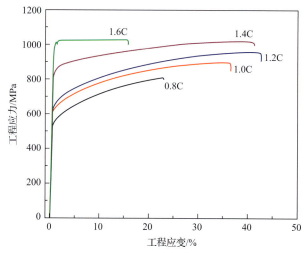

图 7-29　Fe-20Mn-9Al-3Cr-yC 轻质钢铸态薄板室温拉伸试验的工程应力-应变曲线

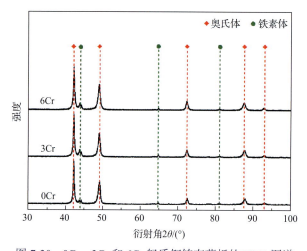

图 7-30　0Cr、3Cr 和 6Cr 轻质钢铸态薄板的 XRD 图谱

均在衍射角为 43.5°～45.0°时出现了 $(220)_{DO_3}$ 和 $(110)_{\delta}$ 的双峰现象并逐渐增强,说明添加 Cr 元素有助于铁素体中 DO_3 有序相的形成。

图 7-31 为 0Cr、3Cr 和 6Cr 轻质钢铸态薄板的微观组织形貌,可以发现不规则铁素体均匀分布在奥氏体基体中,并且 Cr 含量增加使轻质钢薄板中的铁素体增多。经统计,0Cr、3Cr 和 6Cr 轻质钢铸态薄板中铁素体的体积分数分别为 3%、12% 和 18%。

图 7-32 为 0Cr、3Cr 和 6Cr 轻质钢铸态薄板的工程应力-应变曲线。根据测试结果,3% 的 Cr 元素添加将轻质钢铸态薄板的屈服强度和抗拉强度分别从 836MPa 和 972MPa 降低到 642MPa 和 943MPa,6% 的 Cr 元素添加又将其分别提高到 718MPa 和 1001MPa。然而,样品的延伸率和强塑积均随 Cr 含量增加略有提升,6Cr 轻质钢铸态薄板的强塑积为 38GPa%。

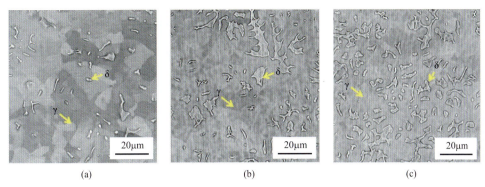

图 7-31　0Cr、3Cr 和 6Cr 轻质钢铸态薄板微观组织形貌

(a)0Cr 轻质钢；(b)3Cr 轻质钢；(c)6Cr 轻质钢

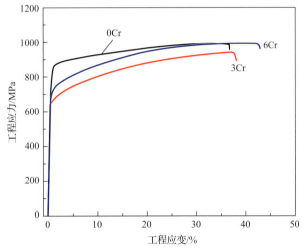

图 7-32　0Cr、3Cr 和 6Cr 轻质钢铸态薄板的工程应力-应变曲线

3）不同 Cr 含量轻质钢轧制态薄板的性能

图 7-33 为 0Cr、3Cr 和 6Cr 轻质钢轧制态薄板样品室温拉伸试验获得的工程应力-

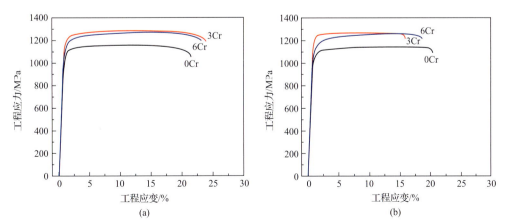

图 7-33　0Cr、3Cr 和 6Cr 轻质钢轧制态薄板的力学性能

(a)冷轧态轻质钢；(b)冷轧后时效态轻质钢

应变曲线。冷轧后含 Cr 轻质钢薄板样品的强度明显超过 0Cr 轻质钢薄板样品, 冷轧态 0Cr、3Cr 和 6Cr 轻质钢薄板样品的平均屈服强度分别达到了 1025MPa、1131MPa 和 1107MPa, 其抗拉强度分别为 1154MPa、1270MPa 和 1264MPa。Cr 元素添加显著提高了轻质钢冷轧态薄板的强度, 这与 Cr 元素添加降低轻质钢铸态薄板屈服强度的现象明显相反。同时, 冷轧后 0Cr、3Cr 和 6Cr 轻质钢薄板样品的平均延伸率分别为 21%、24% 和 23%, Cr 元素添加略微提升了轻质钢冷轧态薄板的延伸率。

对冷轧态薄板样品进行 600℃ 时效处理, 其屈服强度相较于冷轧态样品又提高了约 100MPa, 但其抗拉强度相较于冷轧态样品没有明显提高, 说明 Cr 元素添加可明显提高轧后时效态薄板样品的强度, 如图 7-33(b) 所示。

上述研究显示, Fe-20Mn-9Al-(0/3/6)Cr-1.2C 轻质钢薄板主要由奥氏体和铁素体两相组成, 且铁素体含量随 Cr 含量增加而增加。Cr 元素的添加促进了铁素体 DO_3 有序化转变, 但减少了奥氏体中 κ-碳化物的析出和长大。随着 Cr 含量增加, 轻质钢铸态薄板的屈服强度降低, 但塑性略有提升。冷轧 20% 后, 3Cr 和 6Cr 轻质钢冷轧态薄板的抗拉强度分别达到 1270MPa 和 1264MPa, 比 0Cr 轻质钢冷轧态薄板的抗拉强度高出 100MPa 左右, 而且含 Cr 轻质钢冷轧态薄板的延伸率略高于 0Cr 轻质钢冷轧态薄板。

该工艺利用离心浇铸亚快速凝固技术成功制备了具有良好力学性能的 Fe-Mn-Al-C 轻质钢薄板, 这说明亚快速凝固工艺的双辊薄带连铸技术在轻质钢的工业化制备方面极具潜力, 但是其工业化制备仍需大量实践、工艺探索与参数优化。

第 8 章

大型铸锭凝固组织热模拟

大型主锻件是核电、水电以及采矿机械的主体部件。在这些领域应用，必须严格控制大型铸锭(锻件母材)的铸造过程，以确保质量。因此必须控制大型铸锭中常见的宏观缺陷，如粗大的树枝晶、严重的宏观偏析、孔隙和裂纹，这不仅会降低材料收得率，也是安全隐患，还会造成资源浪费。为减少凝固缺陷，获得均质化铸锭，认识大型铸锭凝固过程、揭示组织形成规律是极为必要的。

本章主要介绍大型铸锭凝固热模拟方法，并简要介绍利用枝晶生长热模拟方法模拟铸锭表层凝固组织，以及铸锭凝固热模拟方法模拟铸锭内部凝固组织的实验结果。这些研究为认识铸锭凝固组织形成规律提供了基础数据。

8.1 大型铸锭凝固热模拟技术

目前，对大型铸锭凝固过程及组织的研究主要有实体解剖和数值模拟两种方法。实体解剖法生产周期长，成本巨大。数值模拟虽然在温度场和流场计算方面已经日趋成熟，但对大尺度铸锭凝固组织的模拟还有许多困难。将热模拟技术应用到大型铸锭凝固组织研究是一种新的技术路线，既弥补了数值模拟结果的可靠性问题，又相对解剖铸锭法节约了成本和提高了效率。

8.1.1 大型铸锭凝固特征单元及关键特征单元

大型铸锭凝固过程复杂且各部位差异很大，因此无法使用单一的特征单元进行整个铸锭凝固过程的热模拟，需要根据不同部位的传热凝固特点选取不同的特征单元进行研究(图 8-1)。其中，我们把在需要特别关注和易发生凝固缺陷(如热裂、缩孔、偏析)部位选取的单元定义为关键特征单元。

大型铸锭靠近侧面型壁及底部的部分主要是径向一维散热，周向及轴向的散热可以忽略，与连铸板坯厚度方向的传热存在相似特点，可以视为温度梯度和固液界面推进速率随时间变化的单向凝固过程。该部分凝固过程及组织特征主要是逆着热流方向的柱状晶生长，因此特征单元可以按连铸凝固特征单元的选取规则进行，可以利用连铸坯枝晶凝固生长热模拟技术进行研究。

大型铸锭内部为三维散热，温度梯度小且对流较为强烈，倾向于形成发达的树枝晶(枝晶尺寸有的可达几厘米甚至十几厘米)和部分细小等轴晶组织，并伴随晶粒沉降、宏观偏析、疏松、裂纹等缺陷。因此铸锭内部凝固过程热模拟需要较大尺寸的特征单元，才能满足发达枝晶生长、游离晶沉淀、形成对流所需要的尺度。因此，大型铸锭内部凝固组织的热模拟选取了尺寸为 150mm×100mm×200mm 的关键特征单元开展研究。

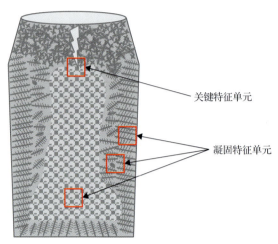

关键特征单元

凝固特征单元

图 8-1　大型铸锭凝固特征单元及关键特征单元

8.1.2　技术原理

铸锭内部特征单元的凝固组织热模拟应具备以下条件：

(1)相似的传热条件。因为大型铸锭凝固过程中降温速率较慢、温度梯度较小，所以要求模拟装置控温准确，达到与实际铸锭凝固过程相似的传热条件。

(2)能够形成相似的流动行为。流动对凝固过程及组织有重要影响，对于铸锭而言流动已经不能忽略。因此，该模拟装置需能模拟所研究铸锭不同关键特征单元的流动状态。

(3)较高的真空环境。为了保证铸锭不被氧化，防止钢液中气体的卷入以及对加热元件的保护，整个过程需在真空环境下完成。

如图 8-2 所示，大型铸锭凝固热模拟方法利用尺寸 150mm×100mm×200mm 小钢锭(约 20kg)模拟大型铸锭内部的特征单元，通过炉内温度控制再现其缓慢冷却和低温度梯度的特点，并且可以在凝固过程中施加搅拌形成对流，模拟晶粒的形核、游离及长大环境，从而实现观察铸锭内部凝固组织的目的。

8.1.3　主要功能

铸锭凝固热模拟装置如图 8-3 所示，主要由真空炉体、熔化凝固室、真空系统、电源系统、炉体旋转装置、电气控制系统及锭模顶出装置等模块组成。该装置功能及特点如下：

(1)再现大型铸锭内部凝固组织的生长环境及温度条件。根据大型铸锭内部不同位置的温度场设定合适的温控曲线，可在炉膛内形成与大铸锭内部特征单元凝固过程一

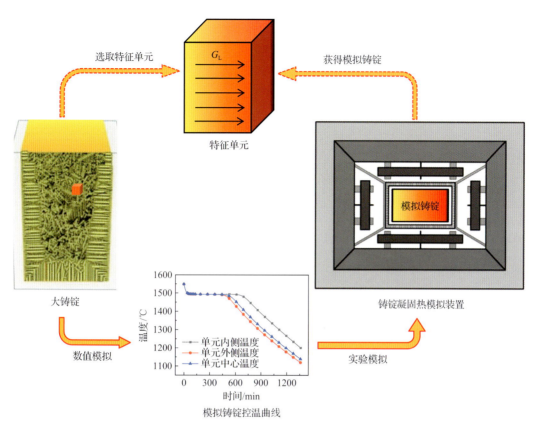

选取特征单元

获得模拟铸锭

G_{L}

特征单元

模拟铸锭

铸锭凝固热模拟装置

大铸锭

数值模拟

实验模拟

模拟铸锭控温曲线

图 8-2 大型铸锭凝固热模拟方法

图 8-3 铸锭凝固热模拟装置

致的温度场。加热炉最高工作温度 1700℃，采用箱式电阻加热，四个侧壁的加热体升降温速率均可独立控制，且各温区之间配置隔热板，以实现温度梯度准确控制。

（2）可以通过整机旋转施加强制对流。为研究流动对凝固组织及成分分布的影响，该装置可通过炉体绕轴向旋转模拟大铸锭内部的钢液对流，达到与真实凝固过程相似的目的。

（3）具有电磁场引入装置。可以研究外场对特定温度场和流场条件下铸锭凝固组织的影响。

该装置的主要参数为：加热温度范围为室温到 1700℃，炉内温差在 0～100℃范围内可控，极限真空低于 10Pa，加热体控温精度在 ±0.5℃ 以内，最大旋转速率可达到 10r/min。

8.2　25t 铸锭表层及内部凝固组织热模拟

8.2.1　铸锭表层凝固组织热模拟

1. 铸锭表层凝固组织热模拟实验方案

选用大型铸锭侧壁的一个凝固单元作为模拟对象，将其凝固前沿温度变化和固液界面推进速度输入到控制系统中，再现该热模拟试样的传热凝固过程，从而实现用约 100g 金属研究数百吨大铸坯表层的凝固过程和组织。通过改变试样直径，可以模拟不同对流条件；通过液淬，可以研究不同时刻铸锭固液界面形貌和成分分布。

叶经政[316]和刘圣[317]针对浇注温度和钢锭模冷却能力，设计热模拟实验研究了铸锭表层 100mm 厚度的凝固组织变化规律。该热模拟实验的实验材料 30Cr2Ni4MoV 钢为核电站超超临界低压转子钢。利用数值模拟软件计算了大型铸锭的传热凝固过程，在铸锭半高处选取特征单元(图 8-4)开展热模拟实验。特征单元的温度变化曲线如图 8-5 所示，其温度梯度和固液界面推进速率根据温度场结果计算获得。

2. 铸型导热能力及过热度对凝固组织的影响

用纯铜和 45 钢两种材料作为铸型材料研究了不同导热能力铸型对凝固组织的影响。为实现对比，实验设定了相同的浇注温度 1520℃ 和试样心部钢液冷却速率，获得凝固组织如图 8-6 所示。30Cr2Ni4MoV 低压转子钢凝固组织对冷却强度比较敏感，铜模冷却比钢模冷却的柱状晶长约 2cm，且表面激冷晶层更厚，表明提高铸型激冷能力对提高铸锭表层组织性能有利。

通常浇注温度对金属凝固组织具有显著影响。如图 8-7 所示，采用 1510℃、1520℃ 和 1530℃ 浇注温度进行了热模拟实验，探索了过热度对铸锭表层凝固组织的影响。结果显示，试样 CET 位置变化不大，但浇注温度越高，等轴晶区的枝晶越细小致密，这与高温浇注产生的对流较强烈以及心部糊状凝固有关。

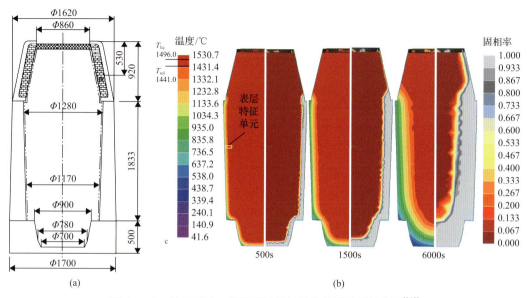

图 8-4 25t 铸锭尺寸、温度场计算结果及特征单元的选取[317]

(a) 铸锭尺寸 (单位: mm); (b) 不同时刻温度 (左侧) 及固相率 (右侧) 分布。

T_{liq} 为液相线温度; T_{sol} 为固相线温度

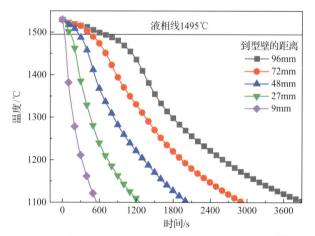

图 8-5 表层特征单元中不同部位的温度变化曲线[317]

图 8-6 型壁导热能力对凝固组织的影响[316]

图 8-7　不同浇注温度下的凝固组织[316]

8.2.2　25t 铸锭内部凝固组织热模拟

刘圣[317]在 25t 铸锭心部选取特征单元，开展了铸锭凝固热模拟实验。特征单元选取主要考虑模拟钢锭上下表面温差很小，近似绝热状态，热流主要沿径向散失。热模拟钢锭尺寸为 150mm×100mm×200mm，约 20kg。共选择 4 个特征单元进行热模拟实验，其中 0 号样选择铸锭正中心，1 号~3 号取样位置如图 8-8 所示。

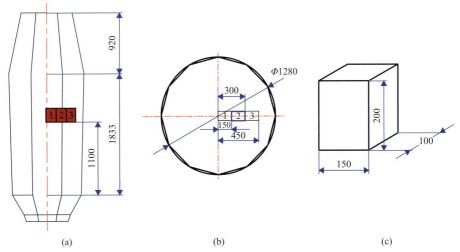

(a)　　　　　　　　(b)　　　　　　　　(c)

图 8-8　热模拟锭对应的 25t 铸锭尺寸及位置(单位：mm)

(a)25t 铸锭主视图及特征单元位置示意；(b)铸锭俯视图；(c)特征单元

图 8-9 是控温曲线与实测温度曲线比较，可以看出实际的控温曲线和设定的控温曲线在凝固区间吻合较好。图 8-9(a)是以 0 号位置的温度曲线作为控温曲线的实验，图 8-9(b)为 1 号热模拟铸锭的温度曲线。

图 8-10 是无温度梯度热模拟铸锭(0 号)的凝固组织及碳分布。钢锭凝固组织明显分为上下两部分，下部为较细小等轴晶，也就是常说的等轴晶沉积堆；上部是正常凝固的粗大树枝晶，该部分在大铸锭中占较大比例，是宏观偏析和其他缺陷的集中区域。

顶部有较大的缩孔，缩孔周围碳含量明显升高，这是选分结晶和元素富集的结果。

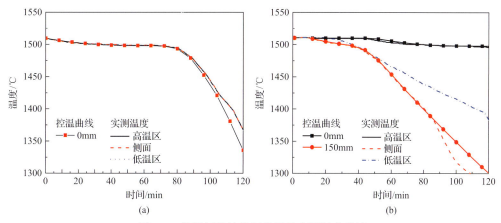

(a)   (b)

图 8-9　热模拟铸锭控温曲线及实测温度曲线
(a) 0 号热模拟铸锭，无温度梯度；(b) 1 号热模拟铸锭

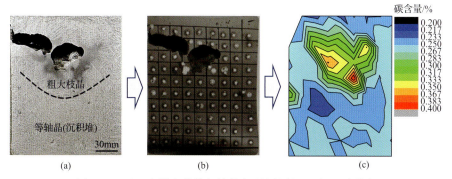

(a)   (b)   (c)

图 8-10　无温度梯度热模拟铸锭(0 号)的凝固组织及碳分布
(a) 低倍凝固组织；(b) 光谱分析；(c) 碳元素分布

　　图 8-11 分别是 1 号～3 号热模拟钢锭的凝固组织和碳分布。在有温度梯度的条件下，缩孔集中到高温区一侧。碳分布也受到凝固顺序影响出现不对称现象。

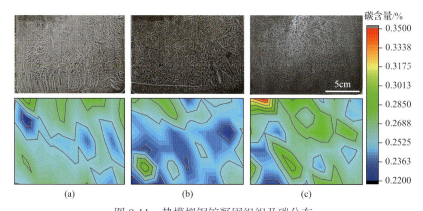

(a)   (b)   (c)

图 8-11　热模拟钢锭凝固组织及碳分布
(a) 1 号热模拟铸锭；(b) 2 号热模拟铸锭；(c) 3 号热模拟铸锭

8.3 231t 铸锭凝固热模拟

百吨及百吨以上的大型铸锭凝固冷却速率极为缓慢，其凝固过程及组织可能具有独有的特征。赵静[10]和张浚哲[318]以某大型 30Cr2Ni4MoV 钢转子锻件的母材铸锭为研究对象开展了热模拟实验，讨论了其典型特征单元的凝固组织及影响因素。

8.3.1 231t 大型铸锭凝固组织热模拟

参照某企业 231t 铸锭及铸锭模的尺寸进行三维造型，其主要结构和尺寸如图 8-12 所示。采用 ProCAST 的四面体网格对模型进行离散化，共划分为 6337740 个单元。

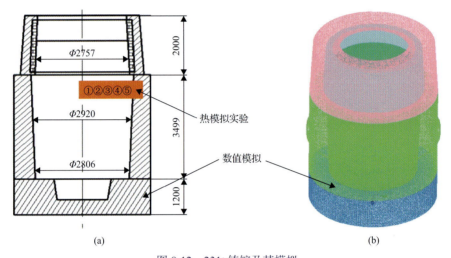

图 8-12 231t 铸锭及其模拟
(a)铸型几何尺寸(单位：mm)及特征单元位置；(b)铸锭三维模型网格划分效果

图 8-13 是铸锭温度场计算结果。铸锭凝固过程是按照由外到内、由下到上的顺序进行。凝固开始阶段，等温线的形状为"U"形，与铸型外形相似。约 30000s(8.3h)后，等温线由"U"形逐渐向"V"形转变。约 120000s(33.3h)后，整个铸锭全部凝固。铸锭最后凝固的区域为冒口上部，集中缩孔的形状为开放型缩孔，较为平坦，说明锭模及工艺设计较为合理。

图 8-14 为铸锭在液相线温度(1496℃)和固相线温度(1441℃)区间的冷却速率，可以看出，靠近型壁的较小区域冷却速率较高，约为 10^{-2}℃/s，其他部位的冷却速率都很低，基本为 $10^{-3} \sim 10^{-2}$℃/s。

钢液内部不同时刻的流场分布如图 8-15 所示，白色箭头为流动的矢量表达。结合温度场的分布情况可以看出，在冷却开始阶段，钢液内部的流动较为剧烈，流动速度为 0.02m/s 左右，且降温开始阶段流速最大，在靠近型壁处达到了 0.09m/s。随着凝固过程的进行，钢液的流速逐渐减小，并且主要集中在钢锭的上半部分，在凝固时间达到 10000s 时，钢液内部的流动速度接近于零，只在钢液表面处存在钢液的波动。

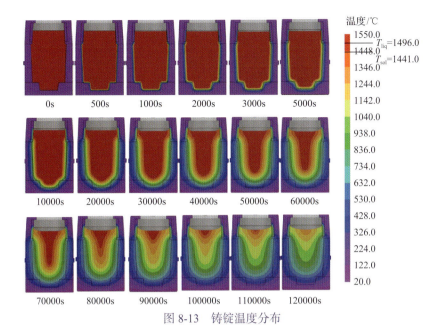

图 8-13 铸锭温度分布

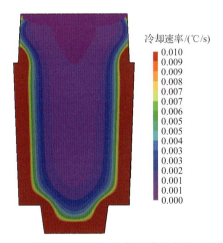

图 8-14 凝固温度区间内冷却速率分布（T=1470℃）

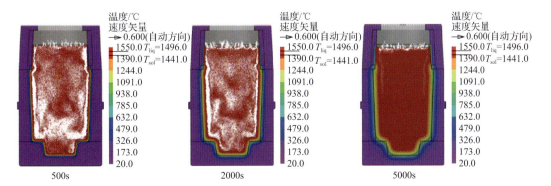

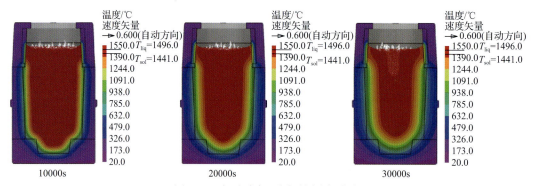

图 8-15　钢液内部不同时刻流场分布

取图 8-12(a)中①点、③点、⑤点做 0～10000s 内的流速-时间曲线，如图 8-16 所示。在降温开始阶段，靠近型壁处的⑤点流速较大，但凝固较快，而①点和③点与之相反。在冷却开始阶段，钢液内部的流动较为剧烈，平均流动速度在 2cm/s 左右，且开始阶段流速最大，在靠近型壁处达到了约 9cm/s。

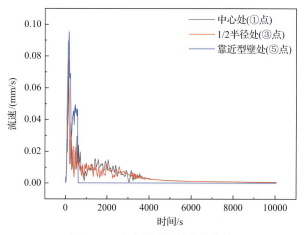

图 8-16　流速随时间的变化曲线

8.3.2　大型铸锭凝固组织热模拟

以数值模拟结果作为控制条件，对 231t 铸锭的凝固组织进行热模拟实验。考虑到大铸锭浇注完成后，由于钢液的收缩，在铸锭的冒口处会存在缩孔，而且铸锭底部因"沉积堆"的存在，凝固组织不具有代表性。因此，热模拟实验以 231t 铸锭三分之二高度处的凝固过程作为研究对象，五个模拟单元的位置及标识如图 8-12(a)所示。

大型铸锭凝固热模拟装置中采用了耐高温的隔热材料，整个模拟单元处于封闭的型腔内，其四个侧面被隔热材料分隔为四个独立的控温区。模拟单元上表面温度略高于下表面，但上下表面的温差很小，可以近似为等温面，这与大铸锭凝固过程中的传热环境是相似的。图 8-17 为五个模拟单元的 15 条控温曲线。以模拟单元⑤为例，5-1为高温面 1 面的温度曲线，5-2 为低温面 2 面的温度曲线，5-3 为 3 面的控温曲线，取

1面和2面中间位置的冷却曲线作为控温曲线。

　　五个模拟单元的温度梯度随时间的变化如图8-18所示。靠近型壁处，温度梯度最大值为31℃/cm。越靠近中心处，温度梯度越小，最大值出现的时刻越晚。取五个模拟单元的凝固区间（1441～1496℃）温度梯度的平均值（以 G_{ave}-N 表示）和最大值（以 G_{max}-N 表示），并与整个降温过程中的温度梯度平均值（以 G_{ave}-Z 表示）和最大值（以 G_{max}-Z 表示）进行比较。模拟单元①、②、③、④中的温度梯度差距不大，均在0～10℃/cm，而模拟单元⑤的温度梯度为31℃/cm。除模拟单元⑤以外，整个降温过程的温度梯度均大于凝固温度区间内的温度梯度，相差0～1℃/cm。

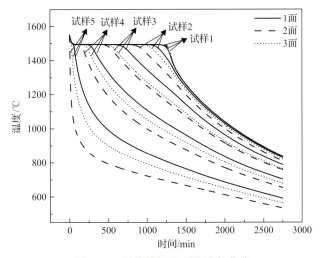

图8-17　数值模拟得到的冷却曲线

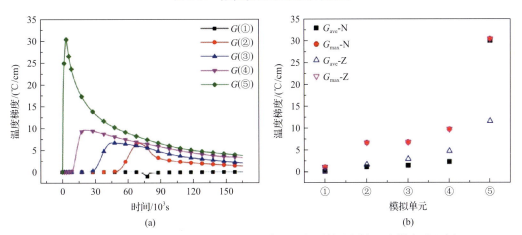

图8-18　温度梯度随时间变化曲线(a)及凝固区间平均(最大)温度梯度对比(b)

　　流动是影响凝固组织的重要因素，而小尺寸铸锭内部钢液流动与大型铸锭有很大区别。实验中采用在模拟单元中施加强制对流的形式模拟大型铸锭内部钢液的流动。强制对流的引入是通过热模拟平台旋转来实现的，通过控制炉体转速的大小模拟大型铸锭内部不同时刻、不同凝固区域的对流情况。表8-1为在不同温度区间内的炉体旋转速度，其数值由大型铸锭数值模拟结果中钢液相应位置的流速换算得到。

表8-1　铸锭内部对流强度所对应的炉体模拟转速[318]

模拟单元	温度/℃	钢液流速/(m/s)	转速/(rad/s)	时间/min
①	1530~1500	0.013	0.576	31
	1500~1495	0.001	0.069	40
	1495~1490	0.00013	0.005	1110
②	1530~1500	0.012	0.536	31
	1500~1495	0.0018	0.075	40
	1495~1490	0.0001	0.004	979
③	1530~1500	0.011	0.462	30
	1500~1495	0.0017	0.073	39
	1495~1490	0.0001	0.005	554
④	1530~1500	0.012	0.515	31
	1500~1495	0.0039	0.164	32
	1495~1490	0.0007	0.029	181
⑤	1530~1500	0.0024	0.856	23
	1500~1495		0	
	1495~1490		0	

　　但需要说明的是，由于实验设备本身的局限性，实验中模拟的流动方向与大铸锭中钢液的流动方向[图8-19(a)]有所不同，模拟的对流由炉体绕中心轴线在某一角度范围内的往复旋转运动[图8-19(b)]产生。

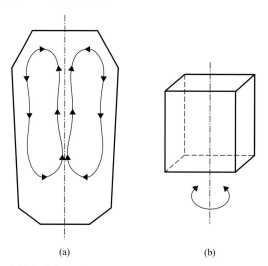

(a)　　　　　　　　　　(b)

图8-19　大铸锭内部钢液流动形态(a)和热模拟实验装置旋转形式(b)

将模拟单元按图 8-20 所示的方式进行剖分，观察其纵断面的宏观、微观组织及元素含量检测。

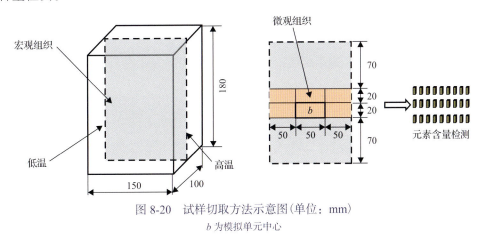

图 8-20 试样切取方法示意图（单位：mm）

b 为模拟单元中心

8.3.3 热模拟凝固组织分析

1. 宏观铸态组织

图 8-21 为五个模拟单元沿纵剖面宏观铸态组织照片。模拟单元①模拟铸锭中心位置，因此铸锭中缩孔位置与其他四个模拟单元有所不同。其他四个模拟单元的左侧面为低温面，右侧面为高温面，又因为上下面之间存在一定的温度梯度，缩孔的位置位于模拟单元的右上角。模拟单元⑤靠近锭模内壁位置的凝固组织，温度梯度最大，冷却速率最快，缩孔最大。

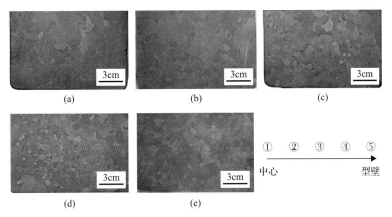

图 8-21 大型铸锭热模拟宏观组织

（a）～（e）分别为模拟单元①～⑤的宏观组织照片

对模拟单元中间高度 b 处的铸态组织进行观察（图 8-22），并进行晶粒尺寸统计，如表 8-2 所示：模拟单元①铸态晶粒尺寸最大，平均直径为 9.72mm；模拟单元⑤铸态晶粒尺寸最小，平均直径为 3.80mm。即越靠近铸锭的中心位置，铸态晶粒越粗大，离锭模越近, 铸态晶粒尺寸越小。

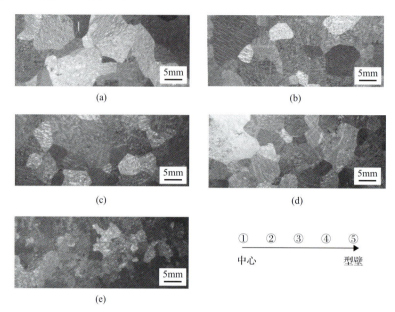

图 8-22 局部宏观组织照片

(a)～(e)分别为模拟单元①～⑤的宏观组织照片

表 8-2 模拟单元晶粒尺寸统计[10]

参数	模拟单元				
	①	②	③	④	⑤
晶粒尺寸/mm	9.72	7.75	7.21	6.31	3.80

2. 凝固组织

取位于模拟单元中心位置 b 处(图 8-20)的凝固组织进行观察。图 8-23 为五个模拟单元的凝固组织照片。可以看出, 在五个模拟单元的凝固组织中没有发现柱状晶, 全部为等轴树枝晶组织, 但是模拟单元①和模拟单元⑤为较为细小的等轴晶, 其他试样则为发达的等轴树枝晶组织, 这与大型铸锭解剖结果相符[319]。

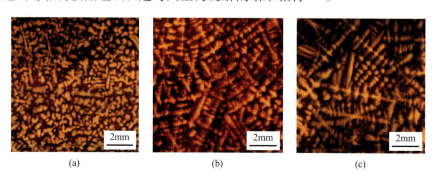

(a)   (b)   (c)

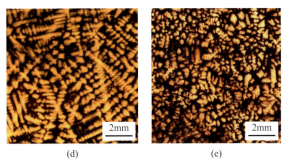

图 8-23　模拟单元的微观组织

(a)～(e)分别为模拟单元①～⑤的微观组织照片

对 SDAS 进行统计，结果如表 8-3 所示：模拟单元⑤的 SDAS 最小，为 85μm；模拟单元②～④的 SDAS 的相差不大，均在 200～250μm；模拟单元①的 SDAS 较模拟单元②～④小，为 120μm。

表 8-3　模拟单元 SDAS 统计

参数	模拟单元				
	①	②	③	④	⑤
SDAS/μm	120	248	203	210	85

8.3.4　冷却速率与凝固组织的关系

等轴树枝晶又称自由树枝晶，是在没有定向热流的熔体内部形成的。对立方晶系来说即在六个〈001〉晶向长大，在长大过程中，在这些主干(即一次枝臂)上，又可长出〈001〉晶向的二次臂，如果一次臂间距足够大，在二次臂上还会长出三次臂。当这些分枝的尖端进入相邻树枝晶的扩散场时，分枝将停止长大而开始枝晶臂的粗化过程[262]。粗化过程是二次枝晶臂的变大及三次臂的溶解过程，而一次臂是不会变的。等轴树枝晶多为棒状结构，这是由于它处于过冷液体包围之中，其结晶潜热的传出较为困难。枝晶长大时放出的潜热提高了枝晶臂连接处(这里溶质浓度高，液相线也低)的温度，促使局部区域熔化，使枝晶臂之间不再连贯而被低液相线物质隔绝。每当一个细的二次枝晶臂熔化时，局部间距就增大一倍。在凝固后金属中测到的 SDAS 在很大程度上由枝晶生长时的逐渐冷却过程决定的。

该实验条件下 SDAS(λ_2)与局部凝固时间(τ)的关系图 8-24 所示。二者之间符合如下关系：

$$\lambda_2 = 5.5 \times \tau^{0.22} \tag{8-1}$$

另外，凝固过程中产生的溶质再分配主要与液相中的混合程度有关。引入表征液体混合程度的参数为有效分配系数 k_e。由伯顿(Burton)、普里姆(Prim)和斯利克特

（Slichter）导出的著名方程：

$$k_{e} = \frac{k_0}{k_0 + (1-k_0)\mathrm{e}^{-R\delta/D}} \tag{8-2}$$

由式（8-2）可知，有效分配系数 k_e 是平衡分配系数 k_0 和无量纲参数 $R\delta/D$ 的函数。五个模拟单元中虽然水平方向存在一定的温度梯度，但数值较小；其凝固组织全部为等轴树枝晶，整个半径方向近乎全部为体积凝固方式，因此其正常偏析不明显。另外，模拟单元由于尺寸较小，大型铸锭中出现的底部负偏析、V 型偏析和 A 型偏析也均未体现。

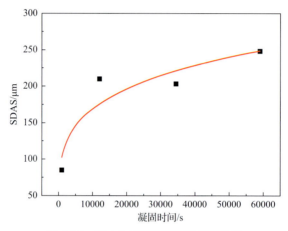

图 8-24　SDAS 与凝固时间的函数关系

8.3.5　强制对流对凝固组织的影响

1. 强制对流对铸锭铸态组织的影响

图 8-25 是大铸锭径向①～⑤五个位置热模拟铸锭在施加强制对流后的宏观铸态组织，通过和未加入强制对流热模拟实验的试样进行对比，发现试样的宏观铸态组织出现了较为显著的差异。

如图 8-25（a）所示，在施加强制对流后，①号热模拟铸锭宏观铸态组织边缘和底部细小等轴晶数量显著减少，在靠近坩埚底部细晶区的位置出现了粗大柱状晶组织，同时集中缩孔的尺寸相较于未施加强制对流时也明显增加，且位置更偏向试样的右侧高温端。图 8-25（c）是③号热模拟铸锭宏观铸态组织，也是几组对比实验中差异最明显的一组。在热模拟试样左下方，出现了十分发达的柱状晶组织，其长度超过了试样高度的 2/3；而试样的右下方，还出现了斜向 45°生长的柱状晶。图 8-25（e）是大铸锭边缘区域的热模拟宏观铸态组织，与未加强制对流相比，其晶粒更加细小且分布更加均匀。

综上可知，施加强制对流会造成热模拟试样宏观凝固组织中晶粒尺寸和分布的显著变化，表明大铸锭凝固过程中对流强度对宏观铸态组织形貌有重要影响。

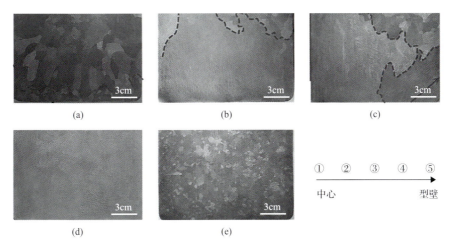

图 8-25　施加强制对流后凝固热模拟实验宏观凝固组织[318]

(a)～(e)分别为模拟单元①～⑤的宏观组织照片

2. 强制对流对铸锭凝固组织的影响

加入强制对流后，金属熔体中对流强度的显著提高必然也会带来微观凝固组织的差异。图 8-26 是施加强制对流作用后五个热模拟试样的微观凝固组织照片，照片选取

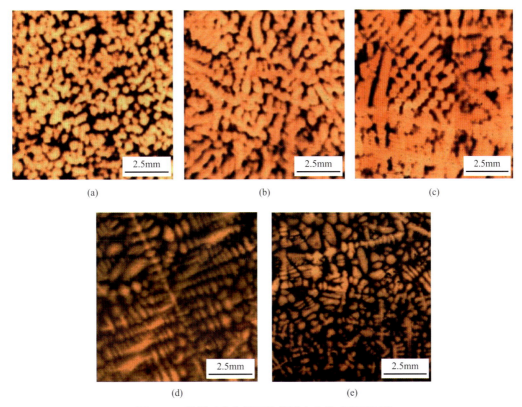

图 8-26　强制对流作用下热模拟实验微观凝固组织

(a)～(e)分别为①～⑤号试样的微观凝固组织照片

的位置与无强制对流时一致，位于每个试样的中心。由图 8-26 可以看出，施加强制对流的①号和⑤号样品的微观组织由细小的树枝晶、梅花状等轴晶以及球状等轴晶组成，但是晶粒更细小且分布更加均匀。而②~④号样品的微观组织大部分为较发达的等轴树枝晶和柱状树枝晶，枝晶形貌与分布规律和未施加强制对流的样品相似。

施加对流前后的 SDAS 统计结果如图 8-27 所示，可以发现强制对流并没有改变 SDAS 的分布规律。强制对流情况下，靠近铸锭边缘的⑤号试样的 SDAS 最小，为 326.3μm；越靠近铸锭中心 SDAS 越大，在②号处达到极大值 536.0μm。图 8-27 的对比结果还反映出强制对流引入后 SDAS 的变化并不明显，⑤号和①号试样微观组织的 SDAS 在加入强制对流后略有降低，②号试样的 SDAS 降低程度较大由 592.1μm 减小至 536.0μm，而④号与③号试样的 SDAS 略有增加。

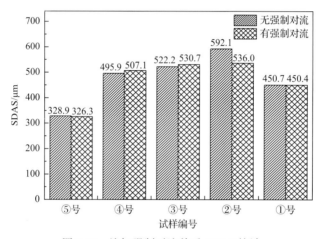

图 8-27　施加强制对流前后 SDAS 统计

①~⑤分别代表大铸锭中心、1/4 半径、1/2 半径、3/4 半径和边缘的热模拟凝固组织

对于大铸锭中心的①号热模拟铸锭来说，虽然施加强制对流前后 SDAS 差别不大，但是其微观组织形态却发生了较大程度的改变。当没有强制对流时，①号试样的微观组织中虽然有球状晶，但是大部分还是以细小的树枝晶形态存在；而施加强制对流后，①号试样的微观组织中大部分是以球状晶或梅花状等轴晶的形态存在，且分布均匀。其原因可能有以下几个方面：

（1）液相流动加剧了固液界面处的温度和溶质浓度波动，促使枝晶臂产生重熔甚至熔断，进而晶粒细化。

（2）缓慢冷却加上强制对流使等轴晶较为均匀地分布于整个铸锭。

（3）SDAS 与冷却速率具有单调对应关系，强制对流并未明显改变①号试样的冷却速率，因此其 SDAS 几乎没有变化。

3. 强制对流对铸锭成分偏析的影响

如图 8-28 所示，与未加强制对流的铸锭对比，施加强制对流的③号热模拟铸锭的宏观凝固组织变化最大，其底部生长的柱状晶长度超过了整个铸锭 2/3 的高度。在柱状晶区的左、中、右三个位置分别选取 A、B、C 三处，检测其轴向碳含量并计算碳偏析指数，获得碳偏析指数分布曲线。

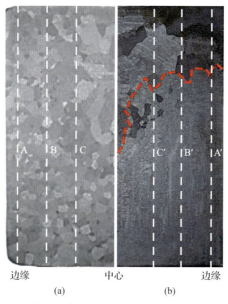

边缘　　　　中心　　　　边缘
(a)　　　　　　　　(b)

图 8-28　强制对流对③号热模拟铸锭低倍铸态组织影响及轴向偏析取样位置
(a)无强制对流；(b)强制对流

　　如图 8-29(a)所示，未施加强制铸锭轴向的碳偏析指数处于 0.97～1.06，且没有明显的碳宏观偏析现象；而施加强制对流的铸锭轴向的碳偏析指数处于 0.91～1.13，波动明显大于对比铸锭。由此可见，实验中引入的强制对流造成了铸锭竖直方向柱状晶的稳定生长，且形成较为严重的成分偏析现象。

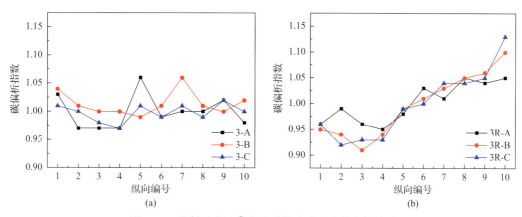

图 8-29　强制对流对③号试样纵向碳元素偏析的影响
(a)无强制对流；(b)强制对流

　　对于坩埚旋转法产生的强制对流对溶质偏析的影响，各研究者的结论不尽一致，观点也存在较大分歧。有研究者认为，在一定的转速下晶体组分的径向偏析可显著减小，但是不论在任何转速下，强制对流均能明显地增加晶体组分的轴向偏析[320, 321]。轴向偏析增加的主要原因是强制对流虽然能够使得熔体中的浓度场趋于均匀化，但是却显著增加了固液界面的弯曲，另外强制对流还引起了固液界面局部生长速率的较大波动。界面弯曲的增大以及生长速率的振荡均可能导致轴向偏析程度的增加。作者认为，坩埚旋转引起的强制流动促进了液相溶质的混合，减小了成分过冷，利于固液界面的稳定，最终形成柱状晶发达和凝固末端正偏析现象。该现象似乎预示着抑制大型铸锭内部的对流更有利于获得均匀的凝固组织和元素分布，但仍需要进一步的研究和验证。

最后需要指出的是，由于强烈的对流和晶体的沉降，对铸锭的一个局部单元而言是处于一个开放体系(与外界既有能量交换也有物质交换)。应用本章提出的基于特征单元热相似性的冶金热模拟技术研究铸锭凝固过程与实际生产情况难免有一定的偏差，仍需研究者根据凝固理论进行合理分析和判断。

第9章

异质形核热模拟技术及其应用

生产条件下金属凝固均始于异质形核，促进异质形核可以有效细化金属凝固组织，因此开发高效异质形核剂一直是冶金和铸造工作者不懈努力的方向之一。异质核心的形核能力取决于衬底与熔体间界面能大小，宏观上体现为熔体形核过冷度，而微观层面则是异质核心与金属熔体之间的界面起主导作用。遗憾的是，人们对异质形核机理的认识仍然非常有限，这主要是因为没有把宏观过冷度和微观界面结合起来进行研究。异质形核热模拟方法可以实现金属液在特定晶体的特定晶面上发生的异质形核现象观测，获得不同晶体及晶面的异质形核过冷度及润湿角等数据，为形核研究提供了一种新的手段。本章主要介绍异质形核热模拟技术及装置，并简要介绍利用该方法开展的部分理论研究。

9.1 异质形核热模拟技术

9.1.1 技术原理

理论和实验均表明，金属熔体与形核衬底间的界面是影响异质形核条件及其过程的关键，因此其特征单元即为衬底与金属间的界面(图 9-1)。

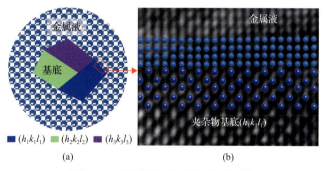

■ $(h_1k_1l_1)$ ■ $(h_2k_2l_2)$ ■ $(h_3k_3l_3)$
(a)   (b)

图 9-1 异质形核的特征单元示意图
(a)异质形核示意图；(b)衬底与金属间界面

金属异质形核热模拟方法是提取形核衬底与金属熔体界面作为凝固热模拟特征单元，通过差热分析和润湿角观测获得熔体异质形核行为与质点种类、晶面取向、衬底状态及熔体冷速的关系，通过异质形核过冷度及界面张力数据可以定量分析质点不同晶面异质形核能力及其机制(图 9-2)。在实验条件下控制衬底的不同晶面与金属液接触，并模拟不同的热过程，即可以实现异质形核的热模拟研究。为实现不同衬底界面与金属的接触，实际模拟实验中可将金属熔体滴落在表面为特定晶面的单晶来模拟衬底与金属液之间的界面，从而实现对不同晶面形核过程的模拟。

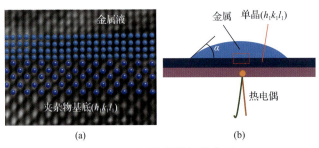

图 9-2　异质形核热模拟技术原理
(a)形核界面；(b)异质形核热模拟

9.1.2　主要功能

异质形核热模拟仪可以模拟生产条件下的冷却速率，同时获得不同冷却速率下润湿角和形核过冷度。此外，该装置还设计了高温挤压落滴机构，以避免液滴及其与衬底接触界面的氧化，排除由于液滴表面氧化等因素对实验结果的影响。

设备主要由加热炉、温度控制系统、挤压滴落系统、信号采集及同步成像系统、气路循环系统组成，如图 9-3 所示。炉体采用电阻加热，工作温度为室温至 800℃（或

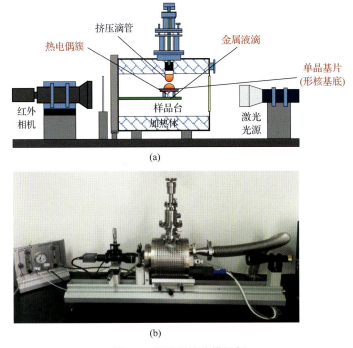

图 9-3　异质形核热模拟仪
(a)装置示意图；(b)设备实物图

室温至 1600℃），温度控制精准，升降温曲线平稳。金属放置于挤压滴落系统内加热熔化，待到指定试验温度通过机械挤压方式将熔融液滴滴落于单晶基板上。温度信号采集使用 S 型热电偶采用差热方式测量，量程为 ±10～±1000μV，灵敏度为 0.01μV，噪声为 0.01μW。成像系统电荷耦合器件(CCD)快速摄像机的采集频率最高可达 120 帧/s。气路循环系统主要由高纯氩气(99.999%)和净化系统组成。工作原理可简述为：采用差示量热精确控制及记录液滴凝固所需过冷度，同步利用激光照明及成像技术记录液滴在单晶表面的凝固过程。

该装置有以下特点：①借助示差扫描量热法(DSC)精细量热方式获得异质核心与金属形核过冷度；②突破 DSC 不可视的局限性，实现在升温、降温的过程中观察金属与异质形核衬底的形貌；③熔融金属挤压滴落，有效过滤样品表面的氧化膜。

9.2　Au 的异质形核机理研究

Au 的化学性质稳定且不易氧化，是理想的异质形核实验材料。为探究晶格错配度、冷速和形核相尺寸等因素对 Au 异质形核的影响，盛成[322]采用异质形核热模拟仪，通过单因素实验研究各变量对 Au 异质形核过程的影响规律。

9.2.1　不同衬底触发 Au 形核的过冷度

为减少杂质颗粒对实验过程及结果的影响，选择纯度为 99.995% 的高纯金为研究对象，其液相线为 1064.7℃(1337.85K)[323]，主要的杂质元素及其含量见表 9-1。

表 9-1　高纯 Au 中的杂质含量

元素	含量/10^{-6}	元素	含量/10^{-6}	元素	含量/10^{-6}
Pt	0.67	Cd	<0.1	Ca	0.69
Cu	0.37	Mg	0.29	Pd	0.033
Pb	0.92	Zn	0.18	Al	<0.1
Sb	<0.1	Ag	0.64	Cr	0.24
Si	0.22	Fe	0.055	Ni	<0.1
Sn	0.024	Bi	0.017	Mn	0.015

选取的单晶衬底包括 $MgAl_2O_4$、MgO 和 Al_2O_3，其尺寸为 $\Phi8mm \times 0.5mm$。其中 $MgAl_2O_4$、MgO 的晶格常数与 Au 较为接近，且均属于立方晶系，而 Al_2O_3 的晶格系数与 Au 相差较大，晶格类型不同。故从晶体学的角度来说，$MgAl_2O_4$、MgO 比 Al_2O_3 的形核效用更强，因此选用这三类衬底以作比对。

为减少单晶片表面粗糙度对实验结果的影响，在实验前对单晶衬底进行抛光，并用原子力显微镜(AFM)进行表面粗糙度检测。$MgAl_2O_4$(100)、MgO(100) 和 Al_2O_3(0001)单晶衬底抛光面的粗糙度(Ra)如表 9-2 所示，可以看到 Ra 均控制在 5Å(1Å=

$1×10^{-10}$m=0.1nm)以下，且数值非常接近。因此，该实验中不同材质和取向的单晶衬底横向比较时可不考虑表面粗糙度的差异。

表 9-2　MgAl₂O₄、MgO、Al₂O₃ 衬底各取向的粗糙度(Ra)统计

参数	MgAl₂O₄ 衬底取向			MgO 衬底取向			Al₂O₃ 衬底取向	
	(100)	(110)	(111)	(100)	(110)	(111)	(0001)	(11$\bar{2}$0)
Ra/nm	0.116	0.177	0.122	0.276	0.169	0.268	0.188	0.225

9.2.2　Au 在不同单晶衬底的形核过冷度

三种单晶片(八个取向)各选一片作为衬底，分别测量 Au 在其上熔化(T_m)和开始凝固温度(T_s)，根据公式 $\Delta T=T_m-T_s$ 可求得过冷度。结果显示，Au 在不同衬底和不同取向的单晶片的熔化温度几乎完全相同，即熔点没有变化。

以过冷度 ΔT 为纵坐标，最小错配度 δ 为横坐标(图 9-4)，可以看到，Au 在三个 MgO 单晶衬底和三个 MgAl₂O₄ 单晶衬底上的过冷度较为接近，分别在 8℃和 9℃左右；而 Au 在 Al₂O₃(11$\bar{2}$0) 和 Al₂O₃(0001) 衬底上的过冷度明显变大，均超过 12℃。总体上来说，Au 在衬底上形核的过冷度随着最小错配度的增大而逐渐增加。

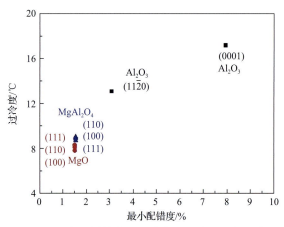

图 9-4　Au 在不同衬底上过冷度和最小错配度的关系

9.2.3　不同衬底触发 Au 形核统计结果

为进一步确定错配度与过冷度之间的关系，选取了 MgAl₂O₄(100)、MgO(100)、Al₂O₃(11$\bar{2}$0) 和 Al₂O₃(0001) 四个衬底，它们和 Au 之间的最小错配度分别为 1.54%、1.50%、3.08%和 7.93%。按照实验程序分别重复 30 次实验，测得的过冷度统计结果如图 9-5 所示，四个体系的过冷度均存在一定范围的波动。Au/MgAl₂O₄(100) 和 Au/MgO(100) 的过冷度较为接近，均在 7.5～17.5℃范围内；而 Au/Al₂O₃(11$\bar{2}$0) 和 Au/Al₂O₃(0001) 的过冷度分别在 10～22.5℃和 15～27.5℃范围内，且根据数据分布前者更集中于 12.5～17.5℃，后者集中于 22.5～27.5℃[324]。尽管过冷度值在较宽的范围内波动，

但过冷度总体随晶格错配度的增大而增大。由此可以得出：熔体与衬底之间的错配度对过冷以及非均匀形核起着重要作用。该实验也证明，相较于 Al_2O_3，Au 在 $MgAl_2O_4(100)$ 和 $MgO(100)$ 的形核过冷度较小，二者是更强的异质形核衬底。

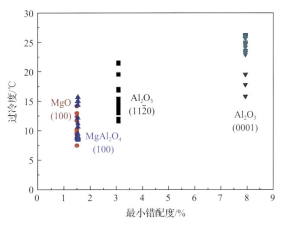

图 9-5 Au 在不同衬底上过冷度的统计结果

9.2.4 冷速对 Au 形核过冷的影响

在实验程序中设置三种不同的冷速，分别为 2℃/min、10℃/min 和 20℃/min，探究不同冷速下过冷度的变化规律。首先选用 $MgAl_2O_4(100)$、$MgAl_2O_4(110)$ 和 $MgAl_2O_4(111)$ 三种单晶片作为预实验衬底，形核相 Au 的质量为 30mg±3mg。每组衬底按照实验程序运行两次，测得 Au 液相线及凝固点，并计算得到形核过冷度。

如图 9-6 所示，在所有观测 $MgAl_2O_4$ 衬底中，冷却速率和过冷度之间的关系相同，即过冷度的值随着冷却速度的增加而线性增长。并且对于同一冷却速率，$MgAl_2O_4$ 各取向衬底（晶格错配度相同）的过冷度较为接近[322]，其变化规律并没有因衬底外露面的改变而变化，说明二者之间是相互独立的因素。

为了进一步验证这一规律，分别在 $MgAl_2O_4(100)$ 和 $Al_2O_3(11\bar{2}0)$ 的衬底上进行 30 次过冷度实验。如图 9-7(a) 和 (b) 所示，当冷却速率 R=2℃/min 时，Au/$MgAl_2O_4(100)$ 体系的过冷度在 2～8℃范围内，Au/$Al_2O_3(11\bar{2}0)$ 体系的过冷度在 5～12℃范围内；当

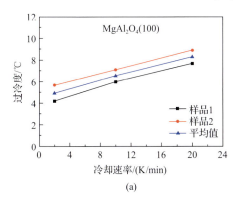

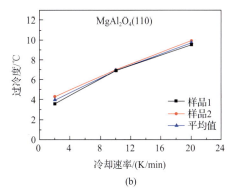

(a)   (b)

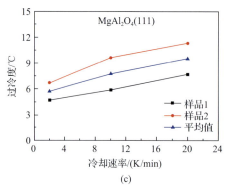

(c)

图 9-6　冷速速率对不同形核衬底 Au 形核过冷度的影响

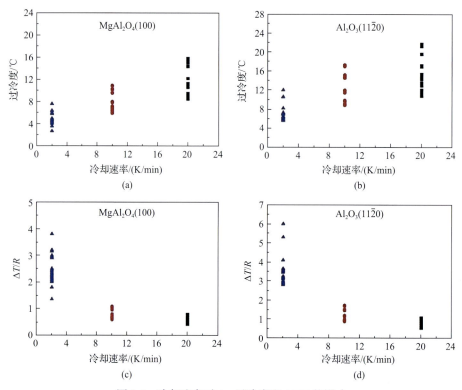

图 9-7　冷却速率对 Au 过冷度和 $\Delta T/R$ 的影响

(a)在 MgAl₂O₄(100)上凝固 Au 的过冷度；(b)在 Al₂O₃(11$\bar{2}$0)上凝固的 Au 的过冷度；(c)在 MgAl₂O₄(100)上凝固 Au 的 $\Delta T/R$；(d)在 Al₂O₃(11$\bar{2}$0)上凝固的 Au 的 $\Delta T/R$

冷却速率 R=10℃/min 时，Au/MgAl₂O₄(100)体系的过冷度在 6～12℃ 范围内，Au/Al₂O₃(11$\bar{2}$0)体系的过冷度在 8～18℃ 范围内；当冷却速率 R=20℃/min 时，Au/MgAl₂O₄(100)体系的过冷度在 8～16℃ 范围内，Au/Al₂O₃(11$\bar{2}$0)体系的过冷度在 10～22℃ 范围内。虽然测量结果有一定的波动，但仍然明显遵循如下规律：随着冷却速率的增加，形核过冷度升高。

9.2.5　Au 的润湿角

在经典形核理论球冠模型中，润湿角 θ 是衡量衬底形核效用的重要参数，宏观润湿角如图 9-8 所示。

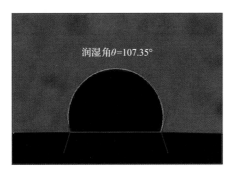

图 9-8　宏观润湿角测量示意图

润湿角的计算公式如式(9-1)所示：

$$\cos\theta = \frac{\sigma_{LC} - \sigma_{SC}}{\sigma_{LS}} \tag{9-1}$$

式中，σ_{LS} 为晶核和熔体的界面能；σ_{LC} 为熔体和衬底的界面能；σ_{SC} 为晶核和衬底的界面能。

然而对于三个界面能，通常难以在实验中直接测量，因此需要借助其他方式加以求解润湿角。

根据黄诚等[325]提出的非均质形核润湿角数学模型，结合本章实验结果，提出以下假设条件：

(1)所有液滴假设为球形且具有相同的半径。

(2)液滴液相线一致即熔化温度 T_m 为常数。

(3)开始凝固的温度定义为 DSC 测到的形核过冷度。

(4)不考虑凝固动力学因素的影响。

式(9-2)为润湿角计算模型[326]：

$$f(\theta) = \frac{\Delta T_{he}^{2} T_{he}}{\Delta T_{ho}^{2} T_{ho}} \tag{9-2}$$

对于多数常见的金属，其均质形核的过冷度是液相线的 0.15～0.25，即 $\Delta T/T_m =$ 0.15～0.25，见表 9-3。对于 Au/MgAl$_2$O$_4$(100)体系，取过冷度 $\Delta T = 9$℃，可以算得 $f(\theta) =$ 1.8112×10^{-3}，即 $\theta_1 = 18.18°$；对于 Au/Al$_2$O$_3$(0001)体系，取过冷度 $\Delta T = 24.5$℃，则 $f(\theta) =$ 1.3265×10^{-2}，$\theta_2 = 30.34°$。比较 Au/MgAl$_2$O$_4$ 和 Au/Al$_2$O$_3$ 体系，相同条件下，前者的过冷度总体小于后者，故 Au 在 Al$_2$O$_3$ 衬底上的润湿角大于 Au 在 MgAl$_2$O$_4$ 上的润湿角。因此，对于形核相 Au，MgAl$_2$O$_4$ 是比 Al$_2$O$_3$ 更强有力的异质形核衬底，符合错配度理

论的预测，同时也符合过冷度的测量结果。

表 9-3　部分金属元素的液相线及均质形核温度

金属元素	液相线 $T_m/℃$	均质形核温度 T/K	$\Delta T/T_m$
Ag	961.3	1006.7	0.185
Al	659.8	801.7	0.141
Au	1064.4	1106	0.173
Cu	1084.4	1120	0.175
Fe	1533.6	1508	0.165
Sn	231.5	400.7	0.206

9.3　Al 的异质形核机理研究

Al 是应用最广泛的有色金属，研究其异质形核问题具有重要的现实意义。如果其中的氧化物经过改性，能作为 Al 液异质形核的有效核心，这对于细化 Al 及其合金具有重大的意义。但是，氧化物是否可以作为 Al 熔体有效的异质形核衬底，衬底触发异质形核能力的大小是否和晶体取向有关，以及怎样评价氧化物的异质核心形核能力仍需深入研究。孙杰[324]利用异质形核热模拟仪探究了 Al 在不同形核衬底的形核特点并进行了细致表征和分析。

9.3.1　不同质形核衬底过冷度

本节分别选用不同取向 $MgAl_2O_4$、MgO 和 Al_2O_3 衬底进行实验。实验程序如图 9-9(a) 所示，升温至 750℃保温 27min，通过挤压将铝液滴在衬底上，液滴在基片上保温 3min 开始以 15℃/min 速率降温。为避免实验反复多次循环引起的界面反应对结果的不可控，采用多组测量。冷速是影响过冷度的重要因素，因此每次实验冷却速率保持一致。

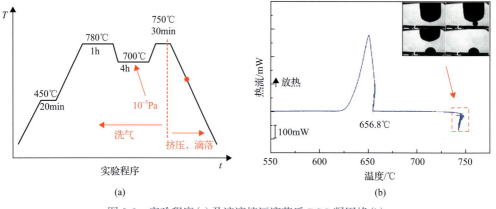

图 9-9　实验程序(a)及液滴挤压滴落后 DSC 凝固峰(b)

　　为避免氧化，液滴采用机械挤压方式滴落于单晶基片上。在挤压过程中 DSC 曲线会出现热扰动而出现信号波动，如图 9-9(b) 所示，因此挤压完成并撤走挤压杆后，液滴在基片上以 750℃保温 3min，然后完成形核凝固实验，在液滴凝固后再以等同速度(降温速率 15℃/min)升温来测得其在基片上的熔化温度 T_m，取熔化温度 T_m 与凝固温度 T_n 的差值为过冷度。

9.3.2　Al 在不同衬底上异质形核的过冷度

　　为减小测量偶然性误差，Al/MgO 不同晶面共进行了 12 次实验，每组实验重复 4 次。DSC 凝固峰如图 9-10 所示，通过切线法可以计算出不同形核温度 T_n；在进行不同组基片实验前，分别采用标准试样(Sn，Zn，Al，Ag)进行温度校正，因而虽采用不同晶面实验，但 Al 在不同单晶面上 T_m 液相线均为 660.3℃，继而可以计算出不同晶面取向上形核过冷度(T_m-T_n)。重复测试表明，Al 在不同 MgO 晶面过冷度都有小范围(3～4℃)的波动，不同取向温度波动趋势较为一致：4.2～7.9℃、3.8～7.5℃、3.4～7.3℃(表 9-4)。

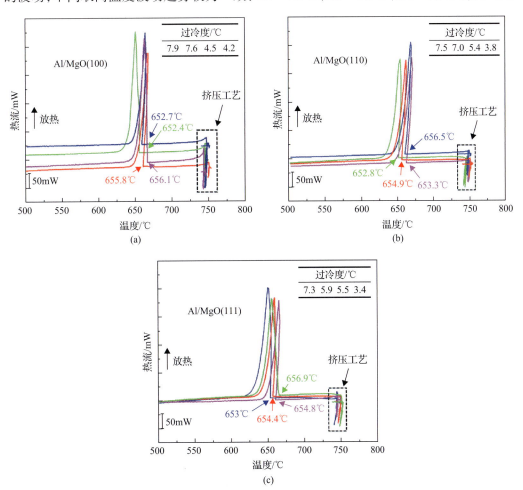

图 9-10　在 15℃/min 的冷却速率下不同单晶 MgO 晶面的过冷度

表 9-4   Al/MgO 体系不同晶面实验测得过冷度

晶面	Al/MgO 体系过冷度/℃			
(100)	7.9	7.6	4.5	4.2
(110)	7.5	7.0	5.4	3.8
(111)	7.3	5.9	5.5	3.4

Zhang 等[327]通过激光加热红外测温方式研究了 Al 在 MgO 和 MgAl$_2$O$_4$ 不同晶面上过冷,其加热温度达 1027℃,发现 Al 在 MgO 和 MgAl$_2$O$_4$ 的不同晶面上形核的平均过冷度在一个相当大的范围内波动(16℃),且未受衬底外露晶面取向的影响。同时,文献[328]~[331]报道了 Al 在 MgO 界面的化学反应,可以推测其反应会不同程度地影响或者干扰 MgO 作为异质形核衬底的有效性,认为由于高温反应生成多类界面产物,造成其界面多样性而触发不同界面形核机制。

由 Al/Al$_2$O$_3$ 体系不同晶面过冷度可以看出,Al$_2$O$_3$ 对 Al 形核过冷度影响相对于 MgO 和 MgAl$_2$O$_4$ 基片影响较大,温差有 10~15℃。同时,不同晶面取向对过冷度影响范围较大。Uttormark 等[332]通过熔盐包覆在冷却速率 50℃/min 的条件下,循环统计 850 次测得 80μm 纯 Al 液滴形核过冷度,发现波动范围较大(38.6~48.8℃)。此类异质形核研究中,李建国教授团队采用气悬浮激光加热方法[38, 327, 333, 334],以 MgAl$_2$O$_4$ 及 MgO 和 Al$_2$O$_3$ 作为研究对象,研究发现形核相 Al 在 Al$_2$O$_3$ 不同晶面上过冷度分布在 3.5~39.6℃,在 MgO 和 MgAl$_2$O$_4$ 不同晶面上 Al 形核过冷度分布在 15~31℃。

由 Al/MgAl$_2$O$_4$ 体系过冷度如表 9-5 所示,可以看出不同晶面取向对过冷度影响很小,在(100)、(110)及(111)晶面上分别为 1.8~4.2℃、2.2~6.7℃及 1.7~5.9℃,不同晶面取向对过冷度的影响并不明显。

表 9-5   Al/MgAl$_2$O$_4$ 体系不同晶面实验过冷度

晶面	Al/MgAl$_2$O$_4$ 体系过冷度/℃				
(100)	1.8	2	2.3	3.5	4.2
(110)	2.2	2.9	3.5	6.7	—
(111)	1.7	3.3	5.5	5.9	—

Al/Al$_2$O$_3$ 体系过冷度如表 9-6 所示,可以看出(0001)、($1\bar{1}02$)及($11\bar{2}0$)晶面上过冷度区间分别为 15.3~27.3℃、12.1~29.1℃及 13.5~25.2℃,可以看出 Al$_2$O$_3$ 对 Al 形核过冷度影响相对于 MgO 和 MgAl$_2$O$_4$ 衬底影响较大,整体温度增加 10~15℃。同时,相同晶面取向对过冷度影响范围也较大,约有 12℃。

表 9-6   Al/Al$_2$O$_3$ 体系不同晶面实验过冷度[335]

晶面	Al/Al$_2$O$_3$ 体系过冷度/℃					
(0001)	15.3	18.7	19.6	20.1	25.1	17.4
	15.7	22	16.6	17.1	27.3	—

续表

晶面	Al/Al$_2$O$_3$体系过冷度/℃					
（1$\bar{1}$02）	12.1	16.1	21.3	23	20.1	21.7
	26.2	29.1	23.4	17.5	21.6	—
（11$\bar{2}$0）	13.5	19.6	14	21	24.9	25.2
	18.9	14.7	17.9	11.9	16.1	10.7

该实验采用 DSC 测量的形核过冷度相比其他研究者的温度低，其界面形貌及形核机制将在后续重点讨论。同时，为避免界面可能发生的反应对实际凝固温度的影响，该实验均采用单次实验测得液滴实际凝固过冷度，因而每组实验数据均有其独立性。

9.3.3 形核过冷度与异质界面尺寸

为解释液滴在衬底上凝固过程及影响规律，液滴尺寸也是一个至关重要的参数。Yang 等[336]研究了单个 Sn 微滴的快速热分析过程，发现在较小微滴尺寸范围内，微滴尺寸对过冷度有一定影响。由表 9-4～表 9-6 可以看出：Al 在同一取向单晶衬底上其过冷度也存在不同程度的波动。实验采用液滴挤压滴落方式，因而其球冠尺寸不可避免会存在少许差异（直径 1.5～2mm），但是为了精确测得实际尺寸，因而在试验后测得衬底+液滴质量与单晶衬底质量差（$m_{衬底+液滴}-m_{衬底}$），再根据球冠润湿角计算出其精准直径（图 9-11）。

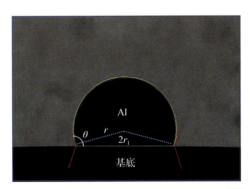

图 9-11　液滴/衬底宏观润湿角测量和计算[323]

该实验主要考察不同晶面异质相对液滴形核的影响，同时要考虑液滴与晶面实际接触面大小，因此不再仅仅局限于研究液滴异质相尺寸的大小与过冷度的关系，而要考虑形核相与异质相实际接触面的大小。取液滴的球形半径为 r，则形核相 Al 的体积及尺寸分别可以用式（9-3）和式（9-5）表示：

$$V = \frac{m}{\rho} \tag{9-3}$$

$$V = \int_0^{2\pi} \mathrm{d}a \int_0^{\theta} \sin\varphi \mathrm{d}\varphi \int_0^r \beta \mathrm{d}\beta = \frac{2\pi r^3}{3}(1-\cos\theta) \tag{9-4}$$

$$d = 2r = 2 \times \sqrt[3]{\frac{3V}{2\pi(1-\cos\theta)}} \tag{9-5}$$

$$r_1 = r\sin\theta = \sqrt[3]{\frac{3V}{2\pi(1-\cos\theta)}} \times \sin\theta = \sqrt[3]{\frac{3m}{2\pi\rho(1-\cos\theta)}} \times \sin\theta \tag{9-6}$$

式(9-3)～式(9-6)中，m、ρ 及 V 分别为形核相质量、密度及体积；d 为形核相的直径；θ 为宏观润湿角；r_1 为液滴与衬底接触半径。

液滴/衬底宏观润湿角的测量和计算如图 9-11 所示。液滴质量通过分析天平称量，测量精度为 0.1mg，Al 球冠取 600℃固态密度 2.71g/cm³ 进行计算。

由表 9-7 可以得到 Al 在 Al₂O₃ 和 MgAl₂O₄ 晶面上的过冷度及宏观润湿角，其过冷度与液滴/衬底接触半径关系如图 9-12 所示，可以看出 Al 在 Al₂O₃ 和 MgAl₂O₄ 两者晶面上过冷度都随着液滴与衬底接触半径增大而减小，且在 Al₂O₃ 上的趋势较大。

表 9-7　Al₂O₃(0001)和 MgAl₂O₄(110)晶面过冷度及宏观润湿角[323]

Al₂O₃(0001)晶面				MgAl₂O₄(110)晶面			
ΔT/℃	m/mg	θ/(°)	r_1/mm	ΔT/℃	m/mg	θ/(°)	r_1/mm
15.7	7.7	96.78	1.1023	2.2	6.9	103.5	1.0406
16.6	7.2	99.02	1.0667	2.9	5	105.8	0.9241
17.1	4.5	100.5	0.9145	3.5	4.7	103.6	0.9139
18.7	2.8	99.7	0.7788	6.7	2.4	110.5	0.7028
22	2.2	99.8	0.7195	—	—	—	—
25.1	2.3	103.6	0.7194	—	—	—	—

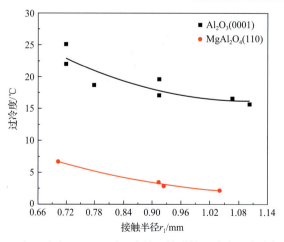

图 9-12　Al 在 Al₂O₃(0001)和 MgAl₂O₄(110)晶面的形核过冷度及液滴与衬底接触半径[323]

根据经典形核理论，在凝固开始时至少有一个形核核心形成，对于体积形核，可以获得如下计算表达式：

$$J_V V t = 1 \tag{9-7}$$

式中，J_V 为单位体积的形核率；V 为形核相体积；t 为形核时间。

对于直径 d，形核相体积 V 可用式 (9-8) 表示：

$$V = \frac{\pi d^3}{12}(1 - \cos\theta) \tag{9-8}$$

形核率可以表示为

$$J_V = N_c \frac{kT}{3\pi a_0^3 \eta} \exp\left[-\frac{16\pi \sigma_{SL}^3 f(\theta)}{3kT\Delta G_V^2}\right] \tag{9-9}$$

式中，N_c 为单位体积的形核质点数；a_0 为原子半径；k 为玻尔兹曼常数；σ_{SL} 为固液界面能；θ 为熔体与异质核心之间的润湿角；$f(\theta)$ 为形核因子；η 为熔体黏度；ΔG_V 为形核驱动力。

在该实验中，冷却速率固定 (15℃/min)，近似条件及中等过冷度情况下，熔体黏度随温度的变化相比于形核驱动力随温度的变化可以忽略。同时，形核时间 t 可以用 $\Delta T/R$ 表示。凝固前后，不考虑 Al 的固液比热差，则过冷度和形核驱动力的关系可以表示为

$$\Delta G_V = \Delta H_V \frac{\Delta T}{T_m} \tag{9-10}$$

$$d^3 = \frac{A}{T\Delta T} \exp\left(\frac{B}{T\Delta T^2}\right) \tag{9-11}$$

式中，$A = \dfrac{36a_0^3 R\eta}{kN_c(1-\cos\theta)}$；$B = \dfrac{16\pi \sigma_{SL}^3 T_m^2 f(\theta)}{3k\Delta H_V^2}$；$\Delta H_V$ 为体积焓变。

从式 (9-10) 可以看出，过冷度随着形核相液滴尺寸的增大而单调减小，这与实验结果一致。官万兵等[337, 338]研究了纯 Al 的液滴尺寸与过冷度的关系，认为形核相尺寸越小，其相对的冷却速率较大，因而也得到了形核相尺寸越小，过冷度越大的结论。Yan 等[339]和 Ruan 等[340]通过建立理论模型的方法对 AlGe 合金凝固过程进行计算，得到了过冷度与液滴尺寸的变化关系：液滴尺寸减小时过冷度随着微滴尺寸增加趋于提高。该实验中，其关系与图 9-12 所得的微滴尺寸与过冷度的关系近乎一致。Wang 等[341]研究了不同尺寸 Au 在 Al$_2$O$_3$ 衬底上过冷度关系，也验证该类结果。该实验中，Al 液滴尺寸相对其他尺寸较大，同时，液滴内存在同等条件异质核心下，可以看出相对于异质衬底对其过冷度的影响程度较小。

9.3.4　异质形核过冷度与错配度

异质相衬底晶体取向 (错配度) 对形核过冷度的影响存在争议。该实验中，通过挤压方式保证了异质相界面与熔体 Al 完全接触的同时，也保证了衬底与形核相的相界面

无氧化可能。选取了不同晶面的单晶衬底作为衬底,采用DSC多次实验测得形核过冷度。

对于MgO、MgAl$_2$O$_4$和Al$_2$O$_3$三组不同形核衬底,依据电子密度计算可知:Al$_2$O$_3$具有强形核作用,而MgO与MgAl$_2$O$_4$形核作用较弱。根据Bramfitt二维点阵错配度,由于形核相Al的点阵结构与异质相MgO及MgAl$_2$O$_4$均为面心立方(fcc)结构,因而在Al/MgO(100)、(110)及(111)不同晶面最小错配度均为1.12%,相同结构的Al/MgAl$_2$O$_4$(001)、(011)及(111)不同晶面最小错配度均为1.20%,然而由于Al$_2$O$_3$六方结构(hcp)不同晶面(11$\bar{2}$0)、(0001)及(1$\bar{1}$02)间最小错配度差异较大,分别为4.03%、8.08%及8.40%,可以看出MgO及MgAl$_2$O$_4$形核能效要大于Al$_2$O$_3$等晶面。图9-13(a)为不同体系、不同晶面的过冷度,对比可以看出其过冷度存在一定差异,对于同一异质相,其化学性质无差别,而不同晶面差别仅在表面原子排列结构的不同,对比可判断其是否为造成过冷度差异的影响因素。Al/MgO体系不同晶面过冷度与Al/MgAl$_2$O$_4$较接近,同时均远远小于Al/Al$_2$O$_3$的过冷度(表9-4~表9-6);图9-13(b)为Bramfitt通过对不同化合物对铁催化形核研究,将一维错配度扩展到了二维错配度,同时建立了错配度小于15%时形核过冷度及晶格错配度(δ)关系模型,其函数关系为

$$\Delta T = 0.09\delta^2 \tag{9-12}$$

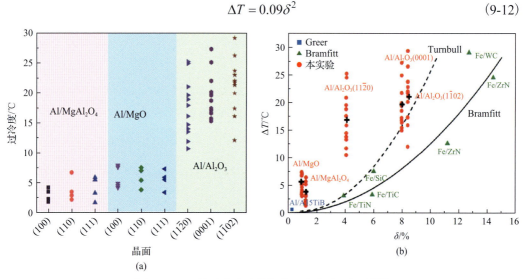

图9-13 Al的过冷度及其与错配度的关系拟合[323]
(a)不同晶面不同体系过冷度;(b)不同体系错配度及对应过冷度

Turnbull和Vonnegut[33]研究提出形核相与异质衬底晶体结构,点阵常数越接近,晶格错配度度越小,其异质形核能力越强,即形核过冷度越小。其在经典错配度/过冷度理论中提出过冷度抛物线关系:

$$\Delta T = \left(\frac{c \times 10^{-1}}{\Delta S_V} \right) f^2 \tag{9-13}$$

式中,f为错配度。

本节采用二维错配度对其进行修正，因而式(9-13)可以写成式(9-14)：

$$\Delta T = k\left(\frac{c \times 10^{-1}}{\Delta S_V}\right)\delta^2 \tag{9-14}$$

式中，k 为二维错配度与一维错配度修正系数；c 为形核相弹性模量，GPa；ΔS_V 为熔化熵，J/(mol·K)。

本章研究对象纯 Al 的弹性模量为 72GPa[33]，熔化熵为 28.25J/(mol·K)[342]。

由图 9-13(b)可以看出，Al 在不同晶面间过冷度及不同体系过冷度与错配度关系拟合，整体结果来看，其变化趋势合乎过冷/错配理论。其中 MgO 体系不同晶面过冷度与 MgAl$_2$O$_4$ 体系过冷度较为接近：一方面由于两者最小错配度相差极小；另一方面有文献研究发现，液态 Al 在 MgO 界面化学反应生成 MgAl$_2$O$_4$ 等产物，替代了原先形核衬底，从而影响了形核过程。同时，实际相界面晶向关系是否匹配最小错配值，将在后面分析讨论。

需要注意到的是，错配度略小的 Al/MgO 的过冷度却要稍大于 Al/MgAl$_2$O$_4$ 的过冷度。鉴于有许多研究[343-345]认为 Al/MgO 与 Al/MgAl$_2$O$_4$ 在高温下会发生一系列界面反应，衬底上界面的形核过程较为复杂。因此，有必要对 Al/MgO 和 Al/MgAl$_2$O$_4$ 的实际界面进行分析研究。此外，在金属液的凝固过程中，形核衬底与金属液间的界面结构和性质对形核过程有着决定性的影响。作为 Al 的强异质形核剂的 MgAl$_2$O$_4$ 和 MgO 与作为弱形核剂 Al$_2$O$_3$ 的形核机制可能并不相同，因此也非常有必要对其界面进行对比研究。

9.4 Al 在不同异质衬底的择优生长

根据 Oh 等[46]的研究结果，熔体在邻近固相界面的结构受固相影响。因此 Al 熔体在固相上的凝固过程可能会受到异质相晶面结构的影响，从而影响形核相 Al 的择优生长。为尽可能准确地测得邻近衬底形核相的择优取向，首先采用 NaOH 腐蚀去掉不同基片上的 Al 液滴球冠，而后使用 Buehler 6000 目砂纸细磨至约 20μm 厚，同时为了避免单晶衬底特征峰过强，采用 Micro-XRD 测得形核相 Al 近异质相界面取向生长。

图 9-14 为两组邻近 MgO 不同晶面上微区 X 射线衍射图及过冷度，衬底的不同晶面取向对形核相 Al 的择优生长取向有一定的影响，由于 Al 是面心立方结构，其自然生长面为(111)面，即使在不同衬底上均有较强特征峰(111)。对比图 9-14(a)和(b)中两次检测的相同取向衬底上的特征峰，在 MgO(100)上 Al 的择优晶面均为(200)和(111)，在 MgO(110)上择优晶面分别为(111)和(220)、(111)，在 MgO(111)上择优晶面分别为(111)和(111)、(200)。也正是由于不同的取向，其对过冷度的影响程度也不一致。可以看出晶面匹配越好，其过冷度相对较小，符合晶面错配度越小，过冷度越小理论。

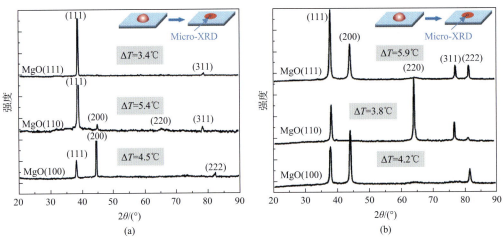

图 9-14　两组纯铝液滴在 MgO 不同单晶衬底上微区 XRD 分析的衍射图[323]

图 9-15 为两组邻近 MgAl₂O₄ 衬底不同晶面上的微区 X 射线衍射图及过冷度。在不同晶面上 MgAl₂O₄ 的择优生长取向并不一致，同时在相同晶面上形核相 Al 不同择优生长在其过冷度上也有波动：形核相 Al 与衬底 MgAl₂O₄ 有着较好的关系 [MgAl₂O₄(100)/Al(100)、MgAl₂O₄(110)/Al(220)、MgAl₂O₄(111)/Al(222)] 时，其过冷度相对较小(2.3℃、3.5℃及3.3℃)。可见择优生长在符合最小错配度时，其过冷度较小。Al 在邻近 Al₂O₃ 晶面上微区衍射如图 9-16 所示，相比 MgO 和 MgAl₂O₄，在 Al₂O₃ 不同晶面上，Al 的特征晶面仍为(111)和(222)。在 Al₂O₃ 晶面(11$\bar{2}$0)上其主要择优取向是(220)，而在(0001)和(1$\bar{1}$02)的择优取向主要是(111)和(220)，但是(0001)晶面上(220)峰强明显高于(1$\bar{1}$02)。同时，(0001)以及(11$\bar{2}$0)晶面上铝的特征晶面是(220)，但同时(0001)晶面上铝的特征强峰是(111)。

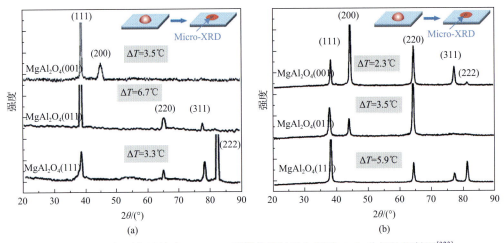

图 9-15　两组纯铝液滴在 MgAl₂O₄ 不同单晶衬底上微区 XRD 分析的衍射图[323]

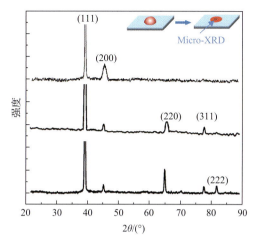

图 9-16 纯铝液滴在 Al_2O_3 不同单晶衬底上微区 XRD 分析的衍射图[323]

根据"边边匹配"晶体学模型的讨论，对于 fcc 结构的形核相在 hcp 及 fcc 结构的异质相间的位向关系，同时取决于 c_H/a_H 和 a_H/a_F（c_H 和 a_H 代表 hcp 结构点阵常数，a_F 代表 fcc 结构点阵常数）。针对形核相 Al 计算了不同异质相结构 MgO（fcc）、$MgAl_2O_4$（fcc）以及 Al_2O_3（hcp）间的原子密排面方向和近密排面，以 6%作为匹配晶面对的临界值和 10%作为晶向对的临界值，对位向关系进行了预测。Al/MgO 体系中可能存在的匹配关系：（200）Al//（200）MgO、（220）Al//（220）MgO、（111）Al//（111）MgO。Al/$MgAl_2O_4$ 体系中可能存在的匹配关系：（200）$MgAl_2O_4$//（200）Al，（220）$MgAl_2O_4$//（220）Al；（111）$MgAl_2O_4$//（111）Al。然而根据匹配晶向必须位于匹配晶面的规则校验时，Al/Al_2O_3 体系中未找到可能合适的匹配关系。在此基础上，我们对形核相/异质相界面预测进行了微区 XRD 校验，在 Al/MgO 和 Al/$MgAl_2O_4$ 体系中其晶面匹配较为一致，但是也发现 Al 在 MgO 和 $MgAl_2O_4$ 相同晶面上形核择优取向有一定随机性，但总体符合以错配度小的晶面匹配生长，在图 9-14 及图 9-15 中过冷度对比可以验证。

9.4.1 Al/MgO 的界面结构

为了进一步研究 Al 在邻近不同异质晶面上的形核行为，采用高分辨透射电镜（HRTEM）进行相界面结构观察。在 DSC 测试后，在不同衬底上凝固的 Al 滴基片首先采用低速金刚石沿纵截面切割，机械磨抛后，双聚焦离子束（FIB）制样进行透射观察分析。

1. Al 与 MgO 的界面形貌

图 9-17（a）为铝/基片的纵截面的二次电子像，可以看出相界面较为清晰平整，但由于形核相 Al（莫氏硬度为 2～2.9）相对于陶瓷衬底（MgO、$MgAl_2O_4$ 及 Al_2O_3）硬度（莫氏硬度≥8）均相差较大，采用常规机械磨抛不可避免地在两相界面造成"凹凸"，使得异质相基片和形核相 Al 的原始相对位置容易发生偏移；同时，受限于 SEM 的分析能力，

衬底与形核相的结构及相位关系还需要进一步采用 TEM 及 HRTEM 表征，因而需采用 FIB 垂直于铝/异质相基片的纵截面进一步加工，减薄，精修后，垂直于界面取出厚度小于 50nm 薄片，见图 9-17(c) 和 (d)。

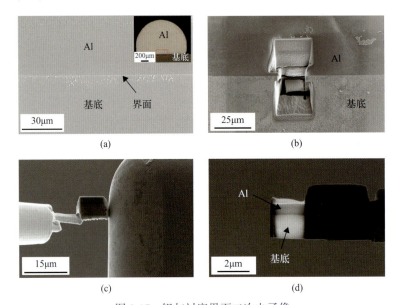

图 9-17　铝与衬底界面二次电子像

(a) 机械磨抛后铝/基片纵截面形貌；(b) 和 (c)FIB 取样位置及样品薄片；(d) 最终减薄精修制成的 HRTEM 样品

具体流程为：①首先在两相界面表面沉积约 1μm 厚 Pt 保护层，以保护样品表面免受高能离子束的损伤；②在界面呈楔形往下挖一数微米深的孔洞[图 9-17(b)]，将预选区域上下、左右依次断开，使用 Pt 区域沉积将探针与切片焊接起来；③切断底部连接部分，取出切片再以焊接方式置于试样专用 Cu 支架上[图 9-17(c)]；④控制 Ga 束流大小，均匀减薄样品至期望厚度[图 9-17(d)]。

图 9-18(a_1)～(g_1) 分别为 Al 在不同晶面取向 MgO 上明场照片。图 9-18(a_2)～(g_2) 分别对应于图 9-18(a_1)～(g_1) 界面的高分辨透射电镜照片，可以清晰地看出在介于形核相 Al 和 MgO 衬底不同取向晶面界面中间均有过渡层存在，厚度为 10～20nm，除了图 9-18(f_1) 界面有起伏高低不平，其他界面均较为平整光滑，可以清晰地看到上下两层界面，如图中短黄线标示。采用 EDS 对分析其成分，但由于 EDS 是定性或者半定量分析，图 9-19 能谱图仅可以看出在中间过渡层存在三类元素 Al、Mg 和 O，以及三者元素的浓度分布，但这仍然说明中间过渡层应该是一种由这三元素组成的化合物。

前人研究表明，Al 与 MgO 在高温下会发生化学反应，且反应路径与温度有很大关系，在不同反应温度下 Al 在 MgO 界面上反应产物不尽相同。Zhang 等[327,346]和 Yang 等[347]报道了 1027℃ 温度下 Al 在不同取向 MgO 晶面之间的化学反应；Shen 等[348]在研究 Al 在不同 MgO 界面上润湿性实验时，观察到主要产物是 Al_2O_3。可以推断，Al 与 MgO 反应路径与温度密切相关，在不同反应温度下，Al 在 MgO 界面上反应产物有所

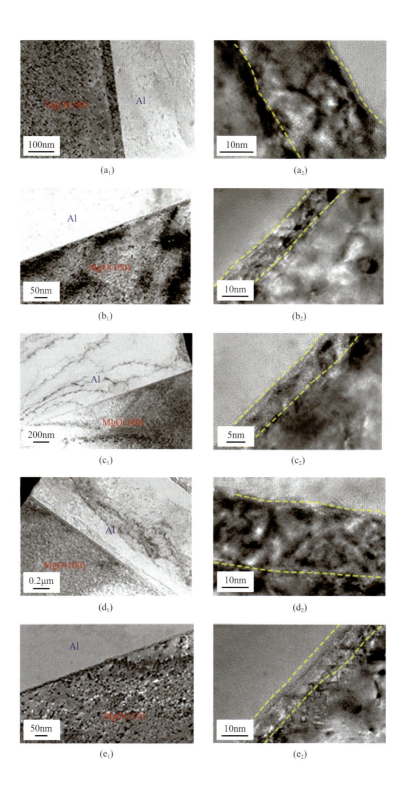

(a_1)　　　　　　　　　(a_2)

(b_1)　　　　　　　　　(b_2)

(c_1)　　　　　　　　　(c_2)

(d_1)　　　　　　　　　(d_2)

(e_1)　　　　　　　　　(e_2)

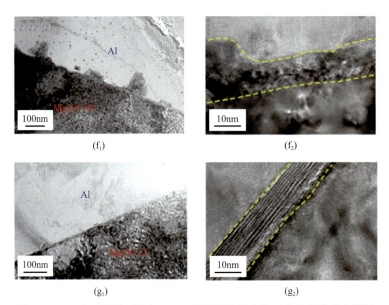

图 9-18　Al 在不同晶面取向 MgO 上的明场照片及对应的高分辨率照片

(a₁)～(d₁) 为 MgO(100)面单晶衬底界面，(e₁) 和(f₁) 为 MgO(110)面衬底界面，(g₁) 和(g₂) 为 MgO(111)面；(a₂)～(g₂) 分别对应于(a₁)～(g₁)界面高分辨透射电镜照片

不同。为了进一步分析中间过渡层结构和其界面反应机理，并探讨其对铝凝固过程的影响。Morgiel 等[328,331]的研究也有类似的发现。他们在研究 Al 与 MgO 界面反应(1000℃，保温 1h)时认为，反应分两步进行：首先，Al/MgO 界面进行第一阶段的反应，生成 $MgAl_2O_4$；随后，液态 Al 继续在 $MgAl_2O_4$ 层上反应，生成 α-Al_2O_3 相，并最终取代 $MgAl_2O_4$ 成为主要的界面反应产物。有意思的是，在研究中发现界面反应最终存在很好的晶面位向关系：$MgAl_2O_4(002)//MgO(002)$ 和 $MgAl_2O_4[110]//MgO[110]$。

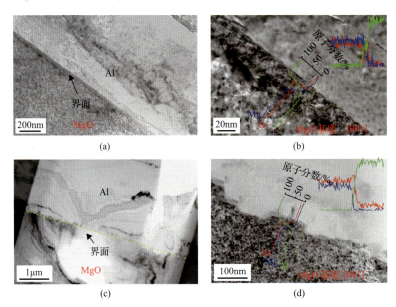

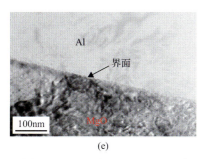 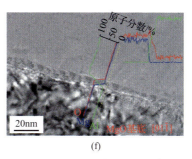

图 9-19 MgO(100)、MgO(110)、MgO(111)界面及对应的 EDS 谱图

(a)、(c)和(e)分别为 MgO(100)、MgO(110)、MgO(111)界面；(b)、(d)和(f)为对应(a)、(c)、(e)的 EDS 谱图。
图中显示了氧、镁、铝的分布

Shi 等[39]在 Mg-Al/Al₂O₃ 润湿性研究中对不同 Mg 含量对界面可能反应及产物做了详细讨论；杨林[333]在研究中也发现，高温液态 Al 滴在 MgO 基板上同样有 MgAl₂O₄ 生成，且取代了 MgO 原有界面，但是并未对晶面取向关系做全面分析；之后，Yang 等[347]在其基础上研究发现，Al 与 MgO 的界面产物较为多样，有 MgAl₂O₄ 和 Al₂O₃，同时，也从过冷度的波动解释了界面产物多样。

EDS 测量结果表明，Al 与 MgO 中间过渡层元素为 Al、Mg 和 O，其构成反应产物为 MgAl₂O₄ 单相或者 Al₂O₃ 及 MgAl₂O₄，可以推测其可能发生的化学反应为

$$2[\text{Al}]+3\text{MgO} == \text{Al}_2\text{O}_3 +3[\text{Mg}] \tag{9-15}$$

$$\text{Al}_2\text{O}_3 +\text{MgO} == \text{MgAl}_2\text{O}_4 \tag{9-16}$$

$$2[\text{Al}]+3\text{MgAl}_2\text{O}_4 == 4\text{Al}_2\text{O}_3 + 3[\text{Mg}] \tag{9-17}$$

$$2[\text{Al}]+4\text{MgO} == \text{MgAl}_2\text{O}_4 + 3[\text{Mg}] \tag{9-18}$$

式中，[Al]、[Mg]分别表示液相中的 Al 和 Mg。

对于 Al 与 MgO 基片的反应热力学计算如式(9-19)所示：

$$\Delta G_\text{r} = \Delta G_\text{f}^\ominus(\text{MgAl}_2\text{O}_4) - 4\Delta G_\text{f}^\ominus(\text{MgO}) + RT\ln\left(\alpha_\text{Mg}^3 \big/ \alpha_\text{Al}^2\right) \tag{9-19}$$

式中，$\Delta G_\text{f}^\ominus$ 为标准生成自由能；α_Mg、α_Al 分别为 Mg、Al 的平衡浓度。

众所周知，反应的进行及方向主要取决于相应反应吉布斯自由能的变化(ΔG_r)的正负，如果计算为负(<0)，则反应往正方向进行；如果计算为正(>0)，则反应往反方向进行。从反应吉布斯自由能随 Mg 摩尔分数变化可以看出(图 9-20)，要使反应正方向进行，Mg 摩尔分数应小于 9%，如图中蓝色区域所示。前文对界面产物采用 EDS 分析发现，中间反应产物中的 Mg 略高于 MgAl₂O₄ 中 Mg 的原子分数，同时结合反应方程式，可以推断多余部分应为所生成的多余[Mg]。这说明过渡层很有可能是单相 MgAl₂O₄，也从另一方面验证了界面产物的单一性。为了验证这个推断，有必要对界面处的晶体结构以及各个相之间的晶体取向关系进行研究。

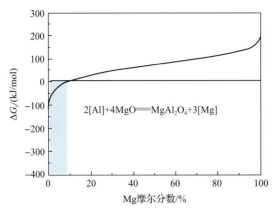

图 9-20　Mg 摩尔分数与界面反应 ΔG_r 关系曲线

2. Al 与 MgO 的高分辨界面结构

为进一步探究 Al/MgO 衬底上反应及形核机制，我们利用聚焦离子束(FIB)技术在界面取样分析，并进行 TEM 与 HRTEM 分析。

1) Al/MgO(100)

图 9-21(a)为 Al 在 MgO(100)晶面上高分辨透射电镜照片，其入射电子束方向沿着 MgO 衬底[001]方向。可以看出，界面有一层厚 30nm 的平整过渡层，界面处用黄色虚线表示。由于中间过渡层厚度较小，采用选区衍射难以准确单独套中区域，图 9-21(b)和(c)分别对应图 9-21(a)中两层界面的高分辨透射电镜照片，以及对应区域 FFT 谱图，显示三套衍射斑点图。图 9-21(b)和(c)中晶格结构排列十分完整，对其 FFT 进行分析，三套斑点均对应于 FCC 结构，这说明过渡层是具有 FCC 结构的 $MgAl_2O_4$，而不是具有 HCP 结构的 Al_2O_3。由图 9-21(c)在过渡层/MgO 中可以看出，邻近中心斑点的距离是 0.211nm，而在 MgO 晶体结构中(020)和(200)是相互垂直的两组晶面，且标定出 MgO(200)平行于过渡层/MgO 界面。值得注意的是，(200)晶面结构与(100)晶面结构完全相同。因此(100)面平行于过渡层/MgO；对图 9-21(c)界面结构进行 FFT 分析可以看出，面间距分别为 0.204nm 及 0.279nm，对应于面心立方结构 $MgAl_2O_4$ 相的(400)和(220)晶面，其中 $MgAl_2O_4$ 相(400)晶面平行于界面；同时，$MgAl_2O_4$(400)和(220)晶面分别平行于衬底 MgO 相(200)及(220)晶面。由图 9-21(b)FFT 谱图及图 9-19(b)中 EDS 分析可以看出，晶面间距 0.200nm 及 0.148nm 分别对应于面心立方结构相 Al 的(200)和(220)晶面。值得注意的是，Al(200)晶面平行于 Al/过渡层 $MgAl_2O_4$ 界面，且平行于 $MgAl_2O_4$(400)晶面；Al(220)晶面平行于过渡层 $MgAl_2O_4$(220)晶面。综上所述，可得如下位向关系：形核相 Al(200)晶面//Al/过渡层 $MgAl_2O_4$ 界面// $MgAl_2O_4$(400)晶面//过渡层 $MgAl_2O_4$/衬底 MgO 界面//MgO(200)外露晶面，形核相 Al(220)晶面//过渡层 $MgAl_2O_4$(220)晶面//衬底 MgO(220)晶面外露。

如图 9-22(a)和(b)所示，在 Al 与反应层 $MgAl_2O_4$ 界面有"凸起"状转变层存在，厚度约为 10nm。图 9-22(c)～(e)分别为转变层 TEM-EDS 图谱，可以看出其中主要存在 Al 和 O 元素，元素 Mg 含量很少，几乎可以忽略。

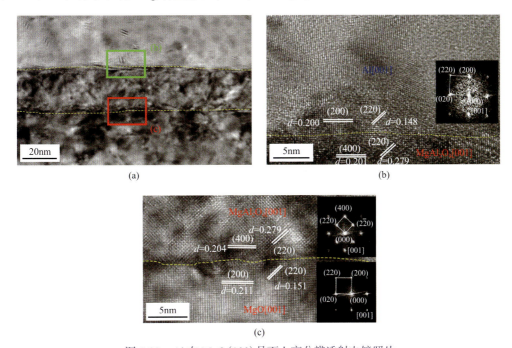

(a)

(b)

(c)

图 9-21 Al 在 MgO(100)晶面上高分辨透射电镜照片

(a)、(b)和(c)分别为上下界面处高分辨透射电镜照片及对应 FFT 谱图；d 为晶面间距，单位为 nm

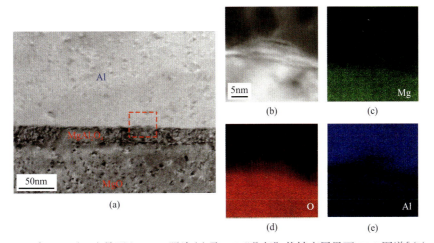

(a)

(b)

(c)

(d)

(e)

图 9-22 Al 在 MgO(100)晶面上 TEM 照片(a)及 Al/"凸起"状转变层界面 EDS 图谱[(b)～(e)]

为了进一步分析"凸起"状转变层的结构。如图 9-23(a)所示，对其进行高分辨分析可以看出，其晶面间距分别为 0.201nm 及 0.140nm，根据晶面间距，其分别对应于面心立方结构 Al 相的(200)和(220)晶面；同时也看出，其晶面间距与反应产物 MgAl₂O₄ 具有明显区别，其面间距分别为 0.203nm 及 0.290nm。图 9-23(b)和(c)分别对应于图 9-23(a)中"凸起"状转变层上下界面高分辨放大图谱，从图 9-23(b)可以看出形核相 Al 晶面与转变层有 2°～3°的晶面偏转，而图 9-23(c)可以看出"凸起"状转变层晶面与 MgAl₂O₄

晶面有非常好的共格关系。此外，可以看出"凸起"状转变层与反应产物 $MgAl_2O_4$ 有很好的晶面位向关系：转变层(200)//反应产物 $MgAl_2O_4$(400)，转变层(220)//反应产物 $MgAl_2O_4$(220)。

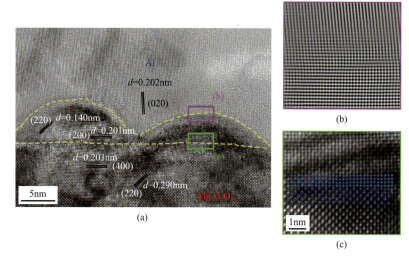

图 9-23　Al 在 MgO(100)界面上 Al/"凸起"状转变层高分辨透射电镜照片(a)及局部放大图谱[(b)、(c)]

2) Al/MgO(110)

图 9-24(a)为 Al 在 MgO(110)晶面上高分辨透射电镜照片，其入射电子束方向沿着 MgO 衬底[001]方向。由图 9-19(e)、(f)仍然可以看出，在 Al 及 MgO 中间存在厚 10～20nm 的过渡层；同时由图 9-24(a)可以看出，Al/中间过渡层界面存在一定起伏。界面处用两条黄色虚线表示。图 9-24(b)和(c)分别对应图 9-24(a)中两层界面的高分辨透射电镜照片，以及对应区域 FFT 谱图和三套衍射斑点图。图 9-24(a)和(c)中晶格结构排列十分完整，分别对其 FFT 进行分析，三套斑点均对应于面心立方结构，同样说明过渡层为单相 $MgAl_2O_4$。

在图 9-24(c)中间过渡层/MgO 中可以看出，邻近中心斑点的距离是 0.148nm 和 0.216nm，分别对应于 MgO 晶体结构中(220)和(200)呈 45°的两组晶面，且 MgO(220)晶面平行于过渡层/MgO 界面，即 MgO(110)面平行于过渡层/MgO。由图 9-24(b)界面结构及 FFT 谱图可以看出，上方区域呈现典型面心立方结构，且面间距 0.146nm 及 0.205nm 分别对应于形核相 Al(220)和(200)两晶面，入射轴为[001]Al。对应于面心立方结构 $MgAl_2O_4$ 相的(400)和(220)晶面，同样看出 Al(220)晶面//Al/过渡层 $MgAl_2O_4$ 界面。综上所述，可得到如下位向关系：形核相 Al(220)晶面//Al/过渡层 $MgAl_2O_4$ 界面//$MgAl_2O_4$(220)晶面//过渡层 $MgAl_2O_4$/衬底 MgO 界面//MgO(220)外露晶面；形核相 Al(200)晶面//过渡层 $MgAl_2O_4$(400)晶面//衬底 MgO(200)外露晶面。

3) Al/MgO(111)

图 9-25(a)为 Al 在 MgO(111)晶面上高分辨透射电镜照片，其入射电子束方向沿着 MgO 衬底[0$\bar{1}$1]方向。由图 9-18(g₁)和图 9-25(a)仍然可以看出，在 Al 及 MgO 中间存

在厚 10nm 左右且光滑平整的过渡层，界面处用两条黄色虚线表示。图 9-25(b)～(d)中分别对应图 9-25(a)中对应区域 FFT 谱图及衍射斑点图。在基片 MgO 及中间过渡层 MgAl₂O₄ 的 FFT 谱图中可以看出，MgO(111)外露晶面//过渡层 MgAl₂O₄/MgO 界面//MgAl₂O₄(111)晶面，同理也可以清晰看出，过渡层 MgAl₂O₄(311)和(200)晶面分别平行于衬底 MgO(311)和(200)晶面，然而对于形核相 Al，其 FFT 变换仅仅可标定晶面值 0.234nm，对应于(111)。

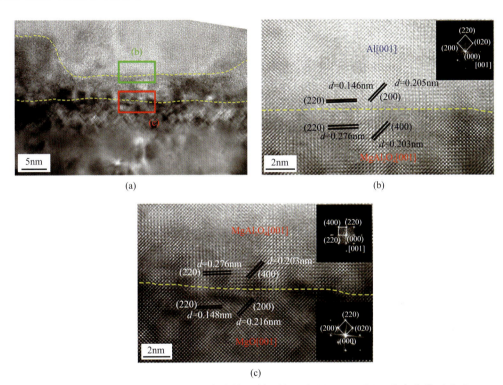

(a)

(b)

(c)

图 9-24 Al 在 MgO(110)晶面上高分辨透射电镜照片(a)和上下界面处高分辨照片及对应 FFT 谱图[(b)、(c)]

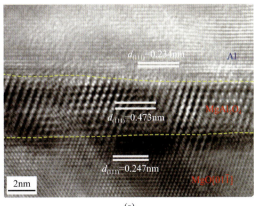

(a)

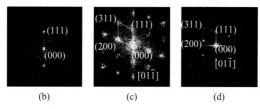

图 9-25　Al 在 MgO(111)晶面上高分辨透射电镜照片(a)及对应区域 FFT 谱图[(b)～(d)]

综上所述，可得如下位向关系：形核相 Al(111)晶面//Al/过渡层 MgAl$_2$O$_4$ 界面//MgAl$_2$O$_4$(111)晶面//过渡层 MgAl$_2$O$_4$/衬底 MgO 界面//MgO(111)外露晶面。

对 MgO(100)、(110)及(111)不同晶面进行分析，其界面均有化学反应生成过渡层 MgAl$_2$O$_4$，替代原 MgO 外露面成为新的异质形核衬底，同时发现两者反应所生成的 MgAl$_2$O$_4$ 与形核衬底 MgO 有着很好的取向[MgO(100)//MgAl$_2$O$_4$(100)、MgO(110)//MgAl$_2$O$_4$(110)、MgO(111)//MgAl$_2$O$_4$(111)]。此外，产物 MgAl$_2$O$_4$ 与 MgO 均为面心立方结构(fcc)，且晶格常数(a)分别为 0.808nm(MgAl$_2$O$_4$)和 0.404nm(MgO)，具有很好晶格匹配关系。新生成的 MgAl$_2$O$_4$ 与 Al 的位向关系也很好地验证了 E2EM(edge to edge matching)模型所预测的 Al 与 MgAl$_2$O$_4$ 不同晶面上可能存在的匹配关系[MgAl$_2$O$_4$(100)//Al(100)、MgAl$_2$O$_4$(110)//Al(110)、MgAl$_2$O$_4$(111)//Al(111)]。

杨林[333]在 Al/Al$_2$O$_3$ 研究中认为，由于母相衬底的弹性模量不为零，形成的新相 Al 与母相间存在体积、质量差异时，都会在母相和新相引起弹性应变，即形核时会附加弹性应变能；新相核心和母相不同取向的匹配会导致界面能和应变能的不同。由于释放应变能的需要，当引入位错已不能满足应变能的释放需要时，中间层中会引入大量层错和孪晶等缺陷。而在 Al/MgO 体系的中间层 MgAl$_2$O$_4$ 内，均未发现明显缺陷，这可能与界面发生化学反应消耗了弹性应变能有关。

综上可以看出，对 MgO 衬底上 Al 的形核凝固过程最终起作用应为反应所生成的 MgAl$_2$O$_4$ 及其晶面取向，这与 9.3 节所测 Al 在 MgO 不同晶面和在 MgAl$_2$O$_4$ 不同晶面上形核过冷度非常相近。

9.4.2 Al/MgAl$_2$O$_4$ 的界面结构

前述界面分析表明，Al 在 MgO 基片上由于其两者之间的界面反应，生成的 MgAl$_2$O$_4$ 并且完全替代了原晶面，从而影响 Al 在 MgO 形核过程，本节直接采用 MgAl$_2$O$_4$ 研究 Al 在其表面形核行为形成对比研究。

1. Al 与 MgAl$_2$O$_4$ 的界面形貌

Al 在 MgAl$_2$O$_4$ 衬底不同晶面取向的界面照片如图 9-26 所示，可以看出 Al 在 MgAl$_2$O$_4$(100)、(110)和(111)三个晶面上的两相界面中并未观察到反应层，表明 Al 与 MgAl$_2$O$_4$ 衬底直接接触而触发形核。Zhang 等[327]发现，高温(1037℃)液态 Al 在 MgAl$_2$O$_4$ 衬底反应生成厚 30～40μm 的 Al$_2$O$_3$ 枝晶状反应层，反应产物也遮盖了原有的 MgAl$_2$O$_4$

基面。由于该实验温度控制在 750℃，对比前者研究，其不会发生如上界面反应，从而 MgAl$_2$O$_4$ 基面直接影响 Al 形核过程。

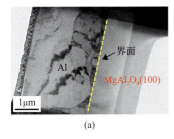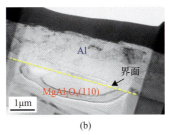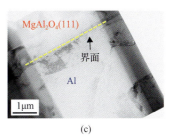

(a)   (b)   (c)

图 9-26　Al 在 MgAl$_2$O$_4$ 晶面不同取向上界面照片

2. Al 与 MgAl$_2$O$_4$ 的高分辨界面结构

1）Al/MgAl$_2$O$_4$(001)

图 9-27(a)、(b)分别为 Al/MgAl$_2$O$_4$(001)晶面界面明场和暗场透射照片，其入射电子束沿着 MgAl$_2$O$_4$(001)衬底[001]方向。从中可以看出，界面有一层厚 5～15nm 的凸起状厚度层，其方向沿着衬底往形核相 Al 中铺开。如图 9-28 所示，由 TEM-EDS 线和面扫描分析可知，图 9-28(b)中可以看出"凸起"主要含有 Al 和 O 两种元素，Mg 元素含量几乎可以忽略，同时对"凸起"层区域进行面扫描，也确定了元素分布，其可能存在为 Al$_2$O$_3$ 和 Al。

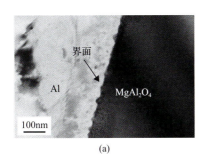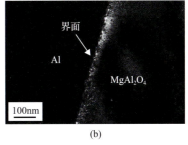

(a)   (b)

图 9-27　Al 在 MgAl$_2$O$_4$(001)晶面明场(a)和暗场(b)透射照片

臧娟[349]在 Al/MgAl$_2$O$_4$ 不同取向基片上进行润湿性研究时发现：在 900℃以上保温 30min，两相界面有一层厚而连续的反应产物，其根据 XRD 及 EDS 分析证实在 MgAl$_2$O$_4$(100)、(110)及(111)晶面上反应产物均是 Al$_2$O$_3$，且反应层厚度依赖于晶体取向，大小顺序为(100)＞(110)＞(111)；但在 800℃时不同晶面上均未发生界面反应。本章中的实验温度(750℃)远远低于文献[349]中 Al 和 MgAl$_2$O$_4$ 之间的反应温度。同时，微区 XRD 分析并未发现其他相的存在，证实 Al 在 MgAl$_2$O$_4$ 衬底上并未发生界面反应。

为了进一步探究中间"凸起"在界面形核中所起到的作用，采用高分辨 HRTEM 分析其形核界面与晶格匹配关系。图 9-29 是 Al/MgAl$_2$O$_4$(001)界面高分辨照片，其电子束入射方向沿 MgAl$_2$O$_4$[100]轴。可以看出，在 Al 与 MgAl$_2$O$_4$ 中间存在这一"凸起"状的转变层，轮廓清晰，图界面处用黄色虚线表示。中间过渡层厚度较小，采用选区衍射难以准确单独套中。将三区域的高分辨结构分别进行快速傅里叶变换(FFT)，其结果如图 9-29 中的插图所示。对其傅里叶变换图谱进行分析，三套斑点均对应于面心立方结构，说明图中"凸起"状转变层并不是 HCP 结构的 Al_2O_3，即使根据图 9-28 能谱 EDS 分析可知"凸起"中仅含有元素 Al 和 O。

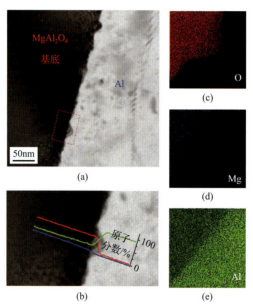

图 9-28 Al 在 $MgAl_2O_4$(001)界面 EDS 线扫描和面扫描元素分布图

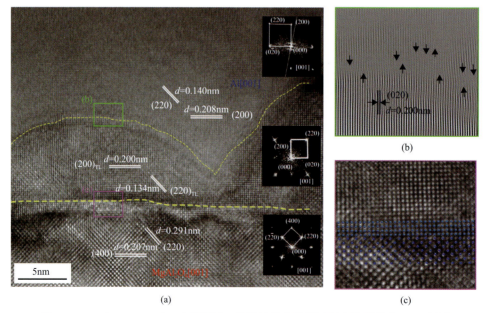

图 9-29 Al 在 $MgAl_2O_4$(001)界面某一位置处的高分辨透射电镜照片及 IFFT 图谱

在如图 9-29(a) 衬底 MgAl$_2$O$_4$ 可以看出，邻近中心斑点的距离是 0.207nm，而在 MgAl$_2$O$_4$ 晶体结构中 (220) 和 ($2\bar{2}0$) 是相互垂直的两组晶面且晶面间距为 0.291nm。同时，可以看出 MgAl$_2$O$_4$ 晶面 (400) 平行于相界面。由于其面心立方结构 (400) 晶面与 (100) 晶体学结构完全相同，因此 MgAl$_2$O$_4$ (100) 面平行于界面。对图 9-29 中间转变层 "凸起" 结构进行 FFT 分析可以看出，其点阵结构与图 9-29 中形核相纯铝完全一致，其面间距分别为 0.200nm 及 0.134nm，根据晶面间距其分别对应于面心立方结构 Al 相的 (200) 和 (220) 晶面，也看出其界面并未如高温下所发生的界面反应从而生成了 α-Al$_2$O$_3$。综上所述，可得位向关系为：形核相 Al(200) 晶面//Al 转变层 (200)//衬底 MgAl$_2$O$_4$(400) 外露晶面，形核相 Al(220) 晶面//Al 转变层 (220) 晶面//衬底 MgAl$_2$O$_4$(220) 晶面外露。

为了更好地观察转变层 (TL) 与形核相 Al 以及转变层 TL 与衬底晶体结构关系，图 9-29(b) 和 (c) 分别为对应于图 9-29(a) 中方框绿色和红色区域的放大图谱；由图 9-29(c) 可以看出，转变层与衬底 MgAl$_2$O$_4$ 晶格结构匹配非常完整，呈现出很好的共格关系。由于图 9-29(a) 电子束入射是沿着衬底 MgAl$_2$O$_4$[100] 轴方向，纯铝高分辨晶面轴可能存在一些偏转，其与转变层高分辨界面并未如衬底 (红色方框) 处清晰直观观察。如上所述对纯铝及过渡层区域做傅里叶变换，可以清晰看出两部分晶面结构及关系，但受限于 TEM 倍数及衬度，该界面难以清晰表征。为此，套选 Al 和转变层傅里叶变换图谱中 (200) 和 (200) 斑点，采用反傅里叶变换 (inverse fast Fourier transformation，IFFT) 方式进行滤波处理，获得界面更高倍数和衬度的图像，如图 9-29(b) 所示，可以看出 (020)$_{TL}$ 和 (020)$_{Al}$ 存在较好平行关系。除此之外，图中也同时发现，由于 $d_{Al(200)}$(0.208nm) 与 $d_{TL(200)}$(0.200nm) 差异较小，使得在转变层 TL 与衬底 Al 接触面中存在有刃型位错，其出现也释放了界面处晶格的弹性应变能。

图 9-30 为 Al/MgAl$_2$O$_4$(001) 界面另一位置处高分辨透射电镜照片，其电子束入射方向沿 MgAl$_2$O$_4$[100] 轴。从图 9-30(a) 可以看出，Al 与 MgAl$_2$O$_4$ 界面中间所存在的这一 "凸起" 状转变层并不连贯，其局部邻近衬底也存在较为平缓界面，相界面处用黄色虚线表示。对图 9-30(a) 采用相同快速傅里叶变换 (FFT) 处理，其 "凸起" 状转变层，形核相 Al 以及衬底 MgAl$_2$O$_4$ 三者 FFT 斑点标定如附图所示。从图中可以看出，转变层中距离中心斑点最近的两个晶面间距分别是 0.200nm 和 0.138nm。这与形核相 Al 中 0.207nm 和 0.140nm 接近一致，对应晶面簇 (200) 和 (220)。

图 9-30(c) 对应于图 9-30(a) 中区域 (c) 进行局部放大，可以看出同样存在有一层约 1nm 厚的转变层，深蓝色表示衬底 MgAl$_2$O$_4$ 晶面，浅蓝色圆点标色表示该转变层。可以看出，其界面晶格点阵结构匹配较好，具有很好的共格关系。受限于其较小厚度和衬度，该界面难以清晰表征。为此，在图 9-30(a) 所示高分辨透射电镜照片的基础上 [对应于图 9-30(a) 中绿色方框区域]，套选 Al 和 TL 傅里叶变换图谱中 (200) 和 (200) 斑点，进行反傅里叶变换进行滤波，获得界面更高倍数和衬度的图像。如图 9-30(b) 所示，可以看出其在 Al 与 TL 交界处依然有一定的刃型位错。

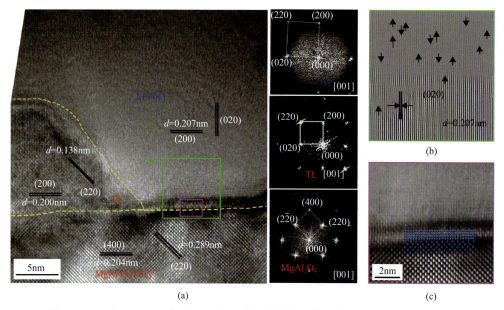

图 9-30　Al 在 MgAl$_2$O$_4$(001)界面另一位置处的高分辨透射电镜照片及 IFFT 图谱

2）Al/MgAl$_2$O$_4$(011)

图 9-31 为 Al 在 MgAl$_2$O$_4$(110)晶面上透射图及选区电子衍射图（SAED），其电子束入射方向沿着 MgAl$_2$O$_4$[1$\overline{1}$2]轴。可以看出相界面较为平直，但如图 9-31(b)所示，在其界面上发现零散厚度小于 10nm "凸起" 状转变层。衬底选区衍射斑点如图 9-33(c)所示，可以看出衬底 MgAl$_2$O$_4$(110)平行于界面。图 9-32 为 Al 在 MgAl$_2$O$_4$(011)晶面上高分辨透射电镜照片，其电子束入射沿着 MgAl$_2$O$_4$[1$\overline{1}$2]轴方向。黄色虚线可以标示出在 Al 和衬底 MgAl$_2$O$_4$ 有着两个界面。由于衬度和 TEM 放大倍数，并未看出 Al 中较清晰晶面条纹。图 9-32(b)为对应于图 9-32(a)中红色框区域的放大高分辨照片。另外，由于中间转变层(TL)厚为 6～8nm，厚度较小，无法用选区光阑获得单一相的电子衍射谱。因此，如图 9-32(c)、(d)所示，在所获得的三相高分辨透射电子显微镜照片后对图 9-32(b) 中 MgAl$_2$O$_4$ 及 Al 区域分别进行快速傅里叶变换以获得衍射信息，距离 MgAl$_2$O$_4$ 中心斑点最近的两个晶面间距分别为 0.285nm 和 0.468nm，对应于(220)和(111)晶面簇；而距离 Al 傅里叶变换图谱中心斑点距离分别为 0.140nm 及 0.202nm，其值均接近于 $a_{\text{Al}}/\sqrt{2}$ 和 a_{Al}，对应于 Al 的(220)和(200)晶面簇，入射轴为 Al[001]，如图 9-32(d)所示。同时，由图 9-32(c)和(d)两组图谱可以看出，MgAl$_2$O$_4$(220)平行于 Al(220)且平行于界面。由于衬底 MgAl$_2$O$_4$ 和形核相 Al 中间层较薄，难以傅里叶变换，通过 GMS3-TEM 软件（Gatan 公司）直接测量出高分辨晶格中两组晶面间距分别为 0.140nm 和 0.232nm。同时，可以看出该两组晶面呈 90°位向关系，可判断其相为 Al 晶体结构。

对 Al/MgAl$_2$O$_4$(011)界面高分辨透射电镜分析可以看出，在新核相 Al 与衬底 MgAl$_2$O$_4$ 界面中同样存有一定转变层，其三者位向关系为：Al(011)晶面//Al/TL 界面//TL(011)晶面//TL/MgAl$_2$O$_4$ 界面//MgAl$_2$O$_4$(011)晶面。

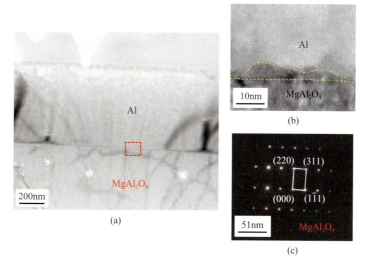

图 9-31 Al/MgAl₂O₄(110)透射电镜明场像(a)、红框区域放大图(b)及
MgAl₂O₄(110)衬底处选取的衍射图谱(c)

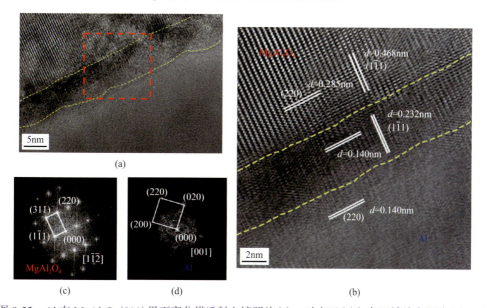

图 9-32 Al 在 MgAl₂O₄(011)界面高分辨透射电镜照片(a)、对应于(a)红色区域放大照片(b)以及
MgAl₂O₄ 和 Al 高分辨结构的傅里叶变换图谱[(c)、(d)]

3) Al/MgAl₂O₄(111)

图 9-33 为 Al 在 MgAl₂O₄(111)晶面上高分辨率透射图谱及选区电子衍射图, 其电子束入射方向沿着 MgAl₂O₄[01$\bar{1}$]轴。由图 9-33(a)可以看出, 界面较为平直, 但如插图所示, 在其界面上发现零散存在少许 5～10nm 厚度的小 "凸起" 状转变层。界面选区衍射斑点如图 9-33(b)所示, 可以看出其中有两套不同斑点, 对衍射斑点进行分析, 两套斑点分对应于面心立方结构 Al 和衬底 MgAl₂O₄。其中 Al 的衍射斑点用蓝色线勾画表示, 其晶面排布如图 9-33(b)所示; 红色表示异质衬底 MgAl₂O₄, 距中心斑点最近三

个斑点组成平行四边形所对应的面间距分别为 0.290nm、0.471nm 和 0.468nm，对应于面心立方结构 MgAl$_2$O$_4$ 的 (220) 和 (111) 晶面，0.471nm 和 0.468nm 近乎相等而同属于 (111) 晶面簇。可以明显地看出，MgAl$_2$O$_4$(022) 晶面平行于 Al(022) 晶面，MgAl$_2$O$_4$(111) 晶面平行于 Al 和 MgAl$_2$O$_4$ 的相界面。

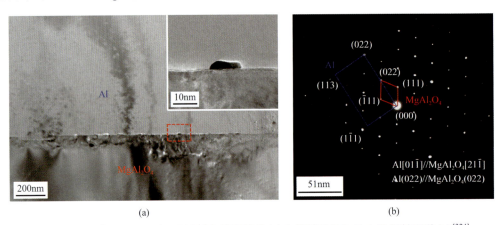

图 9-33　Al 在 MgAl$_2$O$_4$(111) 透射电镜明场像 (a) 和界面处选取的电子衍射图谱 (b)[324]

为了更好地表征界面处"凸起"结构，分别对图 9-33 中界面处不同区域进行高分辨分析。图 9-34(a) 为 Al 和衬底 MgAl$_2$O$_4$ 界面结构的高分辨透射电镜照片，其电子束入射方向沿着 MgAl$_2$O$_4$[01$\bar{1}$] 轴。由于转变层厚度在纳米级别 (约 10nm)，尺寸太小，无法采用选区光阑获得"凸起"单一的电子衍射谱，因而在界面高分辨透射电子显微镜照片的基础上，对其实行快速傅里叶变换以获得衍射信息。图 9-34(b) 和 (c) 分别为对应于形核相 Al 和 MgAl$_2$O$_4$ 邻近界面处的傅里叶变换。

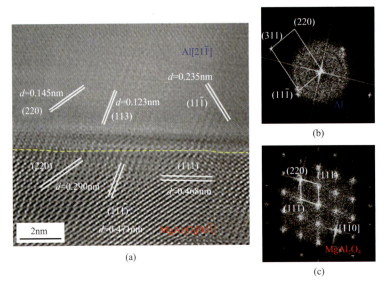

图 9-34　Al/MgAl$_2$O$_4$(111) 界面的高分辨透射电镜图谱 (a) 以及分别对应于 Al 和 MgAl$_2$O$_4$ 处的快速傅里叶变换图谱 [(b)、(c)]

为进一步对"凸起"状转变层晶体结构进行分析，图 9-35 为 Al/MgAl₂O₄(111)界面及转变层三者高分辨图，同上其入射电子束沿着 MgAl₂O₄[01$\bar{1}$]轴。如图 9-35(b)中黄色短划线所示，可以清晰看出其存在着两层界面。图 9-35(a)为图 9-35(b)中红色方框区域放大图片，形核相 Al 与衬底 MgAl₂O₄傅里叶变换图谱如图 9-35(c)和(d)所示。可以看出转变层厚度仅 5nm 左右，通过傅里叶变换也难以获得清晰衍射图谱信息，故而采用 GMS3-TEM 分析软件对高分辨晶面条纹进行测量。如图 9-35 中所示，d_A 和 d_B间距分别为 0.278nm 和 0.447nm，这两个晶面间距近乎等于衬底 MgAl₂O₄的(220)、(111)晶面间距值(分别为 0.286nm 和 0.468nm)，且它们之间有着很好的位向平行关系。

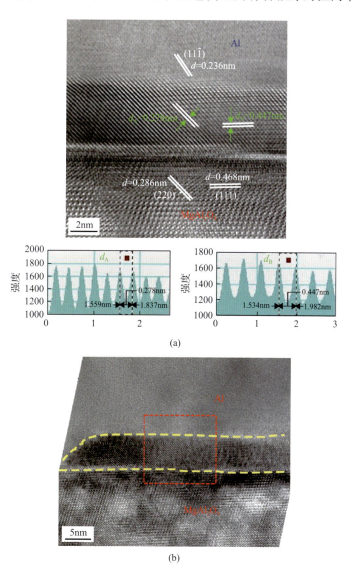

(a)

(b)

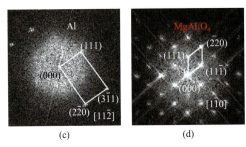

图 9-35　Al/MgAl₂O₄(111)界面的高分辨透射电镜 HRTEM 图谱(a)以及分别对应于
Al 和 MgAl₂O₄处的快速傅里叶变换图谱[(b)～(d)]

为清晰观察转变层上下界面与形核相及衬底的位向关系，分别在更高倍数下对其进行高分辨观察，如图 9-36 所示，图中分别为形核相 Al/凸起界面、凸起转变层(TL)/衬底 MgAl₂O₄ 界面高分辨透射电镜图谱。由于两晶格晶面间距有一较小差距 0.042nm (0.278～0.236nm)，由图 9-36(a)中可以看出，Al($11\bar{1}$)与转变层(220)两匹配晶面有约 5°的角度倾转，可能是为了减小转变层与形核相 Al 晶格错配带来的畸变能 Al 晶面进行了小角度的倾转。另外，图 9-36(a)中也可以看出在 Al 与转变层界面出现周期性 T 形位错。晶面的小角度偏转和 T 形位错出现也都是为了释放相界面处晶格错配变形引起的畸变能。由图 9-36(b)还可以看出，转变层与衬底 MgAl₂O₄(111)外露晶面平行的位向关系，且两者均具有完整的晶格排列结构。

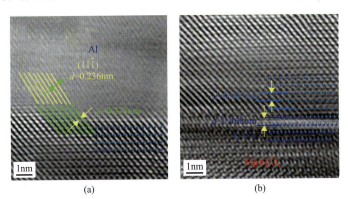

图 9-36　Al/TL 界面的高分辨透射电镜图谱(a)和 TL/MgAl₂O₄界面的
高分辨透射电镜图谱(b)

综上所述，在 MgAl₂O₄ 不同晶面上均发现有一过渡层存在，在(100)晶面上，过渡层较为连贯，而在(110)及(111)晶面上，过渡层分布较为零散。但过渡层与界面及衬底具有很好的晶面共格关系：MgAl₂O₄(100)//界面//TL(200)、MgAl₂O₄(110)//界面//TL(220)及 MgAl₂O₄(111)//界面//TL(111)。同时，在 MgO 不同晶面上，界面反应生成了 MgAl₂O₄，替代了 MgO 作为新的形核相界面[MgO(100)//MgAl₂O₄(100)、MgO(110)//MgAl₂O₄(110)、MgO(111)//MgAl₂O₄(111)]。在其高分辨界面上同样也在存在着一个过渡层，该过渡层与界面及自反应生成的 MgAl₂O₄具有很好的共格关系。

9.4.3 Al/Al₂O₃ 的界面结构

由于 MgO、MgAl₂O₄ 与 Al 具有相同的晶体结构（面心立方）和接近的晶格常数，根据界面共格理论，MgO、MgAl₂O₄ 与 Al 之间的晶格错配度相较于具有 HCP 晶体结构的 Al₂O₃ 与具有 FCC 晶体结构的 Al 之间的错配度要小。同时，9.3 节的过冷度测量结果也表明，MgAl₂O₄/Al 和 MgO/Al 的过冷度要远小于 Al₂O₃/Al，表明 MgO、MgAl₂O₄ 与 Al 之间的形核能力要强于 Al 在弱异质形核衬底 Al₂O₃ 上的形核能力。因此，为了更加深入地研究 Al 在 Al₂O₃ 衬底上的异质形核机制，并与其他强异质形核进行对比研究，非常有必要对 Al 与 Al₂O₃ 界面结构进行分析研究。

1. Al 与 Al₂O₃ 的界面形貌

图 9-37 为纯 Al 在 Al₂O₃(0001)、$(1\bar{1}02)$ 及 $(11\bar{2}0)$ 衬底不同取向晶面上凝固后聚焦离子束（FIB）纵切面界面结构。从透射电镜明场照片中可以看出，不同衬底取向上形核界面均较为平直光滑。在 $(1\bar{1}02)$ 晶面上形核相 Al 整体形貌较为一致，然而在 Al₂O₃(0001) 及 $(11\bar{2}0)$ 衬底上，可以看到形核相 Al 有晶界出现。

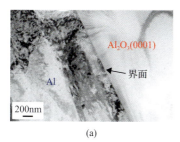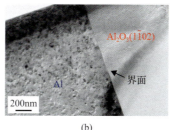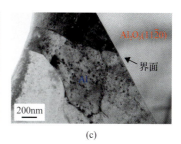

(a)   (b)   (c)

图 9-37   Al 在三种不同晶面取向 Al₂O₃ 衬底上凝固后界面纵截面 TEM 图

(a) (0001) 晶面；(b) $(1\bar{1}02)$ 晶面；(c) $(11\bar{2}0)$ 晶面

2. Al/Al₂O₃(0001) 的高分辨界面结构

图 9-38 为纯 Al 在 Al₂O₃ 衬底 (0001) 外露晶面的高分辨透射电镜图谱。两相界面用黄色短划线标出，其入射电子束沿着 Al₂O₃ 的 $[11\bar{2}0]$ 轴方向。图 9-38(b) 和 (c) 分别对应于纯 Al 和衬底 Al₂O₃ 高分辨照片的傅里叶变换图谱。由图 9-38(b) 可以看出，其入射电子束平行于 Al[001] 轴方向，相邻中心斑点所对应晶面间距为 0.194nm 和 0.142nm，分别对应于面心立方结构 Al 晶面簇 (200) 和 (220)；图 9-38(c) 为六边形，距离中心斑点最近晶面间距分别为 0.352nm 和 0.219nm，分别对应于 $(1\bar{1}02)$ 和 (0006) 晶面簇，且 (0006) 平行于相界面。另外，需要注意的是 (0006) 晶面的晶格结构与 (0001) 晶面结构完全一致，也就是 (0001) 外露晶面平行于 Al/Al₂O₃ 界面。

由于衬底 Al₂O₃ 与形核相间硬度差大，Al/Al₂O₃ 相界面在 FIB 制样时不可避免地存在一定厚度差，在高分辨分析时对界面衬度有一定影响。图 9-38(d) 是对图 9-38(a) 界面进一步放大，可以看出 Al 晶面在邻近 Al₂O₃ 外露晶面有一定有序性。如图 9-38(e)

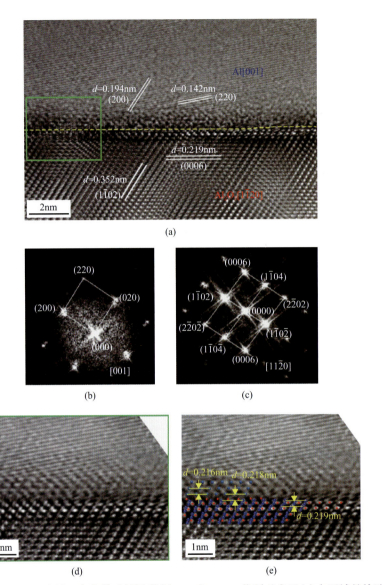

图 9-38 Al 在 Al$_2$O$_3$(0001)界面高分辨透射图谱(a)、Al 和 Al$_2$O$_3$ 分别对应于(a)中区域的快速傅里叶变换图谱[(b)、(c)]，以及对应(a)中绿色方框区域的局部放大高分辨照片[(d)、(e)]

中浅蓝色圆所示，约有三层晶面且晶面间距为 0.216nm，其与所采用 Al$_2$O$_3$ 衬底(0001)外露晶面间距值近乎 0.219nm，与衬底呈现层间有序，而在 Al/Al$_2$O$_3$ 界面更多区域以晶面偏转方式存在。

3. Al/Al$_2$O$_3$(1$\bar{1}$02)的高分辨界面结构

图 9-39 为 Al 在 Al$_2$O$_3$(1$\bar{1}$02)晶面高分辨透射照片，入射电子束沿着 Al$_2$O$_3$[$\bar{1}$101]轴方向。图 9-39(b)为相界面照片，由于对比度较低，不能清晰看出界面结构，图 9-39(a)为图 9-39(b)界面红色方框区域的放大照片，可以看出有一转变层存在。Al 与 Al$_2$O$_3$ 位

向关系可由图 9-39(a) 高分辨进行快速傅里叶变换得来，如图 9-39(c) 和(d) 所示，可以看出两组衍射斑点之间存在明显的位向关系。

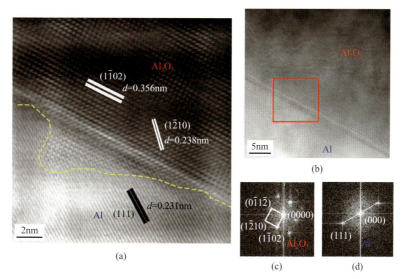

图 9-39 对应于 Al 在 Al₂O₃(1102)界面高分辨透射 HRTEM(b)中红色方框区域的放大照片(a)，以及 Al 和 Al₂O₃ 分别对应于(a)中界面两侧区域的快速傅里叶变换图谱[(c)、(d)]

如图 9-39(c) 所示，距离 Al₂O₃ 中心斑点的两晶面间距分别为 0.356nm 和 0.238nm，分别对应于晶面(1102)和(1210)。然而，从图 9-39(d) 可以看出，在此电子束入射方向下，形核相 Al 并未显示出较为完整晶格花样，界面一侧纯 Al 的晶格条纹衬度和对比度较低，其呈现单向晶格条纹，通过测量傅里叶变换图谱中衍射可以确定晶面间距为 0.231nm，可知对应于 Al(111) 晶面簇。

为进一步分析 Al/Al₂O₃(1102) 界面晶面结构及相位关系，如图 9-40 所示对高分辨照片进一步放大和渲染，可以看出在 Al₂O₃ 界面所存在的类"凸起"状转变层厚约 2nm，但由于区域太小难以进行傅里叶变换，因而采用 GMS3-TEM 软件直接测量晶面。由图 9-40(b)、(c) 可知，邻近衬底界面平行于 Al₂O₃(1102) 晶面间距(d_B)为 0.356nm，其间距等于 Al₂O₃(1102) 晶面间距(d_A)；同时转变层晶面间距 d_C 值为 0.237nm，其间距不但与 $d_{Al(111)}$ = 0.231nm 较为一致，同时，其晶向方向平行于形核相 Al(111)。

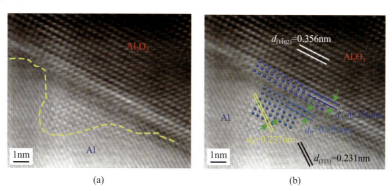

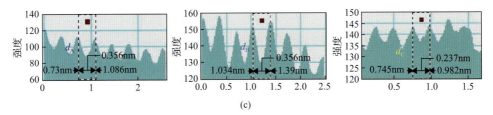

图 9-40 Al 在 Al$_2$O$_3$($1\bar{1}02$)界面局部高分辨透射 HRTEM(a)、形貌示意图(b)，以及转变层及 Al$_2$O$_3$
不同区域晶面间距(c)

4. Al/Al$_2$O$_3$(11$\bar{2}$0)的高分辨界面结构

图 9-41 为 Al 在 Al$_2$O$_3$(11$\bar{2}$0)界面纵截面高分辨透射电镜照片，入射电子束沿着 Al$_2$O$_3$[1$\bar{1}$00]轴方向。从图 9-41(a)中可以看出，由于衬度的原因，形核相 Al 晶格条纹并不是很清晰。为了更好地表征出相界面晶格关系，在图 9-41(a)高分辨透射电镜照片的基础上进行快速傅里叶变换，进而确定其晶体结构。如图 9-41(b)所示，距离 Al$_2$O$_3$ 中心斑点晶面间距分别为 0.432nm 和 0.236nm，分别对应于晶面(0003)和(11$\bar{2}$0)。同时，从图 9-41(c)可以看出，沿着 Al$_2$O$_3$[1$\bar{1}$00]入射轴方向，形核相 Al 晶格花样较为完整，距离中心斑点晶面间距为 0.234nm 和 0.141nm，分别对应于 Al 的(111)和(220)晶面簇。Al$_2$O$_3$(0003)与 Al(111)有一约 3°的晶面偏转，同时可以看出 Al$_2$O$_3$(11$\bar{2}$0)外露晶面平行于 Al/Al$_2$O$_3$ 相界面。

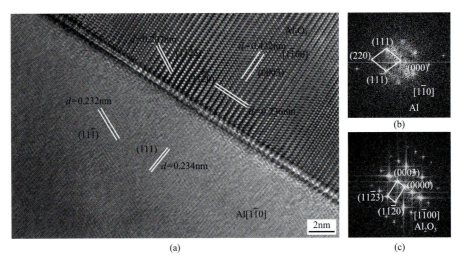

图 9-41 Al 在 Al$_2$O$_3$(11$\bar{2}$0)界面高分辨透射图谱(a)，以及 Al 和 Al$_2$O$_3$ 分别对应于(a)中
界面两侧由高分辨区域快速傅里叶变换图谱[(b)、(c)]

为了进一步对 Al/Al$_2$O$_3$ 界面晶格结构分析，对界面局部进一步放大，类似于(0001)和(1$\bar{1}$02)晶面，可以发现在邻近 Al$_2$O$_3$ 边界处存在一定有序类氧化铝转变面。由于凸起尺寸太小，难以进行快速傅里叶变换，因而采用 GMS3-TEM 软件对高分辨照片晶面

间距进行直接测量。如图 9-42(a)所示，在形核相 Al 存在平行于异质相 $Al_2O_3(1\bar{2}10)$ 晶面，且晶面间距等于 0.229nm(d_B)，近乎等于 $Al_2O_3(11\bar{2}0)$ 晶面间距 0.236nm(d_A)，且其结构排列与衬底 $Al_2O_3(11\bar{2}0)$ 近乎一致。

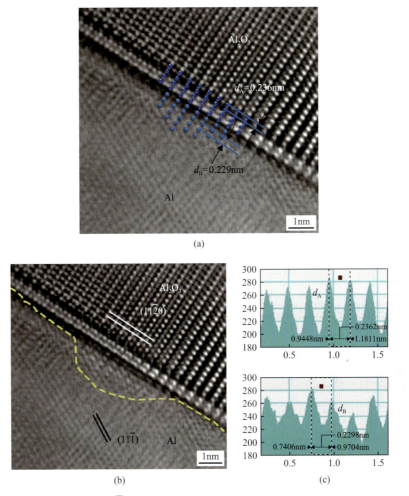

图 9-42　对应于 Al 在 $Al_2O_3(11\bar{2}0)$ 界面高分辨透射 HRTEM 形貌示意图(a)、HETEM 图谱(b)，以及"凸起"状转变层及 Al_2O_3 不同区域晶面间距(c)

综上所述，在对 Al/Al_2O_3 不同外露晶面研究均发现，两相界面部分区域 Al 原子层受到异质相衬底结构影响，即影响到临界衬底区域 Al 原子的堆垛结构，其在"凸起"状转变层受衬底结构影响，表现为 Al 原子由 $R\bar{3}c$ - Al_2O_3 结构向 $Fm\bar{3}m$ - Al 本征结构的过渡转变。这种现象在晶体外延生长过程中较为常见，Han 等[350]和张瀚龙[351]采用分子动力学及高分辨电镜观察了 Ti 溶质诱导 Al 原子形成正方堆垛结构，实现向本征结构的过渡，消除结构畸变，促进异质形核。

第10章

热裂热模拟方法及其应用

　　热裂是金属凝固过程的常见缺陷，是造成铸坯和铸件报废，甚至发生漏钢事故的主要原因之一。认识热裂形成机理，获取不同凝固条件下热裂形成条件，进而形成热裂判据，对预测、预防铸坯和铸件的热裂缺陷，以及安全生产具有重要意义。但是，目前学界对热裂的形成机理还存在争议，而金属高温力学性能及热裂形成条件的测试方法大多也没有考虑非平衡凝固的显著影响，导致热裂的研究踟蹰不前。热裂热模拟方法及动态加载凝固裂纹热模拟试验机不仅可以模拟特征单元的冶金凝固及应力-应变过程，从而判断其热裂风险，还为测试糊状区力学性能及热裂的临界条件提供了新的手段。本章主要介绍该方法原理及其在热裂机理及条件判据方面的部分研究工作。

10.1　热裂热模拟技术

　　金属凝固后期热应力大于晶粒间液膜强度导致热裂纹的形成。由于热应力与金属性质和冷却强度有关，而凝固后期晶粒间液膜质量与金属熔体中杂质元素含量和晶粒尺寸有关，因此实验模拟凝固裂纹必须保证热模拟试样与特征单元具有相同的材料和尽量相似的凝固及受力过程。

1. 技术原理

　　热裂热模拟需要选择连铸坯、铸锭或铸件凝固过程可能发生热裂的部位为特征单元。以连铸为例，铸坯中可能发生热裂纹的特征单元需包含若干晶粒(如树枝晶、共晶团)、晶间液膜及其应力应变等(图 10-1)。

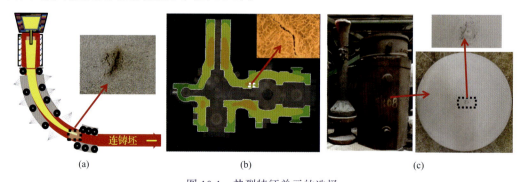

图 10-1　热裂特征单元的选择

(a)连铸坯热裂特征单元；(b)铸件的热裂特征单元；(c)铸锭内部热裂特征单元

　　热裂热模拟方法通过控制降温过程和应变速率或应力变化，模拟冶金和铸造产品特征单元的冷速和应力应变状态，实现热裂过程的实验模拟(图 10-2)。该方法还增加了动态加载诱导凝固裂纹的功能，因此不仅可以给出金属材料冷却凝固过程中热裂形成与材料成分、杂质含量、冷却速率的关系，以及容易形成热裂的温度区间，还可以给出出现热裂的临界应力或应变。

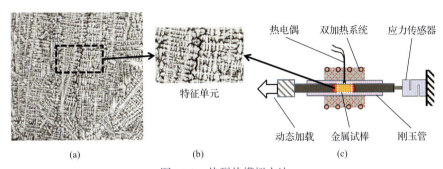

图 10-2　热裂热模拟方法

(a)连铸坯凝固裂纹；(b)裂纹特征单元；(c)凝固裂纹热模拟技术

2. 主要功能

　　动态加载凝固裂纹热模拟试验机(图 10-3)通过控制试棒降温速率，获取不同冷却速率下的凝固组织；同时在降温过程施加一定拉伸速率，从而模拟不同凝固条件下铸坯/铸锭特征单元的收缩速率，在此过程中实时记录试棒轴向所受拉应力，通过应力-温度曲线，即可准确判断金属在一定凝固和收缩条件下的热裂临界条件。

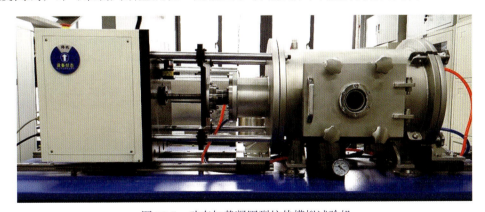

图 10-3　动态加载凝固裂纹热模拟试验机

　　动态加载凝固裂纹热模拟试验机具有动态加载创新功能。通过主动施加拉伸载荷，实时控制试棒的应力-应变状态，实现了特征单元凝固过程中受力及变形的有效模拟，打破了依靠试棒长度调整收缩量的常规思维。另外，该功能可用于定量测试凝固过程中糊状区的力学性能，从而为计算连铸坯的应力-应变提供更准确的数据。高真空环境保证了断口不被氧化，从而为揭示热裂发生机制提供可靠的证据。

该装置可应用的领域主要包括：①采用控温冷却和动态加载实现"特征单元"凝固过程热模拟，判断热裂风险；②通过主动加载形成热裂，测量材料热裂形成时的温度、临界应力及应变速率；③测试非平衡凝固条件下，金属高温(尤其是糊状区)力学性能，填补数据空白。

10.2 晶间搭桥及其对热裂的影响

Zhong 等[352]利用热裂热模拟方法检验了晶间搭桥现象及其对热裂纹扩展的影响，澄清了搭桥概念。晶间搭桥理论是由 Borland[119]提出，解释了热裂断裂强度大于液膜强度的现象。随后搭桥现象被证实，如丁浩等[120]在 Al-Cu 合金定向凝固裂纹中发现晶间搭桥。然而，搭桥现象的发现仅揭示了固相连接形成的连续骨架在热裂中的重要作用，缺乏对晶间搭桥形成机制的清晰描述，导致学界出现概念的混淆。清晰阐释搭桥形成过程、定义搭桥类型，对澄清概念，并分析搭桥类型对热裂的影响是非常重要的。

1. 混合搭桥假说

作者认为，凝固过程中枝晶间会先后形成两类搭桥：机械搭桥和冶金搭桥。机械搭桥时，枝晶彼此物理接触，仅可传递压应力、扭矩和液膜所能承受的拉应力。冶金搭桥时，枝晶相互接触部位以枝晶合并、共晶反应和新相析出等形式形成冶金结合。机械搭桥可以随着凝固进程逐渐转化为冶金搭桥。两种搭桥在凝固过程中同时存在，随凝固进程的推进出现此消彼长，导致热裂测试曲线呈现出复杂的力学特征(图 10-4)。将该假说定义为"混合搭桥"[352]。

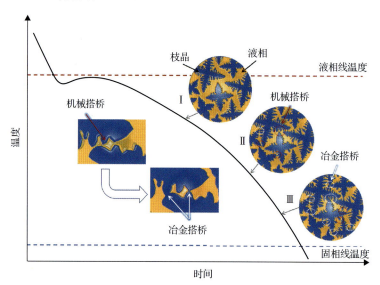

图 10-4 合金凝固过程中的微观组织演变和相关的枝晶间搭桥形成示意图[352]

在阶段Ⅱ和阶段Ⅲ中，深色虚线椭圆圈突出机械搭桥发生的区域，白色虚线椭圆圈突出冶金搭桥形成的区域

金属凝固过程中枝晶生长及晶间搭桥的形成过程可分为以下几个阶段：

Ⅰ为补缩阶段：该阶段固相率较低，枝晶间没有接触。因此，游离的枝晶可能会随液体一起运动，甚至为凝固收缩提供补缩。

Ⅱ为机械搭桥阶段：随着固相分数的进一步增加，枝晶间开始物理接触，形成物理接触，称之为"机械搭桥"。然而，在接触点处，由于溶质在生长枝晶的固液界面上的偏析，枝晶通过液膜连接。液膜能够承受一定的拉伸载荷，但无法承受剪切应力。因此，机械搭桥很容易发生断裂。由于机械搭桥不能有效阻碍热裂的扩展，若不及时进行液体补充和愈合，则会迅速扩展，宏观上表现出脆性断裂特征。

Ⅲ为冶金搭桥阶段：随着凝固时间的增加，固相分数进一步增加，固态枝晶内的反扩散消耗枝晶接触点处液膜中的溶质，使液膜逐渐凝固，形成冶金结合，将相邻的两个枝晶连接在一起，称之为"冶金搭桥"。随着凝固时间的增加，相邻较厚的液膜变薄并最终凝固，结合面积也随之增加。由于冶金搭桥的结合强度远大于机械搭桥的结合强度，因此，糊状区中冶金搭桥的断裂必须发生在比机械搭桥大得多的载荷下。此外，形成冶金结合的枝晶在拉伸载荷下可以发生塑性变形，如果拉伸载荷松弛，可以减缓裂纹扩展速率甚至终止开裂，从而产生韧性断裂特征。在这个阶段，液相可以被隔离，根本不能补充凝固收缩。冶金搭桥可以有效阻碍热裂的扩展，一旦被破坏则很难愈合。

值得注意的是，如果阶段Ⅱ和阶段Ⅲ的冷却速率较低，或者试样在一定温度下保温，枝晶间液相会因溶质反扩散而被快速消耗。液膜会在短时间(在几分钟甚至更短的时间内)内变薄并消失，这将导致冶金搭桥数量的增加和糊状区力学性能的提高，这就是等温保温过程中糊状区的力学性能不能代表合金热裂倾向的原因。此外，由于温度梯度和晶粒转动，铸锭或铸件中可能同时存在Ⅱ—Ⅲ阶段，这使得热裂的扩展在不同的凝固阶段和搭桥类型中相遇，从而导致力学性能曲线的复杂变化。

2. 混合搭桥现象验证

为了验证上述混合搭桥假说，以高锰高强钢(Fe-24Mn-0.5C 钢，简称 24Mn)作为研究对象，利用动态加载凝固裂纹热模拟试验机对其凝固及热裂过程进行了测试[352]。高锰高强钢具有高强度、宽凝固区间和高热裂敏感性，且凝固过程中只形成奥氏体枝晶，因此适合用于评估枝晶间搭桥的形成。经过计算，24Mn 钢非平衡凝固液相线温度和固相线温度分别为 1389℃和 1228℃，凝固区间约为 160℃。

该研究通过控制冷却速率和在凝固过程中施加拉伸载荷表征了 24Mn 的热裂形成过程。试样的尺寸为 $\Phi 10mm \times 200mm$，一端连接伺服拉伸系统，另一端连接拉压传感器。实验中首先将试样中部加热至熔化，保温 5min，然后控温冷却使之凝固。当温度达到 1313℃(f_S=0.85)时开始以 5mm/min 速率加载拉伸，直至发生热裂。整个实验在 Ar 保护气氛下进行。

将拉伸载荷和加载速率转换为应力和应变速率，应力-时间曲线如图 10-5(a)所示。图 10-5(b)是该试样纵剖面的枝晶组织及热裂纹形貌，对应的 EBSD 像如图 10-6 所示，图中不同颜色代表了不同的晶粒取向。

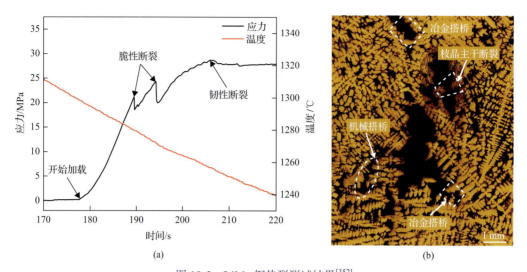

(a)

图 10-5　24Mn 钢热裂测试结果[352]

(a)应力-时间曲线；(b)试棒纵剖面凝固组织及裂纹形貌

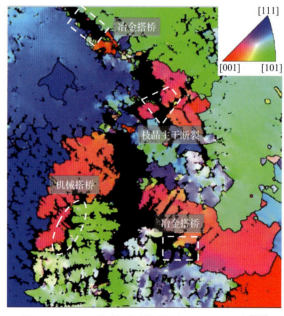

图 10-6　24Mn 钢热裂试棒纵剖面 EBSD 图谱[352]

如图 10-5(a)所示，试样开始加载后，应力快速增加，随后应力曲线出现两次快速下降，再之后应力曲线呈现锯齿状波动，直至达到最大应力峰值后略有下降。图中前两个脆性断裂特征的出现是由于拉应力超过了机械搭桥强度，导致裂纹在应力到达临界值时萌生并沿晶间液相快速扩展，直至被冶金搭桥阻碍，因此呈现拉应力的瞬时下降。机械搭桥被破坏形成的热裂纹特征是裂纹周围具有较为完整光滑的枝晶形态，裂纹沿着枝晶间隙扩展。机械搭桥状态下相邻的枝晶之间没有发生冶金结合，因此很容易被分离，而不会引起固相的塑性变形。图 10-5(b)中椭圆框及中心最大的裂纹即为机械搭桥断裂后的形貌，其 EBSD 像(图 10-6)也显示裂纹两侧的枝晶均保持完整，是机械搭桥被破坏的典型特征。

随着温度的进一步降低，糊状区液相分数和液膜总长度变小，冶金搭桥占比增加。此时，裂纹扩展易遇到冶金搭桥的阻碍，即裂纹扩展需要破坏冶金结合的固相，使其发生塑性变形并断裂，因而会产生韧性断裂特征。冶金搭桥被破坏的特征是在搭桥位置发生变形，断裂时形成细长针状尖刺(spike)。图 10-5(b)和图 10-6 左上方及下方矩形框中为两个冶金搭桥被裂纹破坏的形貌，可以看到裂纹一侧的枝晶会留有另一侧的枝晶碎片，说明此处的冶金搭桥被破坏。

枝晶干在高温下一般具有较好的延展性，通常不会产生裂纹。然而，当枝晶干周围的机械搭桥和冶金搭桥被破坏时，枝晶干成为应力集中点，裂纹就可能破坏枝晶干并扩展。从图 10-5(b)和图 10-6 中部梯形框中可直接观察到枝晶主干被裂纹破坏的现象。

在试样的断口上可以识别出四种断裂类型，每种形貌代表了一类裂纹扩展现象。在图 10-7(a)中，断口表面呈现完整的枝晶形貌，枝晶臂表面光滑，没有发现凹陷或撕裂痕迹，表明裂纹沿着晶间液相(或液膜)扩展(对应图 10-4 中的阶段 I)。图 10-7(b)显示了在枝晶表面形成的圆形和扁平的凸台。根据机械搭桥的物理描述可以推断，这些凸台是在两个枝晶臂尖端相互接触的机械搭桥处形成，是机械搭桥被破坏后形成的样貌(对应图 10-4 中的阶段 II)。当裂纹扩展至此处，枝晶间液膜在剪切应力作用下会迅速破裂。同时，破裂的液膜在表面张力的作用下回弹黏附在枝晶表面，然后较快地

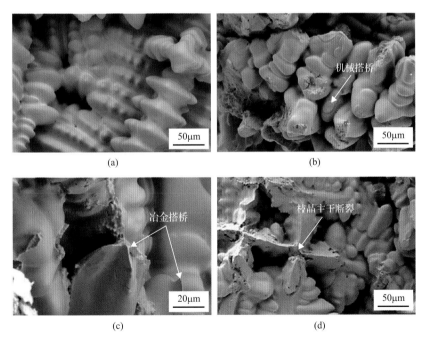

图 10-7　热裂断口形貌[352]

(a)断口表面无搭桥；(b)机械搭桥；(c)冶金搭桥；(d)枝晶主干断裂

凝固，导致了该断裂形貌。图 10-7(c)清晰地描绘了枝晶臂的变形和撕裂痕迹，这些痕迹归因于"冶金搭桥"的断裂(对应图 10-4 中的阶段Ⅲ)，由于冶金搭桥一般溶质含量高于枝晶，其强度要大于枝晶臂，因此冶金搭桥的断裂一般会发生在枝晶臂而非冶金搭桥，故表现为枝晶臂的伸长和断裂。此外，在图 10-7(d)中，可以观察到枝晶主干的伸长和断裂，这往往是裂纹扩展受到枝晶主干的阻碍，应力集中导致其断裂。由此可知，在高锰钢热裂纹扩展过程中，可能会出现四种情况：裂纹沿晶间液相扩展、机械搭桥分离、冶金搭桥断裂和枝晶主干断裂。

综上所述，凝固过程中机械搭桥断裂、冶金搭桥断裂和枝晶主干断裂可能同时存在，这也造成了应力曲线呈现复杂的变化。这表明混合搭桥假说可以清晰地阐释枝晶间搭桥形成的过程及搭桥混合存在对热裂纹形成的复杂影响。机械搭桥和冶金搭桥概念的定义，有利于研究人员更清晰地认识并描述搭桥及热裂纹形成过程，从而促进裂纹机理、判据的研究开发，以及热裂数值模拟的发展。

10.3 钢的热裂机理及判据

10.3.1 晶间搭桥对热裂的影响

在混合搭桥假说和实验研究基础上，Lin 等[353]提出一个新的热裂纹扩展模型。该模型建立在以下几个假设之上，并且仅讨论其扩展过程，而不讨论热裂纹的形核过程：

(1)将热裂发生区域视为受单轴拉伸作用的半固态区域。

(2)金属在高温下仍有一个应变量约为 0.2%的弹性变形区(与热裂发生的应变区间相同)[354]，认为变形能是通过弹性变形积累的。

(3)忽略凝固引起的原子间键能的增加。

(4)忽略热裂发生温度区间，温度降低导致的内能降低。

(5)热裂沿最小能量路径扩展。

(6)在脆性温度范围的下边界前，冶金搭桥不能直接阻止裂纹萌发后的扩展[111]。

该模型考虑了晶间搭桥的影响，萌发后的热裂扩展形态如图 10-8 所示。如果发生热裂时液膜通道长且连续，即晶间仅为机械搭桥和残余液相，则裂纹萌发后由于尖端应力集中，会沿机械搭桥和晶间液相迅速扩展，形成宏观上垂直于拉伸方向的断裂面。热裂纹扩展所需的临界应力受控于液膜强度(机械搭桥强度)，即受液膜的分布状态及其表面张力影响。如果裂纹扩展通道被冶金搭桥阻碍，则裂纹不能迅速扩展。冶金搭桥被连续累积的应变破坏后，液膜(热裂)微元方可相互连接并扩展成断裂面。此时，热裂纹扩展的临界应力则由液膜(机械搭桥)强度和固体骨架(冶金搭桥)的强度组成。

在该模型中，讨论了晶间搭桥对热裂扩展过程中能量变化的影响。如式(10-1)所示，热裂成核产生新的表面，热裂扩展增加表面能。

$$U = W + 2\gamma \tag{10-1}$$

式中，U 为材料的变形能；γ 为裂纹表面能；W 为应力-应变曲线积分得到的断裂能，其表达式为

$$W = l\int_0^{\varepsilon_0} \sigma \mathrm{d}\varepsilon \tag{10-2}$$

其中，l 为特征长度；σ 为表现张力（表面能）；ε 为应变。

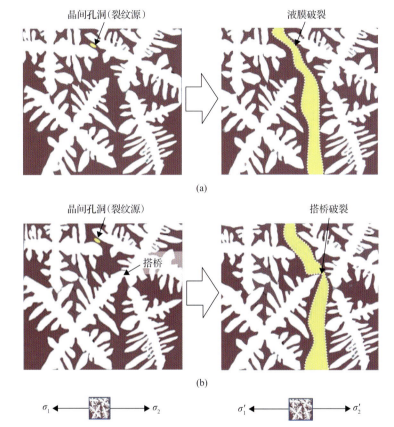

图 10-8　裂纹沿晶间液相扩展（a）以及晶间液膜消失情况下裂纹沿已结合的固相扩展（b）[353]

当热裂萌发并开始扩展，应力-应变曲线斜率会发生变化，但应力值仍随应变累积而上升，此时：

$$\begin{aligned}
\mathrm{d}U/\mathrm{d}t &> \mathrm{d}(2\gamma)/\mathrm{d}t > 0 \\
\mathrm{d}W/\mathrm{d}t &> 0
\end{aligned} \tag{10-3}$$

由于裂纹尖端存在奇点[355]，应力集中效应使得 2γ 的二阶导数极大。随后，应力曲线达到峰值，热裂迅速且不可逆地扩展，此时：

$$\begin{aligned}
\mathrm{d}U/\mathrm{d}t &= \mathrm{d}(2\gamma)/\mathrm{d}t > 0 \\
\mathrm{d}W/\mathrm{d}t &= 0
\end{aligned} \tag{10-4}$$

由于固体和液体的表面能不同，纯液膜(或液膜+机械搭桥)中的热裂扩展与冶金搭桥的情况不同。这意味着即使满足 $dU/dt = d(2\gamma)/dt$，但 $d(2\gamma)/dt$(热裂表面能增长率)的值可能不同。另一种可能是，热裂表面能增长速率的数值相同，但由于搭桥的存在，裂纹尖端的应力集中得到缓解，因此裂纹表面能的二阶导数不同。

以下以碳钢作为实验材料，通过应变速率控制发生热裂时晶间搭桥状态，比较这两种扩展机制的差异[353]。

10.3.2 低碳钢热裂机理及条件

实验材料选用低碳钢(0.2%C)，其成分见表 10-1。根据热力学计算和实验测温，该合金的液相线为 1510℃，包晶反应结束的温度为 1475℃，包晶反应后的液相分数为 10%。

表 10-1　低碳钢成分　　　　　　　　　(单位：%)

C	Si	Cr	Cu	Ni	Mn	S	P	Fe
0.2	0.5	0.2	0.25	0.3	0.4	0.03	0.03	Bal.

注：Bal.表示余量，下同。

将合金加工成 Φ10mm×200mm 的样品，左端夹紧在拉伸模块上，右端用螺纹固定在拉压传感器上。为探讨不同应变速率下碳钢的热裂临界条件，实验采用固定冷却速率 60℃/min；在 1473℃加载，消除包晶反应的影响；拉伸速度设为 0mm/min(即不拉伸)、0.25mm/min、0.5mm/min 和 0.75mm/min。

以下除非特别说明，讨论的所有温度均为样品温度。在实验过程中，首先将低碳钢测试样品加热至 1550℃，保温 5min，然后以 60℃/min 的速率冷却。当试样温度冷却至 1473℃时，以预定拉伸速率加载，当应力曲线出现裂纹峰值并快速下降后停止加载。连续记录加热器温度、拉伸速率、拉伸力等实验数据。在加热和保温的过程中(加载之前)，拉伸模块会开启力保持功能，以避免试样受到载荷发生变形。

1. 低碳钢热裂的力学行为

实验中可以直接得到拉伸-温度曲线和拉伸-位移曲线，而拉应力和平均应变速率则需要利用熔化区长度和断裂面积来计算。所测试样品的熔区长度均为 38.2mm±0.2mm，证实了实验条件的稳定性和可重复性。由于实验中的拉伸距离非常小(≤1.65 mm)，对断口截面积的影响可以忽略不计，断口处的最终截面积可直接用于计算实验过程中试样的平均拉应力。

实验结果温度-应力曲线如图 10-9 所示。由于样品两端受到约束，应力在通过相干温度后逐渐增大，此时固体骨架开始连接。在施加 $5.5\times10^{-5}\mathrm{s}^{-1}$ 应变速率的情况下，应力曲线上升缓慢，未出现断裂峰。在其他应变速率下，试样曲线出现峰值，之后应力急剧下降，且拉伸速率越高，应力曲线下降速率越大。随着应变速率的增加，曲线明显分为两种类型，断裂也发生在两个不同的温度点，且断裂应力有明显差异，表明其具有不同的裂纹扩展机制。

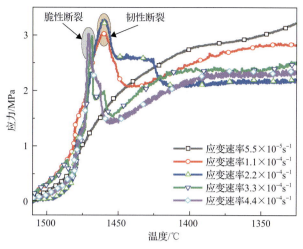

图 10-9　不同应变速率下得到的温度-应力曲线[353]

应力值与断裂温度的关系如图 10-10 所示，在不同的拉伸速率（即应变速率）下，热裂发生的温度明显分为两类，临界断裂应力也分为两类，进一步说明不同应变速率下的热裂纹扩展存在两种不同的机制。

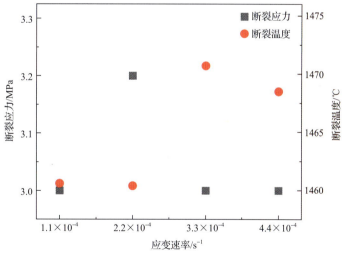

图 10-10　不同应变速率下的断裂应力和断裂温度[353]

2. 低碳钢热裂试样的微观组织

图 10-11 为不同应变速率下试样的凝固组织。在实验中，$5.5\times10^{-5}s^{-1}$ 应变速率下的试样未出现裂纹，如图 10-11(a) 所示。$1.1\times10^{-4}s^{-1}$ 应变速率下的测试曲线中出现断裂峰，但样品表面未发现宏观裂纹，纵剖面金相中发现样品中心出现微观裂纹，如图 10-11(b) 所示。更高应变速率下的样品则均发生断裂，如图 10-11(c) 所示。从图中可以看出，从熔区两侧到中心，凝固组织的特征是有序柱状晶向无序等轴晶转变。热裂发生在凝

固组织柱状晶向等轴晶转变（CET）处，且热裂基本上是沿晶断裂。在图 10-11（b）所示微裂纹中，存在热裂纹没完全贯穿的晶间搭桥，阻碍了裂纹的扩展。

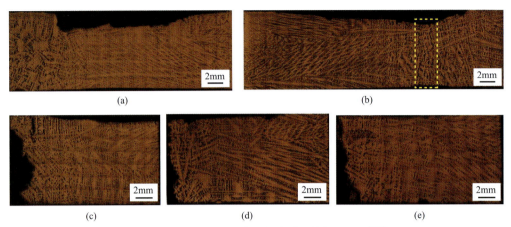

图 10-11　不同应变速率下的热裂试样凝固组织[353]

(a) $5.5 \times 10^{-5} s^{-1}$；(b) $1.1 \times 10^{-4} s^{-1}$；(c) $2.2 \times 10^{-4} s^{-1}$；(d) $3.3 \times 10^{-4} s^{-1}$；(e) $4.4 \times 10^{-4} s^{-1}$

试验结束后，沿热裂扩展方向将试样打断并观察断口形貌，如图 10-12 所示。当应变速率为 $2.2 \times 10^{-4} s^{-1}$ 时，断口具有明显的热裂特征：断裂面呈现完整的枝晶形貌，表面光滑，无变形和破坏痕迹；部分枝晶表面有褶皱，为液膜凝固后的状态；部分区域呈现固体骨架（冶金搭桥或枝晶主干）被拉伸断裂的痕迹。当应变速率为 $3.3 \times 10^{-4} s^{-1}$ 和

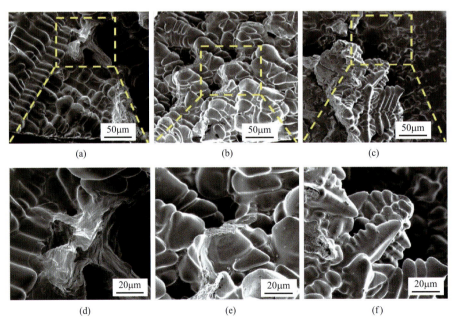

图 10-12　不同外加应变速率下得到的断口形貌[353]

(a)、(d)应变速率 $2.2 \times 10^{-4} s^{-1}$；(b)、(e)应变速率 $3.3 \times 10^{-4} s^{-1}$；(c)、(f)应变速率 $4.4 \times 10^{-4} s^{-1}$；

(d)～(f)分别为(a)～(c)中显示放大的断裂特征

$4.4 \times 10^{-4} s^{-1}$ 时[图 10-12(b)和(c)]，断口主要呈图 10-12(b)所示形貌，但没有固体骨架断裂的迹象。可见，不同应变速率下试样的断裂特征差异显著。

图 10-12 所示断口形貌表明，不同应变速率导致两种不同类型的热裂纹扩展形式，其中一种有冶金搭桥断裂的痕迹，而另一种断口中只有光滑的枝晶。

从实验得到的应力-温度曲线(图 10-9)可以推断，应变速率 $2.2 \times 10^{-4} s^{-1}$ 与应变速率 $3.3 \times 10^{-4} s^{-1}$、$4.4 \times 10^{-4} s^{-1}$ 下断裂温度和临界应力的差异是由于热裂过程中冶金搭桥的存在。应变速率还会影响热裂纹的形成温度。当温度较高时，晶间以机械搭桥和残余液相为主，热裂萌发后沿液膜(或液膜+机械搭桥)迅速扩展。当温度较低时，枝晶间有较多的冶金搭桥，阻碍了裂纹的扩展。对于应变速率 $1.1 \times 10^{-4} s^{-1}$ 的曲线，热裂开始扩展的温度较低，临界应力与液膜扩展型热裂的应力值一致，但末端不存在宏观裂纹，表明热裂扩展不完全。

3. 低碳钢热裂形成过程的能量变化

对热模拟实验得到的应力-位移曲线进行积分，其物理意义为单位面积拉力做功转化的材料应变能。裂纹能定义为理想弹性变形的变形能与曲线所示的应变能之差。裂纹能对位移的导数(单位为 MPa，其数学形式为应力差，表示作用在糊状区并引发热裂的应力)为裂纹能随位移的增长速率。由于实验是在稳定拉伸速率下进行的，因此该值也可以解释为对应拉伸速率下的裂纹能量释放速率：

$$d(2\gamma)/dx = d(2\gamma)/d(v \times t) \qquad (10\text{-}5)$$

当 v 为常数，有

$$d(2\gamma)/dx = \frac{1}{v}d(2\gamma)/dt \qquad (10\text{-}6)$$

式(10-5)和式(10-6)中，x 为总拉伸变形量；v 为拉伸速率。

由于熔区稳定，此处也可以换算为对应的应变与应变速率。在接下来的讨论中，$d(2\gamma)/dx$ 表示为 $(2\gamma)'$，其二次导数表示为 $(2\gamma)''$。

对拉伸曲线进行拟合，然后进行积分和求导，可得图 10-13。其中实线为原始数据，短划线为拉伸曲线的拟合，虚线为理想弹性变形能的辅助线。图 10-13(a)、(b)、(c)、(d)为应变速率分别为 $5.5 \times 10^{-5} s^{-1}$、$2.2 \times 10^{-4} s^{-1}$、$3.3 \times 10^{-4} s^{-1}$ 和 $4.4 \times 10^{-4} s^{-1}$ 的实验结果(冷却速率均为 60K/min)。

图 10-14(a)为相同冷却速率下不同应变速率的实验对比，图 10-14(b)为相同应变速率、不同冷却速率的实验对比。图中所标注的数值点为发生断裂时的累计位移和对应的 $(2\gamma)'$，可以看出，在纯液膜(或液膜+机械搭桥)破裂形式下，不同试样裂纹能随位移的增长速率[即 $(2\gamma)'$]在断裂时达到相似的值($0.27 \sim 0.29$)，而未开裂试样的(应变速率 $5.5 \times 10^{-5} s^{-1}$)直到凝固完也未达到此值。当应变速率为 $2.22 \times 10^{-4} s^{-1}$ 时，含有冶金搭桥的试样在裂纹扩展过程中，裂纹能随位移的增长速率明显大于其他组。

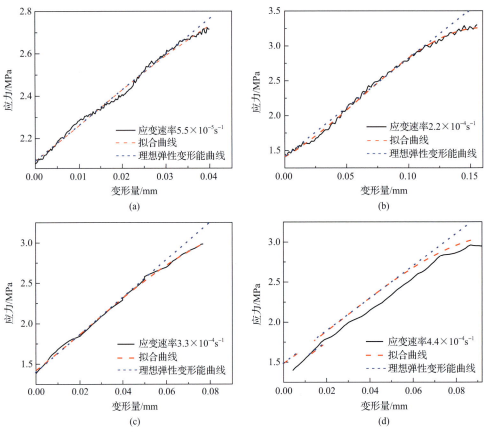

图 10-13　低碳钢不同应变速率热裂测试的应力曲线处理[353]

(a) $5.5 \times 10^{-5} s^{-1}$；(b) $2.2 \times 10^{-4} s^{-1}$；(c) $3.3 \times 10^{-4} s^{-1}$；(d) $4.4 \times 10^{-4} s^{-1}$

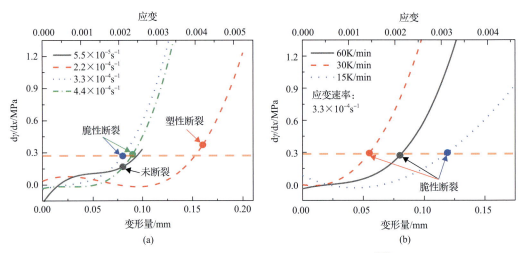

图 10-14　低碳钢裂纹能增长速率随位移的变化[353]

(a) 不同应变速率；(b) 不同冷却速率

10.3.3　基于能量增长率的热裂判据

低碳钢热裂测试表明，如热裂类型一致，裂纹发生扩展时的 $d(2\gamma)/dx$ [即 $(2\gamma)'$] 几乎为定值。也就是说，对于同一种材料，在快速、不可逆的裂纹扩展条件下，只要具有相同的断裂形式，都具有相同的临界条件，而与应变速率和冷却速率无关。以低碳钢的实验参数及数据为例。在纯液膜(或液膜+机械搭桥)破裂形式下：

$$d(2\gamma_{L})/dx = \frac{1}{v_{L}}d(2\gamma_{L})/dt = C_{L} = 0.28 \tag{10-7}$$

式中，γ_{L} 为该条件下的裂纹能；C_{L} 为测试的常数；v_{L} 为该条件下的变形速率。

当 $dU/dt = d(2\gamma_{L})/dt = 0.28v$ 时，$dW/dt = 0$，此时热裂发生迅速且不可逆扩展。

当热裂扩展过程涉及冶金搭桥时，对应的常数值(记为 C_{L+B})明显大于热裂只在液膜中扩展的情况(C_{L})。此外，达到该值所需积累的应变也明显增加，接近其 2 倍。将 C_{L+B} 实测值代入到公式中：

$$d(2\gamma_{L+B})/dx = \frac{1}{v_{L+B}}d(2\gamma_{L+B})/dt = C_{L+B} = 0.37 \tag{10-8}$$

$$2\gamma_{L}' < 2\gamma_{L+B}' \tag{10-9}$$

式中，γ_{L+B} 为该条件下的裂变能；C_{L+B} 为测试的常数。

结合实验与模型可以发现，冶金搭桥不仅增加热裂处的固相率从而增加了裂纹比表面能，还增加了达到该条件所需的应变，从而延缓了热裂的不可逆扩展。冶金搭桥参与到抵抗热裂的过程中，一方面增加了糊状区强度，另一方面中断了液膜的连续性，使得裂纹无法快速扩展，也缓解了热裂尖端的应力集中效应，减小了裂纹表面能的二阶导数。可见，当热裂萌发时，裂纹是否发生不可逆的扩展，可视为热裂纹表面能增长率达到临界值与凝固进程之间的竞争。其表达式为

$$\int_{0}^{x_{0}} 2\gamma'' dx = C \tag{10-10}$$

式中，C 为实验获得的断裂常数。

在低碳钢热裂实验中，当热裂类型为沿液膜扩展时，该值为 0.27～0.29；当热裂类型为需要破坏冶金搭桥进行扩展时，该值约为 0.37。$(2\gamma)''$ 是裂纹表面能相对于应变的二阶导数。

当模型考虑热裂扩展形式差异时，有无冶金搭桥参与的热裂纹扩展现象之间应存在一个过渡点，以温度为表达时，该点可定义为 T_{trans}。设 v 为变形速率，$\dot{T}$ 为凝固过程中的冷却速率，t_{1}、t_{2} 分别为达到临界条件所需的时间，则有

$$2\gamma'' \times v \times t_{1} = C \tag{10-11}$$

$$\dot{T} \times t_2 = T_{\text{trans}} \tag{10-12}$$

当 $t_1 < t_2$ ，在糊状区凝固进入冶金搭桥阶段前，热裂已经发生迅速且不可逆的扩展，则有

$$\frac{C}{2\gamma'' \times v} < \frac{T_{\text{trans}}}{\dot{T}} \tag{10-13}$$

即热裂只在液膜中扩展，此时：

$$\begin{aligned} 2\gamma'' &= 2\gamma''_{\text{L}} \\ C &= C_{\text{L}} \end{aligned} \tag{10-14}$$

假设 $T_{f_{\text{s}} \to 0.98}$ 为固相率达到 0.98 时的温度（一般认为固相率达到 0.98 之后将不再发生热裂）。此时有

$$\dot{T} \times t_3 = T_{f_{\text{s}} \to 0.98} \tag{10-15}$$

当 $t_2 < t_1 < t_3$ ，则有

$$\frac{T_{\text{trans}}}{\dot{T}} < \frac{C}{2\gamma'' \times v} < \frac{T_{f_{\text{s}} \to 0.98}}{\dot{T}} \tag{10-16}$$

即热裂的扩展需要克服冶金搭桥的阻碍，这时：

$$\begin{aligned} 2\gamma'' &= 2\gamma''_{\text{L+B}} \\ C &= C_{\text{L+B}} \end{aligned} \tag{10-17}$$

当 $t_3 < t_1$ ，则有

$$\frac{T_{f_{\text{s}} \to 0.98}}{\dot{T}} < \frac{C}{2\gamma'' \times v} \tag{10-18}$$

热裂将不会发生不可逆的扩展。

用应变速率代替形变速率，并将不等式中的常数项归到一边，可得热裂扩展判据的简单形式：

$$\frac{C}{T \times 2\gamma'' \times l} < \frac{\dot{\varepsilon}}{\dot{T}} \tag{10-19}$$

此时，热裂扩展的各种情况可表述如下：

(1)热裂只在液膜中扩展：

$$\frac{C_{\text{L}}}{T_{\text{trans}} \times 2\gamma''_{\text{L}} \times l} < \frac{\dot{\varepsilon}}{\dot{T}} \tag{10-20}$$

(2) 热裂的扩展需要克服冶金搭桥的阻碍：

$$\frac{C_{L+B}}{T_{f_s \to 0.98} \times 2\gamma''_{L+B} \times l} < \frac{\dot{\varepsilon}}{\dot{T}} < \frac{C_L}{T_{trans} \times 2\gamma''_L \times l} \tag{10-21}$$

(3) 热裂不发生不可逆扩展：

$$\frac{C_{L+B}}{T_{f_s \to 0.98} \times 2\gamma''_{L+B} \times l} > \frac{\dot{\varepsilon}}{\dot{T}} \tag{10-22}$$

可以看出，热裂扩展判据取决于应变速率与冷速之比 (右项) 与热裂扩展系数 (左项) 的比较。应变速率与冷速之比即是强度竞争假设的一种表达形式；热裂扩展系数则反映了某一材料抵抗热裂的能力，其中，裂纹扩展时的常数 C (表示裂纹能量增长速率) 仍需要实测获得。

10.3.4　高碳钢的热裂和热裂判据验证

为验证热裂扩展模型的普适性，采用高碳 T10 钢进行热裂测试，其成分如表 10-2 所示。高碳 T10 钢液相线为 1455℃，固相线为 1315℃。热裂测试方法同上，不同之处在于该实验选择固相分数为 80%，即 1360℃时加载拉伸。拉伸速率为 1mm/min、2mm/min、3mm/min、5mm/min、10mm/min。

表 10-2　高碳 T10 钢的成分　　　　　　　(单位：%)

C	Si	Mn	Cr	Mo	Nb	Ni	S	P	Fe
0.95	0.35	0.35	1.4	0.5	0.3	0.03	0.03	0.03	Bal.

1. 高碳钢热裂的力学行为

高碳 T10 钢试样的应力-温度曲线如图 10-15(a) 所示。可以看出，应变速率越高，断裂时的累积应变越小，断裂应力越小。应变速率分别为 $3.0 \times 10^{-4} s^{-1}$ 和 $5.9 \times 10^{-4} s^{-1}$ 时，应力增长缓慢，完全凝固前无断裂峰。而当应变速率等于或大于 $8.9 \times 10^{-4} s^{-1}$ 时，应力在完全凝固前达到峰值并出现下降，表明发生了热裂。三个发生热裂试样的应力曲线也可分为两类，断裂应力差异明显。图 10-15(b)~(d) 清晰地显示了试样断口沿轴向纵断面的显微组织。在高应变速率下 [图 10-15(b)，$3.0 \times 10^{-3} s^{-1}$]，试样呈现出沿晶断裂特征，断口处枝晶没有变形，表明裂纹沿液膜扩展。相应地，其应力曲线呈脆性断裂特征，应力达到峰值后急剧下降。在中等应变速率下 [图 10-15(c)，$8.9 \times 10^{-4} s^{-1}$]，试样断裂处出现了少量枝晶变形和尖刺，如虚线框中所示。应力曲线也表现出韧性断裂特征，即应力达到峰值后随温度的降低而缓慢降低。在低应变速率下 [图 10-15(d)，$5.9 \times 10^{-4} s^{-1}$]，热裂纹不能完全扩展，试样中部出现明显的颈缩现象。

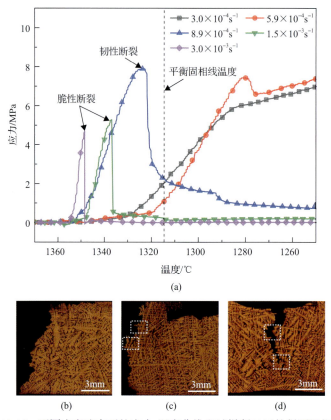

(a)

图 10-15　不同应变速率下的应力-温度曲线和试样断口区的凝固组织[356]

(a)不同应变速率下的应力-温度曲线；(b)3.0×10⁻³s⁻¹；(c)8.9×10⁻⁴s⁻¹；(d)5.9×10⁻⁴s⁻¹

图 10-16 为试样断口形貌。在所有样品上都可以观察到树枝状特征。在高应变速率下[图 10-16(a)]，断口呈现相对完整的枝晶结构。此外，枝晶表面光滑，表面覆盖一层褶皱。如图 10-16(b)所示，在拉伸速率 $1.5×10^{-3}s^{-1}$ 下，试样断口的枝晶形貌清晰，枝晶尖端有明显的尖刺、拉长和变形的痕迹。在低应变速率($8.9×10^{-4}s^{-1}$)下断裂的试样中，可以观察到清晰的沿晶断裂但被晶间搭桥终止的现象，如图 10-16(c)所示。

2. 高碳钢热裂的裂纹能增长率

T10 钢热裂测试中，裂纹能关于位移的导数计算结果如图 10-17 所示。

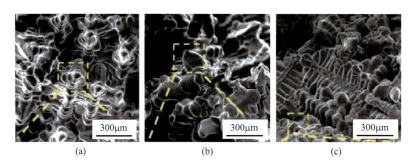

(a)　　　　　　　　(b)　　　　　　　　(c)

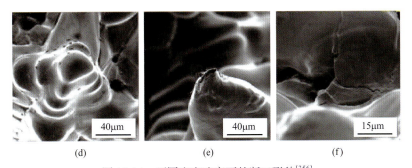

(d)　　　　　　　　(e)　　　　　　　　(f)

图 10-16　不同应变速率下的断口形貌[356]

(a)、(d)应变速率 3.0×10⁻³s⁻¹；(b)、(e)应变速率 1.5×10⁻³s⁻¹；(c)、(f)应变速率 8.9×10⁻⁴s⁻¹；

(d)、(e)、(f)分别为(a)、(b)、(c)中放大的断裂特征图

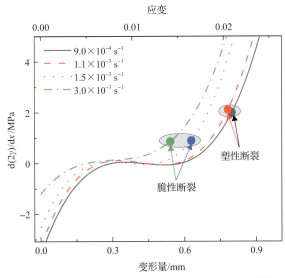

图 10-17　T10 钢裂纹能量增长速率随应变曲线[353]

图 10-17 中标记的数值点为每次发生断裂时的累计位移(应变)和对应的 $\mathrm{d}(2\gamma)/\mathrm{d}x$ 值。与低碳钢结果相似，裂纹能随位移(应变)变化的增长速率也明显分为两种情况：当热裂以纯液膜(或液膜+机械搭桥)传播时，$\mathrm{d}(2\gamma)/\mathrm{d}x$ 为 0.85～0.88MPa；当裂纹扩展涉及冶金搭桥时，该值为 1.95～2.10。在后一种情况下，常数范围大的原因可能是冶金搭桥的数量变化引起的，变形过程中的加工硬化也可能是重要影响因素。

10.3.5　糊状区应变中的流变行为

图 10-18(a)为高碳钢在不同应变速率下的应力-应变曲线。在较低应变速率下，可以清楚地看到低斜率阶段(即低弹性模量)。随着应变速率的增大，该阶段的累计流变先增大后减小，如图 10-18(b)所示。这样的结果在文献中鲜有报道。当采用浇注法研究热裂[357, 358]，拉力曲线开始时往往会出现低应力甚至负应力阶段，但一般将其解释为浇注和模具热膨胀的影响。受限于研究方法，对这一现象的观察和对其潜在机制的认识几乎是空白。

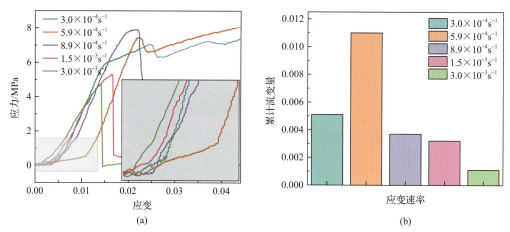

图 10-18　高碳钢热裂测试拉伸初始阶段的应力曲线(a)及累计流变值(b)[356]

根据界面张力性质，当晶间液相较多时，液体不能依靠界面张力来抵抗热裂，因此残余液相仍可流动以填充枝晶间隙，但该过程受到固相率和应变速率的影响。图 10-19 所示模型将枝晶简化为二维六边形晶粒，并分析了四晶粒间隙中液膜变形和液流补缩程。设 H 为晶间间隙长度，Δ 为厚度，α 为液体补缩速率，$\dot{\varepsilon}$ 为晶粒产生的应变速率，可将应变过程中晶间间隙的生长空间简化为一个矩形。液膜在不同应变速率下开始产生界面张力的条件为

$$H\dot{\varepsilon}t > \alpha t$$
$$H \gg \Delta$$
(10-23)

金属液进入间隙的速度随着温度降低而减小。一方面，温度降低，液体的自由能降低，黏度增加[359,360]。另一方面，结晶和枝晶熟化会增加固相率，导致固体骨架的间隙减小，阻碍液相流动[361]。

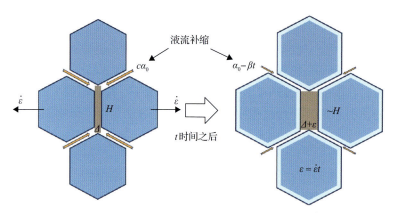

图 10-19　凝固过程中晶间液膜及液流补缩示意图[356]

当冷却速率为定值，α 是随时间递减的值。假设时间系数为 β，α 在应变产生前为 α_0，则有

$$H\dot{\varepsilon}t > (\alpha_0 - \beta t)t \tag{10-24}$$

$$t > \frac{\alpha_0 - H\dot{\varepsilon}}{\beta} \tag{10-25}$$

$$\varepsilon_0 = \dot{\varepsilon}t = \dot{\varepsilon}\frac{\alpha_0 - H\dot{\varepsilon}}{\beta} = \frac{\alpha_0}{\beta}\dot{\varepsilon} - \frac{H}{\beta}\dot{\varepsilon}^2 \tag{10-26}$$

此时，液膜中产生抵抗热裂的界面张力所需的应变 ε_0 是一个关于应变速率的二次函数，开口向下，顶点在第一象限。这表明随着应变速率的增加，残余液相停止补缩并开始抵抗拉应力所需的应变将先增大后减小，最后趋近于零，这与热裂测试结果一致。此外，在两条低应变速率曲线($3.0\times10^{-4}\mathrm{s}^{-1}$ 和 $5.9\times10^{-4}\mathrm{s}^{-1}$)上可以清楚地观察到，当温度低于固相时，低模量阶段的斜率与这两条曲线的斜率非常接近。随着温度的降低和加工硬化，后一段的斜率更高，可以推测它们都是固体骨架的"模量"，但该问题仍有待进一步检验。

10.4 AZ91D 镁合金的热裂行为

10.4.1 AZ91D 镁合金热裂形成条件

与钢不同，镁合金铸造中可以获得细小的等轴晶，因此其热裂行为可能与钢存在一定差别。本节旨在检验热裂热模拟技术在有色合金中的适用性，并讨论热裂模型与判据在细等轴晶且有共晶反应合金中的适用性。

实验采用 AZ91D 镁合金作为实验材料，该材料是应用最广泛的商用镁合金之一，因固液相区间较大，热裂敏感性较强，铸造时易出现热裂缺陷，其成分如表 10-3 所示。

表 10-3　AZ91D 镁合金成分　　　　　　　　　　(单位: %)

Al	Zn	Mn	Si	Fe	Cu	Ni	Be	Mg
9.3	0.63	0.32	0.05	0.003	0.021	0.001	0.001	Bal.

1. 动态加载热裂实验

用 PANDAT 软件(2013 版)计算合金的液相线和固相线分别为 666.7℃ 和 337.8℃。原始样品是通过半连续铸造获得并加工成测试试棒。为表征不同应变速率下 AZ91D 镁合金热裂形成的临界条件，试验中采用了 60℃/min 的固定冷却速率，并在 475℃ 条件下(固相分数 $f_s\approx0.8$)加载拉伸应变。拉伸速度分别为 0.25mm/min、0.375mm/min、0.5mm/min 和 0.75mm/min，相应的应变速率分别为 $1.1\times10^{-4}\mathrm{s}^{-1}$、$1.6\times10^{-4}\mathrm{s}^{-1}$、$2.2\times10^{-4}\mathrm{s}^{-1}$ 和 $3.3\times10^{-4}\mathrm{s}^{-1}$。所选应变速率均在半连续铸造的工作范围之内。此外，还测试并记录了样品本身收缩所产生的力曲线(即无拉伸)。

首先，将镁合金试样加热至 730℃熔化并保温 5min，然后以 60℃/min 的速度冷却。在加热和保温过程中保持样品不受拉压力作用。当冷却至 475℃时，对样品施加拉伸应变，连续记录实验数据，包括加热器温度、拉伸速率和力，利用平均熔区长度和断口截面积计算样品所受应力和平均应变速率。

为了观察 AZ91D 合金在不同温度下的微观结构和液膜形态，进行了原位液淬实验。将盛放在氧化铝坩埚中的样品(100mm×4mm×15mm)放入真空炉的炉膛中(详见文献[253])，加热至 730℃并保持 5min，然后以 60℃/min 的速度冷却凝固。样品在 448℃和 424.5℃时进行原位液淬，分别对应于共晶反应之前和之后的两个凝固阶段。淬火槽在样品静止时升起，以确保残留液相不受干扰。将两个淬火样品沿纵向中心线剖开，然后进行磨削、抛光处理最后使用扫描电镜进行观察。

2. AZ91D 镁合金热裂形成的临界条件

图 10-20 描述了应力与温度的关系曲线以及固体分数与温度的关系曲线。根据相图，初生相在 602.8℃时从液体中形成，共晶相在 429.3℃时从残余液体中开始形成，此时固相率为 0.83。由于样品冷却过程中两端都受约束，因此在通过固体骨架开始连接的相干温度后，应力出现并逐渐增加。在没有施加额外拉力的情况下，应力曲线(图 10-20 中的灰色曲线)稳定上升，应力与温度曲线上没有断裂峰值，表明没有形成热裂。在不同应变速率下样品的应力与温度关系曲线会出现热裂峰值。在达到峰值应力后，应力会随着温度的降低而下降，这是因为热裂的形成释放了应力，并且随着拉伸速率的增加，峰值应力和达到峰值后的应力下降速率都会降低。图 10-20 显示了一个显著特点，即当应变速率较小时，峰值应力出现在共晶凝固区间；而当应变速率较大时，峰值应力出现在枝晶凝固区间。可见，AZ91D 合金的热裂发生在两个凝固阶段，即平均应变速率

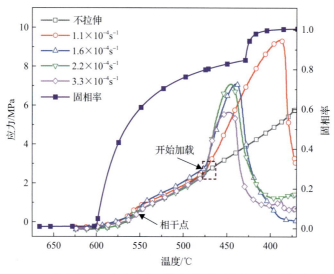

图 10-20　AZ91D 合金在不同应变速率下的应力-温度曲线以及固相率-温度曲线[362]

大于等于 $1.6 \times 10^{-4} \text{s}^{-1}$ 时发生在枝晶凝固最终阶段($f_s \approx 0.81 \sim 0.82$)和平均应变速率小于 $1.1 \times 10^{-4} \text{s}^{-1}$ 时的共晶凝固最终阶段($f_s \approx 0.99$)。在这两个凝固阶段,断裂应力差别显著,其热裂形成机制也可能不同。

图 10-21(a)还分析了累积应变与断裂应力、断裂温度和断裂固相分数与累积应变之间的关系。从图 10-21(a)中可以清楚地观察到,任何与断裂相关的参数与累积应变之间都没有明显的单调关系,这表明累积应变并不适合作为热裂形成标准的敏感参数。

图 10-21(b)显示了断裂应力(即应力与温度曲线上的峰值应力)、断裂温度和断裂固相率与应变速率的关系。随着应变速率的增加,断裂应力和断裂固相率会减小,而断裂温度随应变速率的增加而升高。从表 10-5 和图 10-21(b)可以看出,应变速率决定了 AZ91D 合金发生热裂的温度。在固定的拉伸和冷却速率下,应变与冷却时间内的温度下降成正比,断裂的临界应变由应变速率间接控制。

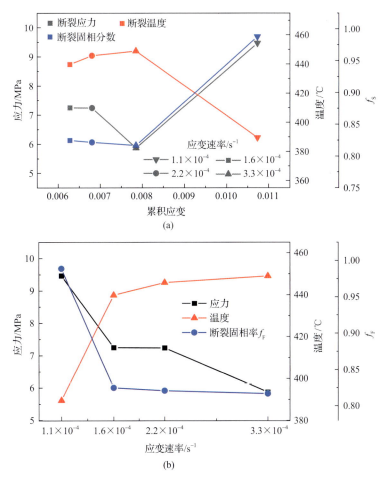

图 10-21　AZ91D 合金的断裂应力、断裂温度和断裂固相分数[362]

(a)不同累积应变;(b)不同应变速率

应变速率与断裂固相率 f_F 之间的关系如图 10-21(b)所示,f_F 随应变速率的增加而单调减小。这种关系可以用曲线拟合式来描述：

$$f_{\mathrm{F}} = 9.89\exp\left(-\frac{\dot{\varepsilon}}{2.70\times10^{-5}}\right) + 0.82 \qquad (10\text{-}27)$$

根据曲线拟合结果，可以定量预测当前实验条件下热裂的临界条件。式(10-27)右侧常数项的值为 $0.82\pm5.77\times10^{-4}$，是应变速率较大时发生热裂的最小 f_{F}，也就是液流补缩不足以补偿与应变速率和收缩相关的体积变化时的最小 f_{F}。当 f_{F} 值接近 1 时，临界断裂应变速率计算值为 $9.7\times10^{-5}\mathrm{s}^{-1}$。这可视为 AZ91D 镁合金在连续冷却条件下的定量热裂标准。根据 AZ91D 镁合金的线性收缩系数估算，无加载试样凝固时的收缩应变速率为 $2.7\times10^{-5}\mathrm{s}^{-1[363]}$，低于计算值，试样未发生断裂，与计算结果相符。

图 10-22 为合金在不同应变速率下的应力-应变曲线，以及将应力-应变曲线积分到断裂点所得到的材料断裂韧性曲线。在应变累积的初始阶段(图 10-22(a)中 a 点之前)，所有应变速率都表现出相似的应力-应变关系。然而，在 a 点之后，与 $3.3\times10^{-4}\mathrm{s}^{-1}$ 拉伸应变速率相对应的曲线首先进入平缓阶段，应变积累一段时间后应力下降。在图 10-22(a)中的 b 点和 c 点之后，$1.6\times10^{-4}\mathrm{s}^{-1}$、$2.2\times10^{-4}\mathrm{s}^{-1}$ 和 $1.1\times10^{-4}\mathrm{s}^{-1}$ 拉伸应变速率曲线也逐渐进入平缓阶段，随后应力下降。

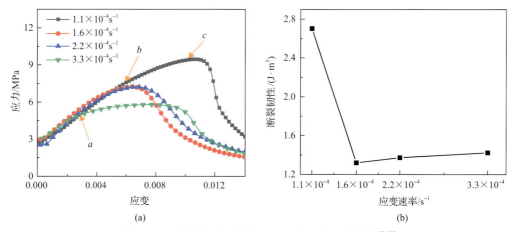

图 10-22　不同应变速率下 AZ91D 合金的力学行为[362]

(a)应力-应变曲线；(b)断裂韧性

在进入平坦阶段之前，固体骨架处于受力变形状态。进入平坦阶段后，应力下降意味着裂纹的萌生和扩展。一般来说，应变速率越高，应力越早达到平坦阶段，并且在平坦阶段停留的时间越长。这种趋势与本章提出的热裂模型有很好的对应性。该模型认为，断裂点的液膜厚度与应变速率呈负相关，应变速率越高，越早出现补缩不足，抗裂能力越弱。

如图 10-22(b)所示，在低应变速率 $1.1\times10^{-4}\mathrm{s}^{-1}$ 下，断裂韧性非常高；当应变速率增加到 $1.6\times10^{-4}\mathrm{s}^{-1}$ 时，断裂韧性降至最低值；随着应变速率的继续增加，断裂韧性略有上升。这些结果表明，AZ91D 合金表现出两种热裂扩展模式。在进入液膜无法补充的阶段之前，固体骨架必须经历塑性变形。应变速率低的样品由于长时间处于塑性变形阶段，其断裂韧性较大，这应该与共晶反应增加了冶金搭桥比例，并进而提高了固相骨架的塑性有关。当应变速率大于某个值时，断裂韧性会明显下降，这与机械搭桥比例较高、脆性较大的特点相符。

10.4.2　AZ91D 镁合金热裂形成机理

图 10-23 是液淬样品的固体骨架和晶间液相的形态。在较高的液淬温度下(448℃，树枝晶凝固阶段结束)，液相在微观结构中所占比例较大，晶间液相更加连续。当温度降至 424.5℃时(共晶凝固阶段)，枝晶间的液膜变得不连续，冶金搭桥大量增加。此外，由于共晶反应，图 10-23(c)和(d)中的白色区域还含有一定比例的在液淬前已凝固的 $Mg_{17}Al_{12}$ 相，这导致残余液相实际上比白色区域更加不连续。

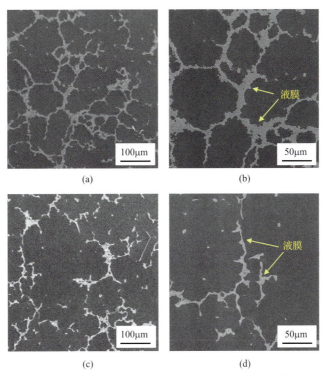

图 10-23　不同固相率液淬的样品微观组织图[362]
(a)、(b)448℃，f_s=0.82；(c)、(d)424.5℃，f_s=0.93

图 10-24 为热裂样品的断口形貌。在所有样品上都能清楚地看到树枝状特征。在低应变速率下凝固的样品中可以观察到许多边缘锋利的凸起和凹坑结构，附近还有许多台阶[图 10-24(a)]。相反，在高应变速率下[图 10-24(c)]，断裂表面呈现出相对完整的枝晶表面形貌。枝晶臂表面光滑，被一层皱纹状薄膜覆盖，这可能是附着在枝晶表面并在局部凝固的厚液膜。如图 10-24(b)所示，在 $2.2\times10^{-4}s^{-1}$ 的拉伸速率下，样品的

断裂表面具有相对光滑的边缘和零星的凸起结构。

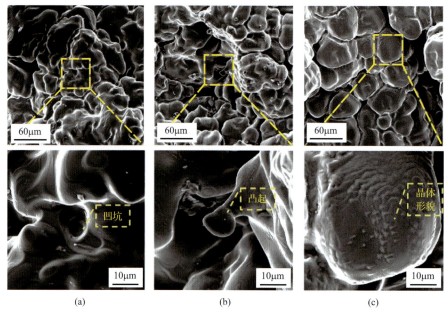

图 10-24　不同应变速率下断裂样品的断裂形态[362]

(a) $1.1 \times 10^{-4} s^{-1}$；(b) $2.2 \times 10^{-4} s^{-1}$；(c) $3.3 \times 10^{-4} s^{-1}$

扫描电镜图像表明，应变速率会影响断裂时样品中的残余液体含量。如图 10-24 所示，在应变速率较低的样品中，有明显的固体骨架断裂痕迹，尖刺和凹坑的存在表明这些位置在形成热裂的过程中可能存在冶金搭桥，晶间残余液相不连续。在更低的应变速率下，热裂发生在接近共晶凝固最终阶段，此时固体骨架会形成大量冶金搭桥，需要更高的应力才能实现热裂纹的扩展。然而，在拉伸速率较高时，热裂发生时残留液相的比例较大，枝晶间的冶金搭桥较少，断裂应力也较低。

上述实验结果表明，AZ91D 镁合金热裂的发生与应变速率直接相关，这与 RDG 和 Kou 模型的观点一致[125, 128, 364]。但是，RDG 和 Kou 模型认为当应变速率超过临界值时，热裂会瞬间成核并扩展成裂纹，而该实验不支持该结论。实际上，热裂的敏感指数和临界值在凝固过程中会发生变化，这是因为当应变速率达到临界值时，还必须积累一定应变才能达到一定的应力值，从而破坏液膜或晶间搭桥。因此，应变速率变化时，热裂会在不同的温度和应力下发生，这也导致断裂时的累积应变并不是固定不变的，而是随着应变速率的增加而减小，如图 10-21 所示。这一现象表明，非力学因素(如晶间搭桥的形式和数量、液流补缩等)也对热裂纹的形成有不可忽视的影响。如图 10-20 和图 10-22 所示，不同凝固阶段的断裂应力即断裂韧性差异显著，这显然与搭桥的形式及比例相关。结合断口形貌的分析，有理由相信本章提出的混合搭桥假说及热裂模型更符合 AZ91D 镁合金的热裂行为，能够更准确地描述其热裂纹扩展过程及条件。

10.4.3 热裂判据的讨论及优化

10.3.3 节提出的热裂纹扩展判据是基于枝晶凝固提出，式 (10-20) 右项为应变速率与冷速的比值，当其大于左侧值时，就会发生热裂，而等式左侧的常量为材料的特性，与合金的成分有关。该公式只适用于枝晶凝固 (单纯液固相变) 条件下的热裂行为分析，对如共晶反应及包晶反应这类涉及复杂相变的情况尚需进一步讨论。

根据混合搭桥及热裂扩展模型，冶金搭桥对热裂纹的扩展起阻碍作用。在凝固过程中，随着固相率的增加，热裂的扩展经历机械搭桥和冶金搭桥。由于冶金结合的结合强度远大于机械桥接的结合强度，因此冶金结合的糊状区域的断裂必须在比机械桥接结合的载荷大得多的载荷下发生。综上可知，固相率的增加会导致热裂发生的倾向性降低。

枝晶凝固条件下，冶金搭桥是通过晶间液膜凝固为固相实现；而在具有共晶反应及析出相的条件下，冶金搭桥可通过形成共晶相实现。以 AZ91D 凝固过程中出现的共晶反应为例，其共晶反应发生在凝固末期 ($f_s \approx 0.85$)，生成 α-Mg 和 β-$Mg_{17}Al_{12}$ 共晶组织，共晶潜热的释放导致冷却速率下降。当应变速率不变时，式 (10-20) 右项增大，会得出共晶反应增加热裂风险的结论，这显然与事实不符。在镁合金实际凝固过程中，共晶反应导致冷却速率降低，但固相率增加，相应的冶金搭桥比例也在增加，这显然会提高其抵抗热裂的能力。因此，对原有的 $\dfrac{\dot{\varepsilon}}{\dot{T}}$ 进行优化，将分母由冷却速率 ($\dot{T}$) 改为固相率的变化速率 ($\dot{f_s}$)，使用 $\dfrac{\dot{\varepsilon}}{\dot{f_s}}$ 来判断热裂发生的倾向性更为合理，则热裂判据可优化为

$$\frac{C}{f_s \times 2\gamma'' \times (T_L - T_S)} < \frac{\dot{\varepsilon}}{\dot{f_s}} \tag{10-28}$$

在式 (10-28) 中，当 $\dfrac{\dot{\varepsilon}}{\dot{f_s}}$ 大于左侧值时，热裂纹发生扩展。该式表明，应变速率与固相率的竞争关系决定了合金凝固过程中不同阶段的热裂倾向性。

使用动态加载凝固裂纹热模拟试验机，可以得到某一材料在不同应变速率及冷速速率下的热裂行为，通过参数的调整获得材料发生热裂的临界应变速率/冷速。由于在不同的冷速下，$\dot{f_s}$ 不同，因此在相同冷却速率下，通过改变应变速率的大小，可以确定其发生热裂临界应变速率。另外，不同的应变速率，对应的断裂固相率不同，因此通过计算断裂时的 $\dot{f_s}$ 来获得临界应变速率下的 $\dot{f_s}$，将由实验所测的临界 $\dfrac{\dot{\varepsilon}}{\dot{f_s}}$ 定义为 $\dfrac{\dot{\varepsilon}}{\dot{f}_{s\_critical}}$。当 $\dfrac{\dot{\varepsilon}}{\dot{f}_{s\_critical}} < \dfrac{\dot{\varepsilon}}{\dot{f_s}}$ 时，热裂发生。

在铸件实际生产过程中，凝固末期的 $\dfrac{\dot{\varepsilon}}{\dot{f_s}}$ 可通过多种形式进行测量，例如通过测凝

固降温曲线以及收缩率来计算，或者结合有限元数值模拟获得。因此使用该判据，可以对凝固过程中铸件不同部位的热裂行为进行定量预测，也可定量研究不同铸造工艺对铸件热裂风险的影响。

10.5 小结及展望

本章基于凝固理论及热裂热模拟方法，探讨了金属凝固过程中热裂形成和扩展机制，研究了金属的高温力学行为、热裂纹扩展条件，并检验了混合搭桥假说及热裂纹扩展模型与判据。

(1)对枝晶凝固条件下晶间搭桥的形成过程进行了理论描述，提出了混合搭桥模型，将单纯依靠液膜张力联结和通过枝晶间冶金结合的搭桥形式分别命名为机械搭桥和冶金搭桥。这两种搭桥形式会导致热裂纹扩展过程表现为局部脆性断裂和局部韧性断裂两种特征。另外，实际凝固过程中，机械搭桥和冶金搭桥往往混合存在，导致金属热裂过程呈现出复杂的力学行为。

(2)在混合搭桥假说的基础上，定量测试了碳钢的热裂临界条件，讨论了碳钢热裂的机理。结果显示碳钢热裂时的温度和断口形态关系密切，较低断裂温度下冶金搭桥被撕裂迹象明显，而较高断裂温度下断裂形态特征以机械搭桥破坏为主。临界强度和裂纹能量的变化表明，晶间搭桥在热裂扩展过程中起关键作用。

(3)通过定量研究晶间搭桥对热裂扩展的影响，发现机械搭桥和冶金搭桥分别对应不同的裂纹能量释放速率。因此，基于能量平衡，提出了描述热裂扩展阶段的模型和热裂扩展判据，该判据可用于预测材料在给定工况下的热裂敏感性，实际生产中对预防热裂具有重要意义。

综上所述，热裂热模拟方法及装置为金属凝固过程热裂纹的形成机理及条件测试提供了有效的手段。在理论方面可以检验热裂机理的科学性，提供定量可靠的实验证据；在应用方面则可以测试金属在不同冷却及应力、应变条件下的热裂行为，为热裂预测提供判据条件。另外，热模拟方法也适用于金属糊状区力学性能的测试，为发展非平衡凝固条件下金属糊状区力学性能数据的测试方法及标准提供了一定基础。

实际上，生产条件下的金属凝固过程非常复杂，既有金属材料本身成分、热物性参数及凝固模式等特性，也受几何尺寸、杂质含量、冷却条件、电磁场等复杂外部环境影响，加之大规模连续化的生产模式，导致其研究极为困难。为此，冶金及凝固领域学者先后对多种方法和技术进行研究，如数值模拟、物质模拟、水模拟、低液相线金属物理模拟、原位观察、热模拟及工业试验等。其中试验研究方法具有无可替代的重要作用，是观察凝固现象、检验理论假说及验证数值模拟结果等的必要手段。

基于特征单元传热相似的冶金凝固热模拟方法实现了在实验室中对各类冶金生产条件下金属凝固过程进行较为准确的模拟研究，提供了一种成本较低且结果比较可靠的研究手段。当然，现阶段的热模拟方法主要考虑了温度场的相似性，还不能完全模拟实际生产中的凝固过程，仍需在更高相似性和更广泛适应性等方面进行完善和发展。而且，尽管人们对生产条件下金属凝固过程认识不断加深，但仍有大量问题需要合适的研究手段进行揭示，因此包括热模拟方法在内的实验研究方法仍存在很大发展空间，值得广大学者倾力推动。

参 考 文 献

[1] Kurz W, Fisher D J. Fundamentals of Solidification[M]. 4th Ed. Uetikon-Zuerich. Switzerland: Trans Tech Publications, 1998.

[2] Greer A L, Bunn A M, Tronche A, et al. Modelling of inoculation of metallic melts: Application to grain refinement of aluminium by Al-Ti-B[J]. Acta Materialia, 2000, 48(11): 2823-2835.

[3] Volmer M, Weber A. Keimbildung in übersättigten gebilden[J]. Zeitschrift Für Physikalische Chemie, 1926, 119(1): 277-301.

[4] Turnbull D. Formation of crystal nuclei in liquid metals[J]. Journal of Applied Physics, 1950, 21(10): 1022-1028.

[5] Fletcher N H. Size effect in heterogeneous nucleation[J]. Journal of Chemical Physics, 1958, 29(3): 572-576.

[6] Qian M, Ma J. The characteristics of heterogeneous nucleation on concave surfaces and implications for directed nucleation or surface activity by surface nanopatterning[J]. Journal of Crystal Growth, 2012, 355(1): 73-77.

[7] Greer A L. Grain refinement of alloys by inoculation of melts[J]. Philosophical Transactions: Mathematical Physical and Engineering Sciences, 2003, 361(1804): 479-495.

[8] Qian M. Heterogeneous nucleation and grain formation on spherical and flat substrates[J]. Materials Science Forum, 2010, 654-656: 1339-1342. 2010-01-01.

[9] Chalmers B. Principles of Solidification[M]. Hoboken: Wiley, 1964.

[10] Ma Q. Heterogeneous nucleation on potent spherical substrates during solidification[J]. Acta Materialia, 2007, 55(3): 943-953.

[11] Yang L, Birchenall C E, Pound G M, et al. Some observations on heterogeneous nucleation of sodium crystals from atomic beams[J]. Acta Metallurgica, 1954, 2(3): 462-469.

[12] Pennycook S J, Zhou H, Chisholm M F, et al. Misfit accommodation in oxide thin film heterostructures[J]. Acta Materialia, 2013, 61(8): 2725-2733.

[13] Kwon S G, Krylova G, Phillips P J, et al. Heterogeneous nucleation and shape transformation of multicomponent metallic nanostructures[J]. Nature Materials, 2015, 14(2): 215-223.

[14] Wang J, Wang Z G, Yang Y. Nucleation in binary polymer blends: Effects of foreign mesoscopic spherical particles[J]. Journal of Chemical Physics, 2004, 121(2): 1105-1113.

[15] Bykov T, Zeng X. Heterogeneous nucleation on mesoscopic wettable particles: A hybrid thermodynamic/density functional theory[J]. Journal of Chemical Physics, 2002, 117(4): 1851-1868.

[16] Sundquist B. On Nucleation catalysis in supercooled liquid tin[J]. Acta Metallurgica, 1963, 11(6): 630-632.

[17] Cantor B. Embedded droplet measurements and an adsorption model of the heterogeneous nucleation of solidification[J]. Materials Science and Engineering A, 1994, 178(1-2): 225-231.

[18] Talanquer V, Oxtoby D. Heterogeneous nucleation of molecular and dipolar fluids[J]. Physica A, 1995, 220(1): 74-84.

[19] Hochhaus A, Kreil S, Corbin A, et al. Molecular and chromosomal mechanisms of resistance to imatinib (STI571) therapy[J]. Leukemia, 2002, 16(11): 2190-2196.

[20] Greer A, Cooper P, Meredith M, et al. Grain refinement of aluminium alloys by inoculation[J]. Advanced Engineering Materials, 2010, 5(1-2): 81-91.

[21] Laser T, Nürnberg M, Janz A, et al. The influence of manganese on the microstructure and mechanical properties of AZ31 gravity die cast alloys[J]. Acta Materialia, 2006, 54(11): 3033-3041.

[22] Quested T, Greer A. The effect of the size distribution of inoculant particles on as-cast grain size in aluminium alloys[J]. Acta Materialia, 2004, 52(13): 3859-3868.

[23] Cao P, Qian M, StJohn D H. Mechanism for grain refinement of magnesium alloys by superheating[J]. Scripta Materialia, 2007, 56(7): 633-636.

[24] Suzuki T, Kasai K, Inoue J, et al. Wetting and solidification of steel melt on single crystal oxide substrates[J]. Transactions of the Iron and Steel Institute of Japan, 2008, 47(6): 847-852.

[25] 马卫红, 坚增运, 严文. 液态金属的深过冷及其凝固组织[J]. 西安工业大学学报, 2000, 20(1): 49-55.

[26] 郑浩勇, 王猛, 黄卫东. 基于 Wenzel 模型的粗糙界面异质形核分析[J]. 物理学报, 2011, 60(6): 530-535.

[27] Valdez M E, Uranga P, Fuchigami K, et al. Controlled undercooling of liquid Nickel in contact with ZrO_2 and Al_2O_3 substrates under varying oxygen partial pressures[J]. Metallurgical and Materials Transactions B, 2007, (4): 149-153.

[28] Maxwell I, Hellawell A. A simple model for grain refinement during solidification[J]. Acta Metallurgica, 1975, 23(2): 229-237.

[29] Adamson A, Gast A P. The solid-liquid interface-adsorption from solution[J]. Physical Chemistry of Surfaces, 1990: 369-401.

[30] Schlenvoigt H, Haupt K, Debus A, et al. A compact synchrotron radiation source driven by a laser-plasma wakefield accelerator[J]. Nature Physics, 2008, 4(2): 130-133.

[31] Fan Z, Wang Y, Zhang Y, et al. Grain refining mechanism in the Al/Al-Ti-B system[J]. Acta Materialia, 2015, 84(0): 292-304.

[32] Ho C, Cantor B. Heterogeneous nucleation of solidification of Si in AlSi[J]. Materials Science and Engineering A, 1993, 173(1-2): 37-40.

[33] Turnbull D, Vonnegut B. Nucleation catalysis[J]. Industrial and Engineering Chemistry, 1952, 44(6): 1292-1298.

[34] Bramfitt B. The effect of carbide and nitride additions on the heterogeneous nucleation behavior of liquid iron[J]. Metallurgical Transactions, 1970, 1: 1970-1997.

[35] Zhang M, Kelly P, Easton M A, et al. Crystallographic study of grain refinement in aluminum alloys using the edge-to-edge matching model[J]. Acta Materialia, 2005, 53(5): 1427-1438.

[36] Zhang M, Kelly P. Edge-to-edge matching and its applications[J]. Acta Materialia, 2005, 53(4): 1073-1084.

[37] Zhang M, Kelly P, Qian M, et al. Crystallography of grain refinement in Mg-Al based alloys[J]. Acta Materialia, 2005, 53(11): 3261-3270.

[38] Suzuki T, Kasai K, Inoue J, et al. Wetting and solidification of steel melt on single crystal oxide substrates[J]. Transactions of the Iron & Steel Institute of Japan, 2008, 47(6): 847-852.

[39] Valdez M E. Controlled undercooling of liquid Nickel in contact with ZrO_2 and Al_2O_3 substrates under varying oxygen partial pressures[J]. Metallurgical and Materials, 2007, 4: 149-153.

[40] Nakajima K, Hasegawa H, Khumkoa S, et al. Effect of a catalyst on heterogeneous nucleation in pure Fe and Fe-Ni alloy[J]. Metallurgical and Materials Transactions B, 2003, 34(5): 539-547.

[41] Greer A L. Liquid metals: Supercool order[J]. Nature Materials, 2006, 5(1): 13-14.

[42] Appapillai A, Sachs C, Sachs E. Nucleation properties of undercooled silicon at various substrates[J]. Journal of Applied Physics, 2011, 109(8): 084916.

[43] Simon C, Peterlechner M, Wilde G. Experimental determination of the nucleation rates of undercooled micron-sized liquid droplets based on fast chip calorimetry[J]. Thermochimica Acta, 2015, 603: 39-45.

[44] Nakajima K. Capillary interaction between inclusion particles on the 16Cr stainless steel melt surface[J]. Metallurgical and Materials Transactions B, 2001, 32B: 629-641.

[45] Rostgaard C. The projector augmented-wave method[J]. Chemical Physics, 2009, 62(17): 11556-11570.

[46] Oh S, Kauffmann Y, Scheu C, et al. Ordered liquid aluminum at the interface with sapphire[J]. Science, 2005, 310(5748): 661-663.

[47] Lee S, Kim Y. Direct observation of in-plane ordering in the liquid at a liquid Al/α-Al_2O_3 interface[J]. Acta Materialia, 2011, 59(4): 1383-1388.

[48] Gandman M, Kauffmann Y, Kaplan W. Quantification of ordering at a solid-liquid interface using plasmon electron energy loss spectroscopy[J]. Applied Physics Letters, 2015, 106(5): 51603.

[49] Mullins W, Sekerka R F. Stability of a planar interface during solidification of a dilute binary alloy[J]. Journal of Applied Physics, 1964, (35): 444-451.

[50] Mullins W, Sekerka R. Morphological stability of a particle growing by diffusion or heat flow[J]. Journal of Applied Physics, 1963, (34): 323-329.

[51] Glicksman M. Principles of Solidification: An Introduction to Modern Casting and Crystal Growth Concepts[M]. New York: Springer, 2011.

[52] Winegard W, Chalmers B. Supercooling and dendritic freezing in alloys[J]. Transactions of the ASM, 1954, 46: 1214-1224.

[53] Liu F, Yang G. Rapid solidification of highly undercooled bulk liquid superalloy: Recent developments, future directions[J]. International Materials Reviews, 2006, 51（3）: 145-170.

[54] Altieri A, Davis S. Instabilities in solidification of multi-component alloys[J]. Journal of Crystal Growth, 2017, 467: 162-171.

[55] Kowal K, Altieri A, Davis S. Strongly nonlinear theory of rapid solidification near absolute stability[J]. Physical Review E, 2017, 96（4）: 42801.

[56] Makoveeva E, Alexandrov D, Galenko P. The impact of convection on morphological instability of a planar crystallization front[J]. International Journal of Heat and Mass Transfer, 2023, 217（15）: 124654.

[57] 安阁英. 铸件形成理论[M]. 北京: 机械工业出版社, 1990.

[58] 魏亚杰. 铸锭中等轴晶形成机理初探[J]. 特种铸造及有色合金, 1983,（3）: 22, 23.

[59] Howe H. Correspondence on brearley's paper[J]. The Journal of the Iron and Steel Institute, 1916, 94: 181-192.

[60] Nguyen-Thi H, Reinhart G, Mangelinck-Noel N, et al. In-situ and real-time investigation of columnar-to-equiaxed transition in metallic alloy[J]. Metallurgical and Materials Transactions A, 2007, 38（7）: 1458-1464.

[61] Jackson K, Hunt J, Uhlmann D, et al. On the original equiaxed zone in casting[J]. Transactions of the Metallurgical Society of AIME, 1966, 236: 149-158.

[62] Mathiesen R, Arnberg L, Bleuet P, et al. Crystal fragmentation and columnar-to-equiaxed transitions in Al-Cu studied by synchrotron X-ray video microscopy[J]. Metallurgical and Materials Transactions A, 2006, 37（8）: 2515-2524.

[63] Mathiesen R, Arnberg L. Stray crystal formation in Al-20wt.% Cu studied by synchrotron X-ray video microscopy[J]. Materials Science and Engineering: A, 2005, 413-414: 283-287.

[64] Ruvalcaba D, Mathiesen R H, Eskin D G, et al. In situ observations of dendritic fragmentation due to local solute-enrichment during directional solidification of an aluminum alloy[J]. Acta Materialia, 2007, 55（13）: 4287-4292.

[65] 郭大勇, 杨院生, 童文辉, 等. 电磁驱动熔体流动与枝晶变形断裂模拟[J]. 金属学报, 2003, 39（9）: 914-919.

[66] Dahle A K, St. John D H, Thevik H J, et al. Modeling the fluid-flow-induced stress and collapse in a dendritic network[J]. Metallurgical and Materials Transactions B, 1999, 30（2）: 287-293.

[67] Yang Y, Liu Q, Jiao Y, et al. Application of steady magnetic field for refining solidification structure and enhancing mechanical properties of 25Cr-20Ni-Fe-C alloy in centrifugal casting[J]. ISIJ International, 1995, 35: 389-392.

[68] Pilling J, Hellawell A. Mechanical deformation of dendrites by fluid flow[J]. Metallurgical and Materials Transactions A, 1996, 27（1）: 229-232.

[69] Genders G. The interpretation of the macrostructure of cast metals[J]. Journal Institute of Metals, 1926（35）: 259-298.

[70] Chalmers B. The structure of ingots[J]. Journal of the Australian Institute of Metals, 1963, 8: 255-270.

[71] Ohno A, Motegi T, Soda H. Origin of the equiaxed crystals in castings[J]. ISIJ International, 1971, 11: 18-23.

[72] 大野笃美. 金属的凝固: 理论、实践及应用[M]. 邢建东, 译. 北京: 机械工业出版社, 1990.

[73] Southin R T. Nucleation of the equiaxed zone in cast metals[J]. Transactions of the Metallurgical Society of AIME, 1967, 239: 220-225.

[74] Ares A E, Gassa L M, Gueijman S F, et al. Correlation between thermal parameters, structures, dendritic spacing and corrosion behavior of Zn-Al alloys with columnar to equiaxed transition[J]. Journal of Crystal Growth, 2008, 310（7-9）: 1355-1361.

[75] Ares A E, Gueijman S F, Caram R, et al. Analysis of solidification parameters during solidification of lead and aluminum base alloys[J]. Journal of Crystal Growth, 2005, 275（1-2）: e319-e327.

[76] Ares A E, Caram R, Schvezov C E. Directional solidification of commercial brass[C]// TMS Annual Meeting, Charlotte, 2004.

[77] Ares A E, Caram R, Schvezov C E. Columnar to equiaxed transition analysis during directional solidification of different alloy systems[C]// Proceedings of the TMS Fall Extraction and Processing Conference, Charlotte, 2004.

[78] Cole G S, Bolling G F. Enforced fluid motion and control of grain structures in metal castings[J]. Transactions of the

Metallurgical Society of AIME, 1967, 239: 1824-1835.

[79] Morando R, Biloni H, Cole G S, et al. The development of macrostructure in ingots of increasing size[J]. Metallurgical and Materials Transactions A, 1970, 1: 1407-1412.

[80] Ziv I, Weinberg F. The columnar-to-equiaxed transition in Al 3 Pct Cu[J]. Metallurgical Transactions B, 1989, 20: 731-734.

[81] Dupouy M D, Camel D, Botalla F, et al. Columnar to equiaxed transition of refined Al-4wt.%Cu alloys under diffusive and convective transport conditions[J]. Microgravity Science and Technology, 1998, 11（1）: 2-9.

[82] Poole W J, Weinberg F. Observations of the columnar-to-equiaxed transition in stainless steels[J]. Metallurgical and Materials Transactions A, 1998, 29: 7.

[83] Siqueira C A, Cheung N, Garcia A. Solidification thermal parameters affecting the columnar-to-equiaxed transition[J]. Metallurgical and Materials Transactions A: Physical Metallurgy and Materials Science, 2002, 33（7）: 2107-2118.

[84] Tarshis L, Walker J, Rutter J. Experiments on the solidification structure of alloy castings[J]. Metallurgical and Materials Transactions B, 1971, 2（9）: 2589-2597.

[85] Abdel-Reihim M, Hess N, Reif W, et al. Effect of solute content on the grain refinement of binary alloys[J]. Journal of Materials Science, 1987, 22（1）: 213-218.

[86] Spittle J A. Endogenous-exogenous freezing characteristics of pure and impure as-cast Zn-Al alloys[J]. Metal Science, 1977, 11（12）: 578-585.

[87] Hunt J D. Steady state columnar and equiaxed growth of dendrites and eutectic[J]. Materials Science and Engineering, 1984, 65（1）: 75-83.

[88] Burden M H, Hunt J D. Cellular and dendritic growth. I[J]. Journal of Crystal Growth, 1974, 22（2）: 99-108.

[89] Burden M H, Hunt J D. Cellular and dendritic growth. II[J]. Journal of Crystal Growth, 1974, 22（2）: 109-116.

[90] Ares A E, Gueijman S F, Schvezov C E. An experimental investigation of the columnar-to-equiaxed grain transition in aluminum-copper hypoeutectic and eutectic alloys[J]. Journal of Crystal Growth, 2010, 312（14）: 2154-2170.

[91] Ares A E, Schvezov C E. Solidification parameters during the columnar-to-equiaxed transition in lead-tin alloys[J]. Metallurgical and Materials Transactions A, 2000, 31（6）: 1611-1625.

[92] Ares A E, Schvezov C E. Influence of solidification thermal parameters on the columnar-to-equiaxed transition of aluminum-zinc and zinc-aluminum alloys[J]. Metallurgical and Materials Transactions A: Physical Metallurgy and Materials Science, 2007, 38（7）: 1485-1499.

[93] Ares A E, Gueijman S F, Schvezov C E. Semi-empirical modeling for columnar and equiaxed growth of alloys[J]. Journal of Crystal Growth, 2002, 241（1-2）: 235-240.

[94] Biscuola V B, Martorano M A. Mechanical blocking mechanism for the columnar to equiaxed transition[J]. Metallurgical and Materials Transactions A, 2008, 39（12）: 2885-2895.

[95] Fredriksson H, Olsson A. Mechanism of transition from columnar to equiaxed zone in ingots[J]. Materials Science and Technology, 1986, 2: 508-516.

[96] Kurz W, Giovanola B, Trivedi R. Theory of microstructural development during rapid solidification[J]. Acta Metallurgica, 1986, 34（5）: 823-830.

[97] Gäumann M, Trivedi R, Kurz W. Nucleation ahead of the advancing interface in directional solidification[J]. Materials Science and Engineering A, 1997, 226-228: 763-769.

[98] Wang C, Beckermann C. Prediction of columnar to equiaxed transition during diffusion-controlled dendritic alloy solidification[J]. Metallurgical and Materials Transactions A, 1994, 25（5）: 1081-1093.

[99] Gandin C A. From constrained to unconstrained growth during directional solidification[J]. Acta Materialia, 2000, 48（10）: 2483-2501.

[100] Spittle J A, Brown S G R. A computer simulation of the influence of processing conditions on as-cast grain structures[J]. Journal of Materials Science, 1989, 24（5）: 1777-1781.

[101] Chen C, Tabrizi A M, Geslin P, et al. Dendritic needle network modeling of the columnar-to-equiaxed Transition. Part Ⅱ:

Three dimensional formulation, implementation and comparison with experiments[J]. Acta Materialia, 2021, 202: 463-477.

[102] 张宏丽, 王恩刚, 贾光霖, 等. 电磁搅拌提高铸坯等轴晶比率的数值模拟[J]. 东北大学学报, 2001, (5): 535-538.

[103] Cao G, Kou S. Hot tearing of ternary Mg-Al-Ca alloy castings[J]. Metallurgical and Materials Transactions A, 2006, 37(12): 3647-3663.

[104] 温小杰, 韩小强. 小方坯角部纵裂漏钢的原因分析[J]. 甘肃冶金, 2018, 40(5): 6-8.

[105] 胡新宇. 小方坯漏钢浅析[J]. 中国金属通报, 2018, (1): 163-164.

[106] 郭达. 小方坯连铸机正角部纵裂漏钢的分析与改进[J]. 南方金属, 2021, (1): 45-48.

[107] Martin J H, Yahata B D, Hundley J M, et al. 3D printing of high-strength aluminium alloys[J]. Nature, 2017, 549(7672): 365.

[108] Li Y, Li H, Katgerman L, et al. Recent advances in hot tearing during casting of aluminium alloys[J]. Progress in Materials Science, 2021, 117: 100741.

[109] Eskin D G, Suyitno, Katgerman L. Mechanical properties in the semi-solid state and hot tearing of aluminium alloys[J]. Progress in Materials Science, 2004, 49(5): 629-711.

[110] Djurdjevic M B, Schmid-Fetzer R. Thermodynamic calculation as a tool for thixoforming alloy and process development[J]. Materials Science and Engineering A, 2006, 417(1-2): 24-33.

[111] Eskin D G, Katgerman L. A quest for a new hot tearing criterion[J]. Metallurgical and Materials Transactions A, 2007, 38(7): 1511-1519.

[112] Song J, Pan F, Jiang B, et al. A review on hot tearing of magnesium alloys[J]. Journal of Magnesium and Alloys, 2016, 4(3): 151-172.

[113] 武永红, 李永堂, 付建华, 等. 铸件热裂纹研究进展[J]. 中国铸造装备与技术, 2015, (6): 7-13.

[114] 许荣福. 亚共晶 Al-Si 合金热裂形成过程的研究[D]. 济南: 山东大学, 2014.

[115] 宁勤恒, 李永刚, 左秀荣, 等. 热裂形成机理及判据的研究进展[J]. 热加工工艺, 2018, 47(20): 7-12.

[116] 朱圣焱, 荆涛. 铸件热裂预测研究进展[J]. 大型铸锻件, 2007, (4): 3.

[117] Nieswaag H, Schut J. Quality control of engineering alloys and the role of metals science[C]//Proceeding of the International Symposium Quality Control of Engineering Alloys and the Role of Matals Sciences, Delft, 1977.

[118] Lahaie D J, Bouchard M. Physical modeling of the deformation mechanisms of semisolid bodies and a mechanical criterion for hot tearing[J]. Metallurgical and Materials Transactions B, 2001, 32(4): 697-705.

[119] Borland J C. Fundamentals of solidification cracking in welds, part 2[J]. Welding and Metal Fabrication, 1979, (3): 99-107.

[120] 丁浩, 傅恒志, 刘忠元, 等. 凝固收缩补偿与合金的热裂倾向[J]. 金属学报, 1997, (9): 921-926.

[121] Cross C E. On the origin of weld solidification cracking[M]//Bollinghaus Th, Herold H. Hot Cracking Phenomena in Welds. Berlin: Springer, 2005: 3-18.

[122] Zhang Y, Zeng X, Liu L, et al. Effects of yttrium on microstructure and mechanical properties of hot-extruded Mg-Zn-Y-Zr alloys[J]. Materials Science and Engineering: A, 2004, 373(1-2): 320-327.

[123] Clyne T, Davies G. The influence of composition on solidification cracking susceptibility in binary alloy system[J]. The British Foundryman, 1981, (74): 65-73.

[124] Hatami N, Babaei R, Dadashzadeh M, et al. Modeling of hot tearing formation during solidification[J]. Journal of Materials Processing Technology, 2008, 205(1-3): 506-513.

[125] Kou S. A criterion for cracking during solidification[J]. Acta Materialia, 2015, 88: 366-374.

[126] Suyitno, Kool W H, Katgerman L. Integrated approach for prediction of hot tearing[J]. Metallurgical and Materials Transactions A, 2009, 40(10): 2388-2400.

[127] Bai Q, Liu J, Li H, et al. A modified hot tearing criterion for direct chill casting of aluminium alloys[J]. Materials Science and Technology, 2016, 32(8): 846-854.

[128] Rappaz M, Drezet J M, Gremaud M. A new hot-tearing criterion[J]. Metallurgical and Materials Transactions A, 1999, 30(2): 449-455.

[129] Monroe C, Beckermann C. Development of a hot tear indicator for steel castings[J]. Materials Science and Engineering: A,

2005, 413-414: 30-36.

[130] Sistaninia M, Phillion A B, Drezet J M, et al. A 3-D coupled hydromechanical granular model for simulating the constitutive behavior of metallic alloys during solidification[J]. Acta Materialia, 2012, 60(19): 6793-6803.

[131] 于博, 豆瑞锋, 王一帆, 等. AA5182 铝合金半连续铸造过程热裂敏感性模拟研究[J]. 铸造, 2022, 71(12): 1529-1536.

[132] Subroto T, Miroux A, Bouffier L, et al. Formation of hot tear under controlled solidification Conditions[J]. Metallurgical and Materials Transactions A, 2014, 45(6): 2855-2862.

[133] Ahmed A K, Atiqullah M, Pradhan D R, et al. Crystallization and melting behavior of i-PP: A perspective from Flory's thermodynamic equilibrium theory and DSC experiment[J]. RSC Advances, 2017, 7(67): 42491-42504.

[134] Mueller M, Türke A, Panchenko I. DSC investigation of the undercooling of SnAgCu solder alloys[C]// International Spring Seminar on Electronics Technology, Pilsen, 2016.

[135] Zhao B G, Li L F, Zhai Q J, et al. Undercooling evolution of pure Sn droplets in various atmospheres based on fast scanning calorimetry[J]. Material Science, 2014, 59: 2455-2459.

[136] Fan K, Liu F, Fu B, et al. Calorimetric analysis of precipitation in undercooled Ni-Si alloy[J]. Applied Mechanics and Materials, 2013, 307(5): 352-357.

[137] Zhang Y, Simon C, Volkmann T, et al. Nucleation transitions in undercooled $Cu_{70}Co_{30}$ immiscible alloy[J]. Applied Physics Letters, 2014, 105(4): 041903.

[138] Li Y, Bunes B R, Zang L, et al. Atomic scale Imaging of nucleation and growth trajectories of an interfacial bismuth nanodroplet[J]. ACS Nano, 2016, 10(2): 2386-2391.

[139] Li Y X, Zang L, Jacobs D L, et al. In situ study on atomic mechanism of melting and freezing of single bismuth nanoparticles[J]. Nature Communications, 2017, 8(2): 14462.

[140] Li Y, Zang L, Li Y, et al. Photoinduced topotactic growth of bismuth nanoparticles from bulk $SrBi_2Ta_2O_9$[J]. Chemistry of Materials, 2013, 25(10): 2045-2050.

[141] Howe J M, Saka H. In situ transmission electron microscopy studies of the solid liquid interface[J]. Mrs Bulletin, 2004, 29(12): 951-957.

[142] Haghayeghi R, Qian M. Initial crystallisation or nucleation in a liquid aluminium alloy containing spinel seeds[J]. Materials Letters, 2017, 196: 358-360.

[143] Brown A J, Dong H, Howes P B, et al. In situ observation of the orientation relationship at the interface plane between substrate and nucleus using X-ray scattering techniques[J]. Scripta Materialia, 2014, 77: 60-63.

[144] Zhao N, Zhong Y, Huang M, et al. In situ study on interfacial reactions of Cu/Sn‐9Zn/Cu solder joints under temperature gradient[J]. Journal of Alloys and Compounds, 2016, 682: 1-6.

[145] Kang H, Zhou P, Cao F, et al. Real-time observation on coarsening of second-phase droplets in Al-Bi immiscible alloy using synchrotron radiation X-ray imaging technology[J]. Acta Metallurgica Sinica, 2015, 28(7): 940-945.

[146] Khurana M, Yin Z, Linga P. A review of clathrate hydrate nucleation[J]. ACS Sustainable Chemistry & Engineering, 2017, 5(12): 1-89.

[147] Xu W, Lan Z, Peng B, et al. Molecular dynamics simulation on the wetting characteristic of micro-droplet on surfaces with different free energies[J]. Acta Physica Sinica, 2015, 64(21): 216801-216808.

[148] Lorenzo A, Carignano M, Pereyra R. A statistical study of heterogeneous nucleation of ice by molecular dynamics[J]. Chemical Physics Letters, 2015, 635: 45-49.

[149] March N, Tosi M. Introduction to Liquid State Physics[M]. Chicago: World Book Inc, 2004.

[150] Qi L, Dong L, Zhang S, et al. Glass formation and local structure evolution in rapidly cooled $Pd_{55}Ni_{45}$ alloy melt: Molecular dynamics simulation[J]. Computational Materials Science, 2008, 42(4): 713-716.

[151] Cheng Y, Ma E. Atomic-level structure and structure-property relationship in metallic glasses[J]. Progress in Materials Science, 2011, 56(4): 379-473.

[152] Fredriksson H, Hillert M. On the formation of the central equiaxed zone in ingots[J]. Metallurgical and Materials Transactions

B, 1972, 3(2): 569-574.

[153] 刘林, 张军, 沈军, 等. 高温合金定向凝固技术研究进展[J]. 中国材料进展, 2010, (7): 1-9.

[154] Chikawa J, Fujimoto I, Asaeda Y. X-ray topography with chromatic-aberration correction[J]. Journal of Applied Physics, 1971, 42(12): 4731-4735.

[155] Wang Y, Wang Q, Mu W. In Situ observation of solidification and crystallization of low-alloy steels: A review[J]. Metals (Basel), 2023, 13(3): 517.

[156] Arnberg L, Mathiesen R. The real-time high-resolution X-ray video microscopy of solidification in aluminum alloys[J]. JOM, 2007, 59(Compendex): 20-26.

[157] Zhong H G, Zhou L X, Yuan H Z, et al. A homogenization technology for heavy ingots-hot-top pulsed magneto-oscillation[J]. Metallurgical and Materials Transactions B, 2024, 55: 1083-1097.

[158] 刘涛, 赵梦静, 杨树峰, 等. 中间包等离子加热工业试验[J]. 中国冶金, 2020, 30(10): 36-40.

[159] 刘海宁, 王郢, 李仁兴, 等. PMO凝固均质化技术在20CrMnTi齿轮钢上的应用[J]. 钢铁, 2019, 54(6): 65-74.

[160] 侯晓光, 王恩刚, 张永杰, 等. 不锈钢软接触电磁连铸的工业试验[J]. 钢铁, 2015, 50(11): 45-52.

[161] 许志刚, 王新华, 周力, 等. 轻压下参数对连铸板坯半宏观偏析的影响[J]. 钢铁, 2014, 49(3): 36-41.

[162] 徐李军. 连铸特厚板坯二冷强冷及表层组织控制研究[D]. 钢铁研究总院, 2017.

[163] 陶正耀, 周枚青. 55吨钢锭的解剖试验[J]. 大型铸锻件, 1982, (4): 1-22.

[164] 金杨, 安红萍, 马平, 等. 大型钢锭凝固特性的初步研究[J]. 大型铸锻件, 2011, (1): 5-8.

[165] 苏金虎. 2.25Cr-1Mo-0.25V钢锭的凝固组织及其在热锻过程中的演变[D]. 太原: 太原科技大学, 2011.

[166] Li D, Chen X, Fu P, et al. Corrigendum: Inclusion flotation-driven channel segregation in solidifying steels[J]. Nature Communications, 2015, 6: 6291.

[167] Esaka H, Kurz W. Columnar dendrite growth: Experiments on tip growth[J]. Journal of Crystal Growth, 1985, 72(3): 578-584.

[168] Rubinstein E R, Glicksman M E. Dendritic grown kinetics and structure Ⅰ: Pivalic acid[J]. Journal of Crystal Growth, 1991, 112(1): 84-96.

[169] Rubinstein E R, Glicksman M E. Dendritic growth kinetics and structure Ⅱ: Camphene[J]. Journal of Crystal Growth, 1991, 112(1): 97-110.

[170] Huang S C, Glicksman M E. Fundamentals of dendritic solidification. I-Steady-state tip growth[J]. Acta Metallurgica, 1981, 29(5): 701-715.

[171] Glicksman M E. Free dendritic growth[J]. Materials Science and Engineering, 1984, 65(1): 45-55.

[172] Glicksman M E, Koss M B, Bushnell L T, et al. The isothermal dendritic growth experiment[J]. Materials Science Forum, 1995, 215-216: 179-190.

[173] Winsa E, Glicksman M, Levinson L, et al. Isothermal dendritic growth experiment flight unit tests[J]. Advances in Space Research, 1993, 13(7): 215-224.

[174] Ding G, Huang W, Huang X, et al. On primary dendritic spacing during unidirectional solidification[J]. Acta Materialia, 1996, 44(9): 3705-3709.

[175] Huang W D, Wang L. Solidification researches using transparent model materials—A review[J]. Science China-Technological Sciences, 2012, 55(2): 377-386.

[176] 介万奇, 周尧和. 凝固过程液相区内晶体形成的模拟研究[J]. 航空学报, 1987, 8(11): 605-612.

[177] Zhong H, Zhang Y, Chen X, et al. In situ observation of crystal rain and its effect on columnar to equiaxed transition[J]. Metals, 2016, 6(11): 271.

[178] 杜立成, 王猛, 张莹, 等. 振动激冷细晶效应的试验研究及力学分析[J]. 特种铸造及有色合金, 2009, (4): 327-330.

[179] 张慧, 陶红标, 李峰, 等. 振动激发金属液形核过程机理的研究[J]. 钢铁, 2008, (8): 20-24.

[180] Farup I, Drezet J M, Rappaz M. In situ observation of hot tearing formation in succinonitrile-acetone[J]. Acta Materialia, 2001, 49(7): 1261-1269.

[181] Han Q. Motion of bubbles in the mushy zone[J]. Scripta Materialia, 2006, 55(10): 871-874.

[182] 董超. 大型钢锭及铸钢件中的传热传质工程问题研究[D]. 北京: 清华大学, 2015.

[183] 张胜军, 郑淑国, 朱苗勇. 连铸中间包内夹杂物去除行为的水模型研究[J]. 北京科技大学学报, 2007, (8): 781-784.

[184] Torres-Alonso E, Morales R D, García-Hernández S, et al. Cyclic turbulent instabilities in a thin slab mold. Part I: Physical model[J]. Metallurgical and Materials Transactions B, 2010, 41(3): 583-597.

[185] Liu Z, Li L, Li B. Modeling of gas-steel-slag three-phase flow in ladle metallurgy: Part I. Physical modeling[J]. ISIJ International, 2017, 57(11): 1971-1979.

[186] Gan M, Pan W, Wang Q, et al. Effect of exit shape of submerged entry nozzle on flow field and slag entrainment in continuous casting mold[J]. Metallurgical and Materials Transactions B, 2020, 51(6): 2862-2870.

[187] 文光华, 祝明妹, 何俊范, 等. 双辊薄带连铸熔池液面波动物理模拟[J]. 金属学报, 2000, (9): 1001-1004.

[188] 隋艳伟, 袁芳, 李邦盛, 等. 离心铸造钛合金熔体充型流动物理模拟相似理论及实验研究[J]. 稀有金属材料与工程, 2012, 41(8): 1351-1356.

[189] 黄军, 张永杰, 王宝峰, 等. 连铸中间包全尺度物理模拟平台建立及应用研究[J]. 金属学报, 2016, 52(11): 1484-1490.

[190] Pelss A, Rückert A, Pfeifer H. Physical simulation of the flow field in a vertical twin roll strip caster-A water model study[J]. Steel Research International, 2015, 86(7): 716-723.

[191] Eckert S, Nikrityuk P A, Raebiger D, et al. Efficient melt stirring using pulse sequences of a rotating magnetic field: Part I. Flow field in a liquid metal column[J]. Metallurgical and Materials Transactions B, 2007, 38(6): 977-988.

[192] Nikrityuk P A, Eckert S, Eckert K. Spin-up and spin-down dynamics of a liquid metal driven by a single rotating magnetic field pulse[J]. European Journal of Mechanics - B/Fluids, 2008, 27(2): 177-201.

[193] Boden S, Eckert S, Gerbeth G. Visualization of freckle formation induced by forced melt convection in solidifying GaIn alloys[J]. Materials Letters, 2010, 64(12): 1340-1343.

[194] Shevchenko N, Boden S, Eckert S, et al. Observation of segregation freckle formation under the influence of melt convection[J]. IOP Conference Series: Materials Science and Engineering, 2012, 27(1): 012085.

[195] Eckert S, Boden S, Gerbeth G. In situ X-ray monitoring of convection effects on segregation freckle formation[C]// IOP Conference Series: Materials Science and Engineering, 2012, 33(1): 012035.

[196] 徐燕祎, 张云虎, 李清平, 等. 连铸恒温出坯电磁感应加热温度场分布与演变[J]. 连铸, 2021, (4): 43-58.

[197] Zhang C, Shatrov V, Priede J, et al. Intermittent behavior caused by surface oxidation in a liquid metal flow driven by a rotating magnetic field[J]. Metallurgical and Materials Transactions. B, 2011, 42(6): 1188-1200.

[198] Li B, Lu H, Shen Z, et al. Physical modeling of asymmetrical flow in slab continuous casting mold due to submerged entry nozzle clogging with the effect of electromagnetic stirring[J]. ISIJ International, 2019, 59(12): 2264-2271.

[199] 李洁, 周月明, 王俊. 电磁搅拌作用下板坯结晶器内金属液流动行为实验研究[J]. 上海金属, 2014, 36(1): 42-47.

[200] Tsukaguchi Y, Furuhashi S, Kawamoto M. Wood metal experiment of swirling flow submerged entry nozzle for round billet casting[J]. ISIJ International, 2004, 44(2): 350-355.

[201] Timmel K, Wondrak T, Röder M, et al. Use of cold liquid metal models for investigations of the fluid flow in the continuous casting process[J]. Steel Research International, 2014, 85(8): 1283-1290.

[202] Willers B, Barna M, Reiter J, et al. Experimental investigations of rotary electromagnetic mould stirring in continuous casting using a cold liquid metal model[J]. ISIJ International, 2017, 57(3): 468-477.

[203] Reiter J, Bernhard C, Presslinger H. Austenite grain size in the continuous casting process: Metallographic methods and evaluation[J]. Materials Characterization, 2008, 59(6): 737-746.

[204] Wang W, Cramb A W. The observation of mold flux crystallization on radiative heat transfer[J]. ISIJ International, 2005, 45(12): 1864-1870.

[205] Wang W L, Gu K, Zhou L, et al. Radiative heat transfer behavior of mold fluxes for casting low and medium carbon steels[J]. ISIJ International, 2011, 51(11): 1838-1845.

[206] Gu K, Wang W, Zhou L, et al. The effect of basicity on the radiative heat transfer and interfacial thermal resistance in

continuous casting[J]. Metallurgical and Materials Transactions B, 2012, 43(4): 937-945.

[207] Liu Y, Wang W, Ma F, et al. Study of solidification and heat transfer behavior of mold flux through mold flux heat transfer simulator technique: Part Ⅰ. Development of the technique[J]. Metallurgical and Materials Transactions B, 2015, 46(3): 1419-1430.

[208] Ma F, Liu Y, Wang W, et al. Study of solidification and heat transfer behavior of mold flux through mold flux heat transfer simulator technique: Part Ⅱ. Effect of mold oscillation on heat transfer behaviors[J]. Metallurgical and Materials Transactions B, 2015, 46(4): 1902-1911.

[209] Wen G H, Sridhar S, Tang P, et al. Development of fluoride-free mold powders for peritectic steel slab casting[J]. ISIJ International, 2007, 47(8): 1117-1125.

[210] Badri A, Natarajan T T, Snyder C C, et al. A mold simulator for the continuous casting of steel: Part I. The development of a simulator[J]. Metallurgical and Materials Transactions B, 2005, 36(3): 355-371.

[211] Badri A, Natarajan T T, Snyder C C, et al. A mold simulator for continuous casting of steel: Part Ⅱ. The formation of oscillation marks during the continuous casting of low carbon steel[J]. Metallurgical and Materials Transactions B, 2005, 36(3): 373-383.

[212] 侯晓光, 王恩刚, 许秀杰, 等. 弯月面热障涂层方法对结晶器传热及铸坯振痕形貌的影响[J]. 金属学报, 2015, 51(9): 1145-1152.

[213] 侯晓光. 基于弯月面附加热力行为的振痕控制技术研究[D]. 沈阳: 东北大学, 2017.

[214] Zasowski P J, Sosinksy D J. Control of heat removal in the continuous casting mould: Steelmaking conference proceedings[C]// Steelmaking Conference Proceedings, 1990, 73: 253-259.

[215] Samarasekera I V, Brimacombe J K. The thermal field in continuous-casting moulds[J]. Canadian Metallurgical Quarterly, 1979, 18(3): 251-266.

[216] Samarasekera I V, Anderson D L, Brimacombe J K. The thermal distortion of continuous-casting billet molds[J]. Metallurgical Transactions B, 1982, 13(1): 91-104.

[217] Samarasekera I V, Brimacombe J K. The influence of mold behavior on the production of continuously cast steel billets[J]. Metallurgical Transactions B, 1982, 13(1): 105-116.

[218] 王悦新, 喻海良, 刘相华. 连铸结晶器振动过程连铸坯应力分布有限元分析[J]. 钢铁研究学报, 2010, 22(6): 7-9.

[219] 左晓静, 孟祥宁, 黄烁, 等. 连铸低碳钢一次枝晶演变数值模拟及其受力分析[J]. 物理学报, 2016, 65(16): 172-181.

[220] 王博, 张炯明, 肖超, 等. 连铸板坯轻压下过程中间裂纹产生机理[J]. 工程科学学报, 2016, 38(3): 351-356.

[221] Cukierski K, Thomas B G. Flow control with local electromagnetic braking in continuous casting of steel slabs[J]. Metallurgical and Materials Transactions B, 2008, 39(1): 94-107.

[222] Chaudhary R, Thomas B G, Vanka S P. Effect of electromagnetic ruler braking (EMBr) on transient turbulent flow in continuous slab casting using large eddy simulations[J]. Metallurgical and Materials Transactions B, 2012, 43(3): 532-553.

[223] Trindade L B, Vilela A, Filho A, et al. Numerical model of electromagnetic stirring for continuous casting billets[J]. IEEE Transactions on Magnetics, 2002, 38(6): 3658-3660.

[224] Natarajan T T, El-Kaddah N. Finite element analysis of electromagnetic and fluid flow phenomena in rotary electromagnetic stirring of steel[J]. Applied Mathematical Modelling, 2004, 28(1): 47-61.

[225] 于海岐, 朱苗勇. 圆坯结晶器电磁搅拌过程三维流场与温度场数值模拟[J]. 金属学报, 2008, 44(12): 1465-1473.

[226] Yu H Q, Zhu M Y. Influence of electromagnetic stirring on transport phenomena in round billet continuous casting mould and macrostructure of high carbon steel billet[J]. Ironmaking and Steelmaking, 2012, 39(8): 574-584.

[227] 龙文元, 蔡启舟, 魏伯康. 微观组织数值模拟发展概述[J]. 铸造, 2003, (3): 161-166.

[228] Rappaz M, Gandin C A. Probabilistic modelling of microstructure formation in solidification processes[J]. Acta Metallurgica et Materialia, 1993, 41(2): 345-360.

[229] Boettger B, Schmitz G J, Santillana B. Multi-phase-field modeling of solidification in technical steel grades[J]. Transactions of the Indian Institute of Metals, 2012, 65: 613-615.

[230] Boettger B, Apel M, Santillana B, et al. Phase-field modelling of microstructure formation during the solidification of continuously cast low carbon and HSLA steels: MCWASP XIII[C]// International Conference on Modeling of Casting, Welding and Advanced Solidification Processes, Schladming, 2012.

[231] Hou Z, Jiang F, Cheng G. Solidification structure and compactness degree of central equiaxed grain zone in continuous casting billet using cellular automaton-finite element method[J]. ISIJ International, 2012, 52（7）: 1301-1309.

[232] Hou Z, Cheng G, Jiang F, et al. Compactness degree of longitudinal section of outer columnar grain zone in continuous casting billet using cellular automaton-finite element method[J]. ISIJ International, 2013, 53（4）: 655-664.

[233] Wu M, Kharicha A, Ludwig A. Discussion on modeling capability for macrosegregation[J]. High Temperature Materials and Processes, 2017, 36（5）: 531-539.

[234] Bennon W D. A continuum model for momentum, heat and species transport in binary solid-liquid phase change systems—I. Model formulation[J]. International Journal of Heat and Mass Transfer, 1987, 30（10）: 2161-2170.

[235] Beckermann C, Viskanta R. Double-diffusive convection during dendritic solidification of a binary mixture[J]. PhysicoChemical Hydrodynamics, 1988, 10（2）: 195-213.

[236] Sun H, Zhang J. Macrosegregation improvement by swirling flow nozzle for bloom continuous castings[J]. Metallurgical and Materials Transactions B, 2014, 45（3）: 936-946.

[237] Zhao X, Zhang J, Lei S, et al. The position study of heavy reduction process for improving centerline segregation or porosity with extra-thickness slabs[J]. Steel Research International, 2014, 85（4）: 645-658.

[238] Dong Q, Zhang J, Qian L, et al. Numerical modeling of macrosegregation in round billet with different microsegregation models[J]. ISIJ International, 2017, 57（5）: 814-823.

[239] 朱苗勇, 娄文涛, 王卫领. 炼钢与连铸过程数值模拟研究进展[J]. 金属学报, 2018, 54（2）: 131-150.

[240] Wang J, Fu P, Liu H, et al. Shrinkage porosity criteria and optimized design of a 100-ton 30Cr2Ni4MoV forging ingot[J]. Materials and Design, 2012, 35: 446-456.

[241] Kermanpur A, Eskandari M, Purmohamad H, et al. Influence of mould design on the solidification of heavy forging ingots of low alloy steels by numerical simulation[J]. Materials and Design, 2010, 31（3）: 1096-1104.

[242] 李文胜, 沈丙振, 周翔, 等. 大型钢锭凝固过程三维数值模拟[J]. 大型铸锻件, 2010, （3）: 1-4.

[243] 马长文, 沈厚发, 黄天佑, 等. 等轴晶移动对宏观偏析影响的数值模拟[J]. 材料研究学报, 2004, （3）: 232-238.

[244] Li W, Shen H, Zhang X, et al. Modeling of species transport and macrosegregation in heavy steel ingots[J]. Metallurgical and Materials Transactions B, 2014, 45（2）: 464-471.

[245] Tu W, Shen H, Liu B. Two-phase modeling of macrosegregation in a 231t steel ingot[J]. ISIJ International, 2014, 54（2）: 351-355.

[246] Liu B, Tu W , Shen H. Numerical simulation on multiple pouring process for a 292t steel ingot[J]. China Foudry, 2014, 11（1）: 52-58.

[247] Tu W, Shen H, Liu B. Numerical simulation of macrosegregation: A comparision between orthology grids and non-orthogonal grids[J]. Advanced Materials Research, 2014, 968: 213-217.

[248] Gouttebroze S, Bellet M, Combeau H. 3D macrosegregation simulation with anisotropic remeshing[J]. Comptes Rendus Mécanique, 2007, 335（5-6）: 269-279.

[249] Ludwig A, Wu M, Kharicha A. On macrosegregation[J]. Metallurgical and Materials Transactions A-Physical Metallurgy and Materials Science, 2015, 46（11）: 4854-4867.

[250] Combeau H, Zalo Nik M, Hans S, et al. Prediction of macrosegregation in steel ingots: Influence of the motion and the morphology of equiaxed grains[J]. Metallurgical and Materials Transactions B, 2009, 40（3）: 289-304.

[251] 杨世铭, 陶文铨. 传热学[M]. 4 版. 北京: 高等教育出版社, 2006.

[252] 梁建平. 1Cr18Ni9Ti 钢凝固行为研究[D]. 上海: 上海大学, 2009.

[253] Zhong H, Chen X, Han Q, et al. A Thermal simulation method for solidification process of steel slab in continuous casting[J]. Metallurgical and Materials Transactions B, 2016, 47（5）: 2963-2970.

[254] Liu X, Zhu M. Finite element analysis of thermal and mechanical behavior in a slab continuous casting mold[J]. ISIJ International, 2006, 46(11): 1652-1659.

[255] Alizadeh M, Jahromi A J, Abouali O. New analytical model for local heat flux density in the mold in continuous casting of steel[J]. Computational Materials Science, 2008, 44(2): 807-812.

[256] Lait J E, Brimacombe J K, Weinberg F. Mathematical modelling of heat flow in the continuous casting of steel[J]. Ironmaking & Steelmaking, 1974, 1(2): 90-97.

[257] Thomas B G. Review on modeling and simulation of continuous casting[J]. Steel Research International, 2018, 89(1): 1700312.

[258] Siqueira C A, Cheung N, Garcia A. The columnar to equiaxed transition during solidification of Sn-Pb alloys[J]. Journal of Alloys and Compounds, 2003, 351(1-2): 126-134.

[259] Trivedi R. Theory of dendritic growth during the directional solidification of binary alloys[J]. Journal of Crystal Growth, 1980, 49(2): 219-232.

[260] Trivedi R, Kurz W. Solidification microstructures: A conceptual approach[J]. Acta Metallurgica and Materialia, 1994, 42(1): 15-23.

[261] Dong H, Lee P D. Simulation of the columnar-to-equiaxed transition in directionally solidified Al-Cu alloys[J]. Acta Materialia, 2005, 53(3): 659-668.

[262] 胡汉起. 金属凝固原理[M]. 2版. 北京: 机械工业出版社, 2008.

[263] 唐红伟, 陶红标, 杨武, 等. 低温度梯度结晶器的传热分析及其工业应用试验[J]. 钢铁研究学报, 2010, (10): 20-24.

[264] 王狂飞, 米国发, 历长云, 等. Ti-Al 合金定向凝固柱状/等轴晶转变的数值模拟[J]. 特种铸造及有色合金, 2007, 174(9): 674-678.

[265] 仲红刚, 曹欣, 陈湘茹, 等. Al-Cu 合金水平单向凝固组织预测及实验观察[J]. 中国有色金属学报, 2013, 23(10): 2792-2799.

[266] Lipton J, Kurz W, Trivedi R. Rapid dendrite growth in undercooled alloys[J]. Acta Metallurgica, 1987, 35(4): 957-964.

[267] Davies R H, Dinsdale A T, Chart T G, et al. Application of MTDATA to the modeling of multicomponent equilibria[J]. High Temperature Science, 1990, 26: 251-262.

[268] 卜晓兵, 李落星, 张立强, 等. Al-Cu 合金凝固微观组织的三维模拟及优化[J]. 中国有色金属学报, 2011, 21(9): 2195-2201.

[269] Poirier D R, Speiser R. Surface tension of aluminumrich Al-Cu liquid alloys[J]. Metallurgical Transactions A, 1991, 22(13): 1156-1160.

[270] 司乃潮, 许能俊, 司松海, 等. 温度梯度对定向凝固 Al-4.5%Cu 合金一次枝晶间距的影响[J]. 材料工程, 2011, (4): 75-79.

[271] Ohno A. Formation mechanism of the equiaxed chill zone in cast ingots[J]. Journal of Japan Institute of Metals, 1970, 34: 244-248.

[272] 曹欣. 连铸低铬双相不锈钢凝固组织热模拟研究[D]. 上海: 上海大学, 2013.

[273] 肖荣清, 周艳平, 肖文凯. 活塞环用钢 6Cr13Mo 异型截面轧制的显式动力学有限元分析[J]. 武汉大学学报(工学版), 2005(02): 91-94.

[274] Flemings M C. Our Understanding of macrosegregation: Past and present[J]. ISIJ International, 2000, 40(9): 833-841.

[275] Choudhary S K, Ganguly S. Morphology and segregation in continuously cast high carbon steel billets[J]. ISIJ International, 2007, 47(12): 1759-1766.

[276] Zhong H, Wang R, Han Q, et al. Solidification structure and central segregation of 6Cr13Mo stainless steel under simulated continuous casting conditions[J]. Journal of Materials Research and Technology, 2022, 20: 3408-3419.

[277] Wang Y, Xu R, Zhong H, et al. Effects of pulsed magneto-oscillation on the homogeneity of low carbon alloy steel continuous casting round billet[J]. Metals, 2022, 12(5): 833.

[278] Zhang F, Zhong H, Yang Y, et al. Improving ingot homogeneity by modified hot-top pulsed magneto-oscillation[J]. Journal of

Iron and Steel Research International, 2022, 29（12）：1939-1950.

[279] 王人杰. 连铸高铬钢和高铝钢凝固组织及宏观偏析热模拟研究[D]. 上海：上海大学, 2022.

[280] Pequet Ch, Rappaz M, Gremaud M. Modeling of microporosity, macroporosity, and pipe-shrinkage formation during the solidification of alloys using a mushy-zone refinement method: Applications to aluminum alloys[J]. Metallurgical and Materials Transactions A, 2002, 33（7）：2095-2106.

[281] 李志聪, 陈杨珉, 陈湘茹, 等. 连铸 M2 高速钢碳化物和宏观偏析热模拟[J]. 钢铁研究学报, 2023, 35（10）：1228-1240.

[282] 仲红刚, 程杰, 徐智帅, 等. T10A 高碳钢连铸凝固组织热模拟研究[J]. 上海金属, 2016,（2）：51-54.

[283] 史建凯, 岳峰, 田儒良, 等. 连铸工艺参数对 20CrMnTi 齿轮钢 150mm×150mm 铸坯凝固组织影响数值模拟和生产应用[J]. 特殊钢, 2022, 43（2）：16-20.

[284] 沈腾飞, 张壮, 牛帅, 等. 连铸工艺对轴承钢大方坯凝固结构及其棒材碳化物带影响[J]. 中国冶金, 2023, 6（5）：1-12.

[285] 左晓静, 林仁敢, 汪宁, 等. 低碳钢和中碳钢连铸方坯初始凝固的对比研究[J]. 工程科学学报, 2016, 38（5）：650-657.

[286] 李志聪. 不同连铸和 PMO 参数下 M2 高速钢凝固过程热模拟研究[D]. 上海：上海大学, 2023.

[287] Zhong H G, Chen X, Liu Y, et al. Influences of superheat and cooling intensity on macrostructure and macrosegregation of duplex stainless steel studied by thermal simulation[J]. Journal of Iron and Steel Research International, 2021, 28（9）：1125-1132.

[288] Wei Z Q, Chen X, Zhong H, et al. Hot tearing susceptibility of Fe-20. 96Cr-2. 13Ni-0. 15N-4. 76Mn-0. 0lMo duplex stainless steel[J]. Journal of Iron and Steel Research International, 2017, 24（4）：421-425.

[289] 肖炯, 项君良, 徐国栋, 等. 0.1%C 低碳钢连铸坯表层微观组织演变过程热模拟[J]. 钢铁研究学报, 2023, 35（3）：255-263.

[290] 肖炯. 低碳微合金钢连铸坯表层奥氏体晶粒生长过程热模拟研究[D]. 上海：上海大学, 2022.

[291] Dippenaar R, Bernhard C, Schider S, et al. Austenite grain growth and the surface quality of continuously cast steel[J]. Metallurgical and Materials Transactions, 2014, 45（2）：409-418.

[292] Howe A A. Segregation and Phase Distribution During Solidification of Carbon[M]. Brussels: European Commission, 1991.

[293] 秦汉伟, 肖炯, 王迎春, 等. 冷却条件对 EH40 钢板坯表层奥氏体晶粒长大的影响[J]. 中国冶金, 2022, 32（11）：65-72.

[294] 秦汉伟. EH40 钢连铸板坯表层奥氏体晶粒演变规律热模拟研究[D]. 上海：上海大学, 2022.

[295] Barekar N S, Dhindaw B K. Twin-roll casting of aluminum alloys-An overview[J]. Materials and Manufacturing Processes, 2014, 29（6）：651-661.

[296] Liang D, Cowley C B. The twin-roll strip casting of magnesium[J]. JOM, 2004, 56（5）：26-28.

[297] Maleki A, Taherizadeh A, Hosseini N. Twin roll casting of steels: An overview[J]. ISIJ International, 2017, 57（1）：1-14.

[298] Ge S, Isac M, Guthrie R I L. Progress of strip casting technology for steel: Historical developments[J]. ISIJ International, 2012, 52（12）：2109-2122.

[299] Fang F, Yu C, Wang J, et al. Abnormal grain growth with preferred orientation in non-oriented silicon steel: A quasi-in situ study[J]. Journal of Materials Science, 2024, 59（7）：3150-3167.

[300] Song C, Lu W, Xie K, et al. Microstructure and mechanical properties of sub-rapidly solidified Fe–18wt%Mn–C alloy strip[J]. Materials Science and Engineering: A, 2014, 610: 145-153.

[301] Song C, Xia W, Zhang J, et al. Microstructure and mechanical properties of Fe-Mn based alloys after sub-rapid solidification[J]. Materials and Design, 2013, 51: 262-267.

[302] Guo Y, Zhu L, Xie K, et al. Structure evolution of Fe-7.5at.% Ni alloy thin strips under near-rapid solidification conditions[J]: Advanced Materials Research, 2011, 391-392: 793-797.

[303] 仲红刚, 何先勇, 张荣德, 等. 双辊连铸薄带凝固的物理模拟方法及装置：B22D11/06（2006.01）IB22D11/10（2006.01）I[P]. 2010-07-07.

[304] 宋长江, 卢威, 杨洋, 等. 通过控制凝固过程制备亚稳相工程材料的方法：201310252705.8[P]. 2013-09-25.

[305] 何先勇. 硅钢薄带凝固过程及组织研究[D]. 上海：上海大学, 2011.

[306] 易于, 周泽华, 王泽华, 等. 双辊连铸硅钢薄带硅含量对组织的影响[J]. 西南交通大学学报, 2010, 45（2）：227-230.

[307] Liu L, Hu C, Zhang Y, et al. Melt flow, solidification structures, and defects in 316 L steel strips produced by vertical centrifugal casting[J]. Advances in Manufacturing, 2023, 11(4): 636-646.

[308] 梁小平, 杨明波, 潘复生, 等. 双辊薄带连铸技术的研究现状及进展[J]. 材料导报, 2000, 14(10): 17-20.

[309] Zhang J, Hu C, Zhang Y, et al. Microstructures, mechanical properties and deformation of near-rapidly solidified low-density Fe-20Mn-9Al-1.2C-xCr steels[J]. Materials & Design, 2020, 186: 108307.

[310] Yang Y, Zhang J, Hu C, et al. Structures and properties of Fe-(8-16)Mn-9Al-0.8C low density steel made by a centrifugal casting in near-rapid solidification[J]. Materials Science and Engineering: A, 2019, 748: 74-84.

[311] 杨洋. Fe-Mn-Al-C 系高铝轻质钢亚快速凝固组织与性能研究[D]. 上海: 上海大学, 2020.

[312] Rana R, Liu C, Ray R K. Evolution of microstructure and mechanical properties during thermomechanical processing of a low-density multiphase steel for automotive application[J]. Acta Materialia, 2014, 75: 227-245.

[313] Chen S, Rana R, Haldar A, et al. Current state of Fe-Mn-Al-C low density steels[J]. Progress in Materials Science, 2017, 89: 345-391.

[314] Sohn S, Lee B, Lee S, et al. Effect of Mn addition on microstructural modification and cracking behavior of Ferritic light-weight steels[J]. Metallurgical and Materials Transactions A, 2014, 45(12): 5469-5485.

[315] 张鉴磊. Cr 元素对 Fe-Mn-Al-C 奥氏体基轻质钢组织与性能的影响及机制研究[D]. 上海: 上海大学, 2022.

[316] 叶经政. 应用脉冲电流改善大型铸锭凝固组织的基础研究[D]. 上海: 上海大学, 2014.

[317] 刘圣. 热模拟大型铸锭内部缓冷区域的凝固过程[D]. 上海: 上海大学, 2014.

[318] 张浚哲. 231 吨低压转子钢锭凝固组织热模拟研究[D]. 上海: 上海大学, 2015.

[319] Lesoult G. Macro segregation in steel strands and ingots: Characterisation, formation and consequences[J]. Materials Science and Engineering A, 2005, 413(SI): 19-29.

[320] 刘俊成. ACRT 强迫对流对定向凝固过程传热传质的影响[J]. 自然科学进展, 2003, 13(12): 8.

[321] 刘俊成. 坩埚旋转波形参数对晶体组分偏析影响的数值研究[J]. 金属学报, 2004, 40(9): 8.

[322] 盛成. Au 在 MgAl$_2$O$_4$、MgO 和 Al$_2$O$_3$ 上异质形核研究[D]. 上海: 上海大学, 2018.

[323] Sun J, Wang D, Zhang Y, et al. Heterogeneous nucleation of pure Al on MgO single crystal substrate accompanied by a MgAl$_2$O$_4$ buffer layer[J]. Journal of Alloys and Compounds, 2018, 753: 543-550.

[324] 孙杰. 铝异质形核机理研究[D]. 上海: 上海大学, 2018.

[325] 黄诚, 宋波, 毛璟红, 等. 非均质形核润湿角数学模型研究[J]. 中国科学:技术科学, 2004, 34(7): 737-742.

[326] 胡赓祥, 蔡珣, 戎咏华. 材料科学基础[M]. 上海: 上海交通大学出版社, 2010.

[327] Zhang D, Wang L, Xia M, et al. Misfit paradox on nucleation potency of MgO and MgAl$_2$O$_4$ for Al[J]. Materials Characterization, 2016, 119: 92-98.

[328] Morgiel J, Sobczak N, Pomorska M, et al. First stage of reaction of molten Al with MgO substrate[J]. Materials Characterization, 2015, 103: 133-139.

[329] Kim K. Formation of endogenous MgO and MgAl$_2$O$_4$ particles and their possibility of acting as substrate for heterogeneous nucleation of aluminum grains[J]. Surface and Interface Analysis, 2015, 47(4): 429-438.

[330] Morgiel J, Sobczak N, Pomorska M, et al. Tem investigation of phases formed during aluminium wetting of MgO at[100],[110] and[111] orientations[J]. Archives of Metallurgy and Materials, 2013, 58(2): 497-500.

[331] Sreekumar V, Pillai R, Pai B, et al. A study on the formation of MgAl$_2$O$_4$ and MgO crystals in Al-Mg/quartz composite by differential thermal analysis[J]. Journal of Alloys and Compounds, 2008, 461(1-2): 501-508.

[332] Uttormark , Zanter J, Perepezko J. Repeated nucleation in an undercooled aluminum droplet[J]. Journal of Crystal Growth, 1997, 177(3-4): 258-264.

[333] 杨林. Al 及其合金异质形核过冷度与形核界面的相关性[D]. 上海: 上海交通大学, 2015.

[334] Wang L, Yang L, Zhang D, et al. The role of lattice misfit on heterogeneous nucleation of pure aluminum[J]. Metallurgical and Materials Transactions A, 2016, 47(10): 5012-5022.

[335] Wang L, Yang L, Zhang D, et al. The role of lattice misfit on heterogeneous nucleation of pure aluminum[J]. Metallurgical

And Materials Transactions A, 2016, 47, 5012-5022.

[336] Yang B, Gao Y, Zou C, et al. Size-dependent undercooling of pure Sn by single particle DSC measurements[J]. Chinese Science Bulletin, 2010, 55(19): 2063-2065.

[337] 官万兵. 金属微纳液滴凝固特性与组织研究[D]. 上海: 上海大学, 2006.

[338] Guan W, Gao Y, Zhai Q, et al. Effect of droplet size on nucleation undercooling of molten metals[J]. Journal of Materials Science, 2004, 39(14): 4633-4635.

[339] Yan N, Dai F P, Wang W L, et al. Crystal growth in $Al_{72.9}Ge_{27.1}$ alloy melt under acoustic levitation conditions[J]. Chinese Physics Letters, 2011, 28(7): 078101.

[340] Ruan Y, Dai F, Wei B. Formation mechanism of the primary faceted phase and complex eutectic structure within an undercooled Ag-Cu-Ge alloy[J]. Applied Physics A, 2011, 104(1): 275-287.

[341] Wang D, Chang W, Sun J, et al. Heterogeneous nucleation of Au on Al_2O_3 substrate under the impact of droplet size and cooling rate[J]. IOP Conference Series: Materials Science and Engineering, 2018, 381(1): 012058.

[342] Desai P D. Thermodynamic properties of aluminum[J]. International Journal of Thermophysics, 1987, 8(5): 621-638.

[343] Kim K. Detection of a layer of Al_2O_3 at the interface of $Al/MgAl_2O_4$ by high resolution observation using Dual-Beam FIB and TEM[J]. Metallography, Microstructure, and Analysis, 2014, 3(3): 233-237.

[344] Li H, Wang Y, Fan Z. Mechanisms of enhanced heterogeneous nucleation during solidification in binary Al-Mg alloys[J]. Acta Materialia, 2012, 60(4): 1528-1537.

[345] Yu Y, Mark J, Ernst F, et al. Diffusion reactions at $Al-MgAl_2O_4$ interfaces and the effect of applied electric fields[J]. Journal of Materials Science, 2006, 41(23): 7785-7797.

[346] Yang L, Wang L, Yang M. The influencing factor of $MgAl_2O_4$ on heterogeneous nucleation and grain refinement in Al alloy melts[J]. Materials, 2020, 13(1): 231.

[347] Yang L, Xia M, Babu N H, et al. Formation of $MgAl_2O_4$ at Al/MgO interface[J]. Materials Transactions, 2015, 56(3): 277-280.

[348] Shen P, Fujii H, Matsumoto T, et al. Wetting and reaction of MgO single crystals by molten Al at 1073-1473K[J]. Acta Materialia, 2004, 52(4): 887-898.

[349] 臧娟. $Al-MgAl_2O_4$界面润湿与粘结及基板晶体取向的影响[D]. 长春: 吉林大学, 2014.

[350] Han Y, Xu J, Zhang H, et al. Liquid/substrate interface for the heterogeneous nucleation in grain refinement of Al alloys[C]// 8th International Conference on Physical and Numerical Simulation of Materials Processing, 2016.

[351] 张瀚龙. 铝异质形核过程中熔体与异质核心间液—固界面结构原子尺度研究[D]. 上海: 上海交通大学, 2015.

[352] Zhong H, Zhao Y, Lin Z, et al. Understanding the roles of interdendritic bridging on hot tearing formation during alloy solidification[J]. Journal of Materials Research and Technology, 2023, 27: 5368-5371.

[353] Lin Z, Zhao Y, Li L, et al. A hot tearing propagation model for steel[J]. Journal of Materials Processing Technology, 2024, 324: 118273.

[354] Cai W, Morovat M A, Engelhardt M D. True stress-strain curves for ASTM A992 steel for fracture simulation at elevated temperatures[J]. Journal of Constructional Steel Research, 2017, 139: 272-279.

[355] Griffith A. The phenomena of rupture and flow in solids[J]. Philosophical Transactions of the Royal Society of London. Series A, Containing Papers of a Mathematical or Physical Character, 1921, 221.

[356] Lin Z, Zhao Y, Li T, et al. New Insights into the Features of Hot Tearing Formation in High-Carbon Steel Under Tensile Loading[J]. Metallurgical and Materials Transactions B, 2023, 54(6): 2870-2874.

[357] Bichler L, Ravindran C. New developments in assessing hot tearing in magnesium alloy castings[J]. Materials and Design, 2010, 31: S17-S23.

[358] Cao G, Kou S. Hot cracking of binary Mg-Al alloy castings[J]. Materials Science and Engineering: A, 2006, 417(1): 230-238.

[359] Dogan A, Arslan H. Estimation of viscosity of alloys using Gibbs free energy of mixing and geometric model[J]. Russian

Journal of Physical Chemistry A, 2021, 95（3）: 586-595.

[360] Watanabe S. Densities and viscosities of iron, cobalt and Fe-Co alloy in liquid state[J]. Transactions of the Japan Institute of Metals, 1971, 12（1）: 17-22.

[361] Agarwal G, Amirthalingam M, Moon S C, et al. Experimental evidence of liquid feeding during solidification of a steel[J]. Scripta Materialia, 2018, 146: 105-109.

[362] Zhong H G, Lin Z H, Han Q Y, et al. Hot tearing behavior of AZ91D magnesium alloy[J]. Journal of Magnesium and Alloys, 2024, 12（8）: 3431-3440.

[363] Zhang T, Qi L, Fu J, et al. Microstructure and thermal expansion behavior of a novel C-f-SiCNWs/AZ91D composite with dual interface[J]. Ceramics International, 2019, 45（9）: 12563-12569.

[364] Liu J, Kou S. Susceptibility of ternary aluminum alloys to cracking during solidification[J]. Acta Materialia, 2017, 125: 513-523.